U0170543

冻融大气环境下钢筋混凝土结构
抗震性能试验研究

郑山锁　张艺欣　姬金铭　董立国　郑　淏等　著

科学出版社

北　京

内 容 简 介

为研究冻融大气环境下钢筋混凝土结构的抗震性能,针对混凝土材料及各类钢筋混凝土结构构件(钢筋混凝土框架梁、柱、节点,剪力墙),本书综合考虑影响其损伤破坏特征的主要设计因素,基于人工气候环境模拟技术对混凝土材料及各类钢筋混凝土结构构件试件进行加速冻融循环试验,进而进行材料力学性能试验与构件拟静力试验,研究了材料冻融损伤机理、结构构件力学特性和抗震性能的退化规律,并结合试验数据与国内外既有研究成果,提出混凝土材料冻融损伤模型及各类冻融钢筋混凝土结构构件的恢复力模型;同时,建立可考虑冻融损伤不均匀分布、黏结滑移效应和等效冻融循环次数的纤维截面模型,以期为我国寒冷地区遭受冻融循环作用的钢筋混凝土结构损伤预测与抗震性能评估提供理论基础。

本书可供土木工程专业及地震工程、结构工程、防灾减灾与防护工程领域的研究、设计和施工人员,以及高等院校相关专业或领域的师生参考。

图书在版编目(CIP)数据

冻融大气环境下钢筋混凝土结构抗震性能试验研究 / 郑山锁等著. —北京:科学出版社,2022.9
ISBN 978-7-03-072013-9

Ⅰ. ①冻… Ⅱ. ①郑… Ⅲ. ①冻融作用-影响-钢筋混凝土结构-抗震性能-试验研究 Ⅳ. ①TU375

中国版本图书馆 CIP 数据核字(2022)第 053630 号

责任编辑:周 炜 梁广平 罗 娟 / 责任校对:杨 赛
责任印制:吴兆东 / 封面设计:陈 敬

科学出版社 出版
北京东黄城根北街 16 号
邮政编码:100717
http://www.sciencep.com

北京中石油彩色印刷有限责任公司 印刷
科学出版社发行 各地新华书店经销

*

2022 年 9 月第 一 版 开本:720×1000 1/16
2022 年 9 月第一次印刷 印张:18 1/2
字数:340 000
定价:138.00 元
(如有印装质量问题,我社负责调换)

前　　言

钢筋混凝土(reinforced concrete,RC)结构会因耐久性不足而发生损伤破坏。我国钢筋混凝土结构的耐久性问题主要呈现出"北冻南锈",即北方地区以冻融为主,南方地区以钢筋锈蚀为主。其中由冻融损伤所导致的混凝土力学性能退化问题,目前已得到国内外学者的广泛关注,亦取得了一定的研究进展。然而,仅基于混凝土材料层面冻融损伤的研究成果尚难以客观预测钢筋混凝土构件与结构冻融损伤后力学性能与抗震性能的退化,国内外关于混凝土冻融耐久性和构件抗震性能交叉领域的研究亦鲜有报道。我国地震频发,建筑结构是遭受地震灾害的主要承灾体,对其进行科学的地震灾害风险评估,是减少地震灾害损失的根本方法,因此开展冻融大气环境下钢筋混凝土结构抗震性能研究十分必要和迫切。

鉴于此,本书以寒冷地区的钢筋混凝土结构为研究对象,采用试验研究、理论分析与数值模拟相结合的方法,围绕冻融循环后混凝土材料性能退化与损伤模型的建立、低周反复荷载下各类冻融 RC 结构构件力学特性与抗震性能退化规律的揭示与表征、可考虑冻融退化的宏/细观数值模拟分析方法的建立等方面开展一系列的研究。

本书是作者对课题组多年来研究成果的提炼、归纳和系统总结。全书共八章:第1 章介绍研究意义、国内外研究现状、研究目标与内容;第 2 章介绍基于人工气候试验技术的材料与构件快速冻融循环试验方案,以及冻融混凝土材料力学性能试验;第 3章为材料理论模型研究,介绍基于微观机理的混凝土冻融损伤模型的建立;第 4~7 章为结构构件抗震性能试验研究,分别介绍各类冻融结构构件(钢筋混凝土框架梁、柱、节点,剪力墙)的拟静力试验研究,系统分析冻融循环次数与设计参数对试件抗震性能指标的影响规律,并在此基础上建立可考虑冻融损伤的各类结构构件恢复力模型;第 8 章为数值模拟方法研究,介绍钢筋混凝土构件(框架梁柱、剪力墙)可考虑冻融损伤不均匀分布、黏结滑移效应和等效冻融循环次数的纤维截面模型。

本书由郑山锁、张艺欣、姬金铭、董立国、郑淏、裴培、荣先亮等共同撰写。其中,郑山锁撰写第 2、5、6 章,张艺欣撰写第 1、7 章,姬金铭撰写第 8 章,董立国撰写第 4 章,郑淏撰写第 3 章,裴培、尹保江、赵均海参加了第 1、4 章的撰写,荣先亮、张继文参加了第 7 章的撰写,朱武卫参加了第 8 章的撰写。胡卫兵、胡长明、周炎、龙立、郑跃、李磊、王斌、秦卿、侯丕吉、曾磊、王帆、贺金川、王建平、林咏梅、马乐为、马永欣等老师,阮升、明铭、尚志刚、郑捷、江梦帆、杨威、刘巍、李强强、关永莹、左河山、汪峰、王子胜、付小亮、甘传磊、黄莺歌、周京良、董方园、李健、宋明辰、孙龙飞、牛丽华、张晓辉、蔡永龙、王岱、刘毅、陈方格、刘晓航、刘华等研究生,参与了本书部分章节内容的研究与材料整理、插图和编辑工作。全书由郑山锁整理统稿。

本书的主要研究工作得到了国家重点研发计划(2019YFC1509302)、国家科技支撑计划(2013BAJ08B03)、陕西省科技统筹创新工程计划(2011KTCQ03-05)、陕西省社会发展科技计划(2012K11-03-01)、陕西省教育厅产业化培育项目(2013JC16、2018JC020)、教育部高等学校博士学科点专项科研基金(20106120110003、201361 20110003)、国家自然科学基金(52278530、51678475)、陕西省重点研发计划(2017ZDXM-SF-093、2021ZDLSF06-10)、西安市科技计划(2019113813CXSF016SF026)等项目资助,并得到了陕西省科技厅、陕西省地震局、西安市地震局、西安市灞桥区、碑林区和雁塔区政府、清华大学、哈尔滨工业大学、西安建筑科技大学等的大力支持与协助,在此一并表示衷心的感谢。在本书所涉及相关内容的研究中,得到了中国地震局地球物理研究所高孟潭研究员和工程力学研究所孙柏涛研究员、沈阳建筑大学周静海教授、清华大学陆新征教授、哈尔滨工业大学吕大刚教授、机械工业勘察设计研究院全国土木工程勘察设计大师张炜、西安建筑科技大学牛荻涛教授和史庆轩教授、西安理工大学刘云贺教授、西安交通大学马建勋教授、中国建筑西北设计研究院吴琨总工程师等专家的建言与指导,特此表示深切的谢意。

限于作者水平,加之研究工作本身带有探索性质,书中难免存在疏漏和不妥之处,恳请读者指正。

郑山锁

西安建筑科技大学

2022 年 6 月

目　　录

第1章 绪 论

1.1 引 言

冻融作为混凝土破坏的三大因素之一,在混凝土耐久性研究领域具有举足轻重的地位,自 20 世纪 40 年代就备受各国学者关注。1991 年,Mehta 教授在第二届混凝土耐久性国际学术会议上做了题为"混凝土耐久性——50 年进展"的主题报告,指出"当今世界,混凝土结构的破坏原因按重要性排列为:混凝土中的钢筋锈蚀、寒冷气候下的冻害、侵蚀环境下的物理化学作用"。

钢筋混凝土(reinforced concrete,RC)结构发生冻融破坏的必要条件有两个:①有水渗入使其处于高饱和状态;②温度正负交替。因此,混凝土的冻融破坏一般发生于寒冷地区的 RC 结构,特别是那些处于干湿交替环境中的 RC 结构。我国地域辽阔,其中东北、华北和西北大部分地区属于严寒或寒冷地区,这些地区的 RC 结构难免遭受冻融循环作用。除三北地区外,在冬季气温较低的华中和华东部分地区亦存在冻融劣化现象。中华人民共和国成立以来,我国兴建了大量的 RC 结构工程,随着服役时间的增加,这些处于严寒地区的水工、港工、道路、桥涵以及工业与民用建筑中的 RC 结构或构筑物均发生了不同程度的冻融剥蚀破坏,如图 1.1所示。调查显示,在我国东北地区,约有 50% 的住宅(20 世纪 70 年代建造)出现了不同程度的冻融破坏,该地区兴建的水工混凝土结构,几乎全部出现局部或大面积的冻融破坏,一些冻融破坏严重路段延续数千米,路面主板、边板、拦水埂均产生剥蚀,出现较多裂缝。位于吉林省集安市的云峰水电站,大坝建成运行不到 10 年,溢流坝表面混凝土的冻融破坏面积达 $10000m^2$,混凝土的平均冻融深度超过 $100mm$;黑龙江省和内蒙古自治区东部的热电厂中 16 座冷却塔,长期与冷却水接触的构件表面混凝土保护层严重剥落,钢筋外露。

综上所述,RC 结构的冻融破坏问题已成为寒冷地区建(构)筑物老化病害的主要问题,严重影响了工程结构的正常使用和安全运行。另外,由于我国位于世界两大地震带——环太平洋地震带与欧亚地震带之间,地震频发,位于我国寒冷地区的大多数结构亦面临着严峻的地震灾害威胁。因此,开展 RC 结构冻融损伤后抗震性能研究,将对我国寒冷地区 RC 结构的可靠性评估与震害预测提供理论基础。

(a) 水工结构　　　　　　　　　　　　　　(b) 桥面

(c) 建筑结构　　　　　　　　　　　　　　(d) 桥墩

图 1.1　RC 结构冻融损伤实例

1.2　RC 结构冻融损伤国内外研究现状

1.2.1　冻融损伤机理研究现状

　　目前,混凝土材料冻融破坏机理揭示主要有冰晶形成理论[1]、Litvan 冻融破坏理论[2]、临界饱水值理论[3,4]、静水压力理论[5,6]和渗透压力理论[7],其中以 Powers 提出的静水压力理论和渗透压力理论认可度最高。

　　1945 年,Powers 提出静水压力假说[5],认为混凝土内部的孔隙水冻结膨胀所产生的静水压力是造成混凝土冻害的根本原因。在低温环境中,由于混凝土内部的孔隙水冻结时体积膨胀,迫使未冻结的孔隙水从冻结区向外迁移。孔隙水克服黏滞阻力,在可渗透的水泥浆体结构中移动,从而产生静水压力。此压力的大小主要取决于毛细孔的含水率、冻结速率、水迁移时路径长短及材料的渗透性等。静水压力随孔隙水流程长度的增加而增大,因此混凝土中存在一个极限流程长度,当孔隙水的流程长度大于该极限长度时,产生的静水压力将超过混凝土的抗拉强度,从而造成混凝土破坏。随后,Powers 进一步从理论上定量地确定了此静水压力的大小[5]。

虽然静水压力理论的提出,与一些试验现象符合较好,但 Powers 发现静水压力理论无法解释一些重要现象,如温度保持不变时非引气浆体出现的连续膨胀、引气浆体在冻结过程中的收缩等。随后,Powers 等又发展了渗透压力理论[8],该理论认为,由于水泥浆体孔隙水呈弱碱性,冰晶体的形成使这些孔隙中未结冰孔隙水的浓度上升,与其他较小孔隙中的未结冰孔隙水之间形成浓度差。在这种浓度差的作用下,较小孔隙中的未结冰孔隙水向已经出现冰晶体的较大孔隙中迁移,而大孔中碱离子向浓度较低的小孔隙水渗透,产生渗透压力;孔隙水的迁移使结冰孔隙中冰和溶液的体积不断增大,渗透压也相应增长,并作用于水泥浆体,导致水泥浆体内部开裂。渗透压力理论与静水压力理论最大的不同在于未结冰孔溶液迁移的方向。静水压力理论认为孔溶液离开冰晶体,由大孔向小孔迁移;渗透压力理论则认为孔溶液由小孔向冰晶体迁移。一般情况下,混凝土的水灰比较大、强度较低、龄期较早、水化程度较小时,静水压将导致混凝土冻融破坏;而对水灰比较小、强度较高及处于含盐量大的环境下冻结的混凝土,渗透压将导致混凝土冻融破坏。但静水压和渗透压目前既不能由试验测定,也很难用物理化学公式准确计算,使得众多学者对静水压和渗透压中具体哪个才是冻融破坏的主要因素这一问题无法达成一致;虽然 Powers 本人后来偏向渗透压假说[7],但 Fagerlund[3]、Pigeon[9]的研究结果却从不同侧面支持了静水压假说。我国学者李天瑗[10]从理论计算和试验现象说明静水压是混凝土冻害的主要因素;张士萍等[11]则对渗透压假说提出了质疑。

自 Powers 提出静水压力、渗透压力理论后,关于混凝土冻融损伤机理的研究便没有更加突出的进展,也未形成统一的理论。近二三十年,一些学者在 Powers 的理论基础上进一步定量研究结冰时混凝土内部的微观动态发展、内部应力和应变状态等变化;而更多学者则从材料试验层面出发,研究混凝土及其组成部分的性质和外部环境对混凝土冻融的影响,如降温速率、饱水度、自愈合作用、环境湿度和冻融最低温度等[12,13]。

1.2.2 冻融混凝土材料及 RC 结构试验研究现状

1. 材料层面研究现状

施士升[14]通过试验研究了冻融循环对混凝土基本力学性能(抗压、抗拉及抗剪强度,弹性模量,泊松系数和剪切模量)的影响,并利用显微镜检验了混凝土承受不同冻融循环次数后的微观结构,研究了冻融后高强混凝土和普通混凝土力学性能退化与微观结构之间的关系。

宋玉普等[15]对经历不同冻融循环次数的 C30 普通混凝土进行了试验研究,通过回归分析得到普通混凝土抗压强度与冻融循环次数之间的关系。

商怀帅[16]对不同水灰比的受冻普通混凝土试件进行了试验研究,得到单轴抗拉、抗压、抗折、劈拉强度和动弹性模量等力学性能指标随冻融循环次数的变化规律,并给出其单轴抗压、抗拉应力-应变曲线。

段安[17]通过棱柱体试件的单轴抗压破坏试验,建立了立方体抗压强度为 30～50MPa 的受冻非约束与约束混凝土应力-应变全曲线。

程红强等[18]通过试验分析了冻融循环对 C30 普通混凝土抗压、抗折、劈拉强度的影响,并从微观结构探讨了混凝土冻融破坏机理,结果表明不同强度的混凝土对冻融循环作用的敏感程度不同。

陈有亮等[19]通过试验研究了裂纹数目和冻融循环次数对混凝土的抗压强度、弹性模量和应力-应变关系等力学性能的影响,指出初始裂纹将加速混凝土冻融破坏。

曹大富等[20-22]通过强度为 20～50MPa 的冻融混凝土试块单轴受拉、劈拉及抗压试验,建立了其受拉峰值应力与劈拉强度的关系及受压应力-应变全曲线。

罗昕和卫军[23]采用超声波声速作为冻融损伤变量,计算相对动弹性模量,建立其与冻融混凝土相对强度之间的关系式。Petersen 等[24]采用相同方法研究了混凝土冻融损伤演化规律,指出随着冻融循环次数的增加,损伤由表及里逐渐深入,即冻融分布具有不均匀性。

综上所述,混凝土的各项力学性能指标随冻融循环次数的增加而不断劣化,本构关系发生改变。此外,部分学者针对冻融后混凝土与钢筋间的黏结性能开展了研究:

Shih 等[25]通过冻融梁式构件的单调与反复加载试验,指出随着冻融循环次数增加,钢筋与混凝土间黏结强度逐渐降低,黏结因子(即最大黏结力与混凝土强度比值)不断减小。

Hanjari 等[26]通过拔出试验研究了不同冻融损伤程度的钢筋-混凝土黏结滑移关系,指出随着冻融循环次数增加,黏结应力降低,黏结刚度减小,在峰值处存在不同程度平缓段。

冀晓东和宋玉普[27]对冻融后光圆钢筋与混凝土间的黏结性能开展了试验研究,并基于静水压力理论和黏着摩擦理论,揭示了冻融后钢筋与混凝土间黏结强度的退化原因。

Xu 和 Wang[28]通过冻融 RC 拉拔试件的单调与反复加载试验,指出随着冻融循环次数的增加和混凝土强度的降低,混凝土与钢筋间的黏结刚度、强度退化加剧。

2. 构件层面研究现状

曹大富等[29-31]基于静力加载试验,研究了不同冻融损伤程度下预应力 RC 梁、普通 RC 梁的受弯性能以及 RC 柱偏心受压性能,指出冻融作用可导致构件破坏形态的改变。

徐港等[32]通过试验研究了盐冻环境下 RC 梁抗弯性能的退化规律,指出受冻 RC 梁承载力降低的主要原因是受压区混凝土保护层的剥落。

Hayashida 等[33]通过试验研究了冻融深度及位置对 RC 梁变形性能的影响,指出冻融发生在梁的受压区和受拉区时,对梁变形能力和破坏状态的影响不同。

关娆[34]通过冻融 RC 梁的正截面抗弯承载力试验,分析了冻融循环作用下 RC 梁承载力的退化规律及挠度变化规律,建立了冻融 RC 梁承载力计算模型。

刘旭峰[35]基于 RC 短柱的轴心受压试验,指出随着冻融循环次数的增加,短柱承载力降低,且设计强度越低,承载力损失越大。

Duan 等[36]通过冻融 RC 梁的静载试验,研究了不同冻融循环次数对梁的极限荷载、延性和裂缝分布以及中和轴变化过程的影响。

1.2.3　考虑冻融损伤的 RC 结构数值模拟研究现状

目前考虑 RC 结构冻融损伤的数值模拟研究大多集中在混凝土材性层面:Olsen[37]建立了冻融混凝土的二维有限元计算模型,该模型包括湿度和温度微分方程、结冰量与温度关系以及孔隙压力计算,可模拟饱和状态下的混凝土受冻过程;Bažant 等[38]建立了可预测混凝土抗冻耐久性的数学模型,从理论上确定了对受冻混凝土的应力应变;Zuber 和 Machand[39]基于混凝土处于完全饱和状态的假定,建立了孔隙水压力与结冰量、基体变形间的微分方程;Duan 等[40]以热力学和孔隙弹性力学为基础,基于有限元软件 Comsol Multiphysics 进行三维数值模拟分析,预测出饱和砂浆试件受冻过程中的变形、孔隙压力及温度分布;Dai 等[41]采用有限元方法对冻融损伤引起的混凝土内部裂缝发展进行了模拟。

在冻融 RC 结构构件层面,Hanjari 等[42]采用分离式有限元模型对冻融后 RC 梁的抗弯承载力及变形性能进行了模拟分析,但由于缺乏对冻融不均匀性的考虑,试件承载力的模拟结果小于试验值;Berto 等[43]考虑冻融损伤对混凝土抗拉、抗压强度的影响,结合所建立的等效冻融循环次数计算模型,对 RC 简支梁进行了数值分析;Gong 和 Maekawa[44]通过分析混凝土孔隙结构的形成,研究了其微观层面的冻融损伤,进而考虑温度分布、钢筋位置等因素,研究了冻融作用对 RC 结构构件力学性能的影响。

综上所述,目前对于冻融环境下 RC 结构的研究多集中于机理与材料层面,且针对 RC 结构构件层面的相关试验多采用静力加载方式,缺乏冻融损伤构件抗震性能试验与数值模拟方面的研究,结构层面的研究更是未见报道。因此,开展冻融环境下各类 RC 构件力学特性与抗震性能的研究十分必要。

1.3　本书研究思路

为研究冻融大气环境下混凝土损伤对 RC 构件抗震性能的影响,本书采用先进的人工气候环境模拟技术对不同 RC 构件(包括 RC 框架梁、柱、节点,剪力墙)进行快速冻融试验,进而对其进行拟静力试验,以研究各 RC 构件在遭受冻融损伤作用后抗震性能(破坏过程与特征、承载力、刚度、延性、耗能能力等)的变化;同时结合国内外学者建立的不同 RC 构件恢复力模型研究成果,在试验研究的基础上提出适用于各冻融 RC 试件的恢复力模型;最后,基于纤维截面分析方法,提出考虑冻融损伤不均匀分布的混凝土强度退化模型、黏结滑移效应计算方法,以及等效冻融循环次数的计算方法,以期为冻融大气环境下 RC 结构的弹塑性地震反应分析提供理论基础。

主要研究内容与成果如下:

(1)从混凝土损伤微观机理出发,基于现有混凝土冻融损伤理论模型,结合理论分析与冻融材料力学性能试验,建立混凝土水灰比与最大结冰速率关系、最大静水压力简化计算方法,提出考虑内部温度场的混凝土冻融损伤预测模型。

(2)进行 20 榀 RC 框架梁人工气候加速冻融试验和拟静力试验,考察冻融 RC 框架梁在往复荷载作用下的损伤破坏过程与特征,揭示冻融损伤程度、混凝土强度和剪跨比对框架梁抗震性能的影响规律,进而根据试验结果,结合已有 RC 框架梁恢复力模型研究成果,建立考虑冻融损伤作用的 RC 框架梁的恢复力模型。

(3)进行 14 榀 RC 框架柱人工气候加速冻融试验和拟静力试验,考察冻融 RC 框架柱在往复荷载作用下的损伤破坏过程与特征,揭示冻融损伤程度、混凝土强度、剪跨比和轴压比对框架柱抗震性能的影响规律,进而根据试验结果,结合已有 RC 框架柱恢复力模型研究成果,建立考虑冻融损伤作用的 RC 框架柱的恢复力模型。

(4)进行 20 榀 RC 框架节点人工气候加速冻融试验和拟静力试验,考察冻融 RC 框架节点在往复荷载作用下的损伤破坏过程与特征,揭示冻融损伤程度、混凝土强度和轴压比对其抗震性能的影响,进而根据试验结果,结合已有 RC 框架节点恢复力模型研究成果,建立考虑冻融损伤作用的 RC 框架节点的恢复力模型。

(5)进行 16 榀 RC 剪力墙试件人工气候加速冻融试验和拟静力试验,考察冻融 RC 剪力墙在往复荷载作用下的损伤破坏过程与特征,以及冻融损伤程度、混凝土强度、剪跨比和轴压比对其抗震性能的影响,进而根据试验结果,结合已有 RC 剪力墙恢复力模型研究成果,建立考虑冻融损伤作用的 RC 剪力墙的宏观恢复力模型和剪切恢复力模型。

(6)根据冻融损伤在构件截面分布的不均匀性,基于纤维截面分析方法和材料力学性能试验结果,提出可考虑该分布的混凝土强度退化模型,并结合零长度截面单元提出冻融黏结滑移关系模型,以及等效冻融循环次数的计算方法,最终建立可考虑黏结滑移变形影响的冻融 RC 构件的纤维数值模型。

参 考 文 献

[1] Collins A R. The destruction of concrete by frost[J]. Journal of the Institute of Civil Engineers,1944,23(1):29-41.

[2] Litvan G G. Frost action in cement paste[J]. Materials and Structures,1973,6(4):293-298.

[3] Fagerlund G. Significance of critical degrees of saturation at freezing of porous and brittle materials[C]. Durability of Concrete, ACI Special Publication. Detroit:American Concrete Institute,1975:13-65.

[4] Fagerlund G. The critical degree of saturation method of assessing the freeze-thaw durability resistance of concrete[J]. Materials and Structures,1977,10(10):58-66.

[5] Powers T C. A working hypothesis for further studies of frost resistance[J]. Journal of the ACI,1945,16(4):245-272.

[6] Powers T C. The air requirement of frost-resistant concrete[J]. Proceedings of the Highway Research Board,1949,29:184-202.

[7] Powers T C. Freezing effects in concrete[C]. Durability of Concrete, ACI Special Publication. Detroit:American Concrete Institute,1975:1-11.

[8] Powers T C, Helmuth R A. Theory of volume change in hardened Portland cement paste during freezing[J]. Proceeding, Highway Research Board,1953,32:285-297.

[9] Pigeon M. Critical air void spacing factors for concrete as submitted to slow freeze-thaw cycle [J]. ACI Journal,1981,78(4):282-291.

[10] 李天瑷. 试论混凝土冻害机理——静水压与渗透压作用[J]. 混凝土与水泥制品,1989,(5):8-11.

[11] 张士萍,邓敏,唐明述. 混凝土冻融循环破坏研究进展[J]. 材料科学与工程学报,2008,(6):990-994.

[12] Moukwa M. Deterioration of concrete in cold sea waters[J]. Cement and Concrete Research,1990,20:439-446.

[13] Lee S K, Reddy D V, Hartt W H, et al. Marine concrete durability—Concrete survey of certain tensile crack exposure beams at Treat Island, Marine, USA [C]. Durability of Concrete, Third International Conference. Detroit:American Concrete Institute, 1994:

371-388.

[14] 施士升.冻融循环对混凝土力学性能的影响[J].土木工程学报,1997,30(4):35-42.

[15] 宋玉普,覃丽坤,张众,等.冻融循环后混凝土双轴压的试验研究[J].水利学报,2004,35(1):95-99.

[16] 商怀帅.引起混凝土冻融循环后多轴强度的试验研究[D].大连:大连理工大学,2006.

[17] 段安.受冻融混凝土本构关系研究和冻融过程数值模拟[D].北京:清华大学,2009.

[18] 程红强,张雷顺,李平先.冻融对混凝土强度的影响[J].河南科学,2003,(2):214-216.

[19] 陈有亮,刘明亮,蒋立浩.含宏观裂纹混凝土冻融的力学性能试验研究[J].土木工程学报,2011,44(增卷):230-233.

[20] 曹大富,富立志,杨忠伟.冻融循环作用下混凝土的受拉性能研究[J].建筑材料学报,2012,15(1):48-52.

[21] 曹大富,富立志,杨忠伟,等.冻融循环作用下混凝土受压本构特征研究[J].建筑材料学报,2013,16(1):17-23.

[22] Qin X C,Meng S P,Cao D F,et al. Evaluation of freeze-thaw damage on concrete material and prestressed concrete specimens[J]. Construction and Building Materials, 2016, 125: 892-904.

[23] 罗昕,卫军.冻融条件下混凝土损伤演变与强度相关性研究[J].华中科技大学学报(自然科学版),2006(1):98-100.

[24] Petersen L,Lohaus L,Polak M A. Influence of freezing-and-thawing damage on behavior of reinforced concrete elements[J]. ACI Materials Journal,2007,104(4):369-378.

[25] Shih T S,Lee G C,Chang K C. Effect of freezing cycles on bond strength of concrete[J]. Journal of Structural Engineering,1988,114:717-726.

[26] Hanjari K Z,Utgenannt P,Lundgren K. Experimental study of the material and bond properties of frost-damaged concrete[J]. Cement and Concrete Research,2011,41:244-254.

[27] 冀晓东,宋玉普.冻融循环后光圆钢筋与混凝土粘结性能退化机理研究[J].建筑结构学报,2011,32(1):70-74.

[28] Xu S,Li A,Wang H. Bond properties for deformed steel bar in frost-damaged concrete under monotonic and reversed cyclic loading[J]. Construction and Building Materials,2017,148:344-358.

[29] 曹大富,葛文杰,郭容邑,等.冻融循环作用后钢筋混凝土梁受弯性能试验研究[J].建筑结构学报,2014,35(6):137-144.

[30] 李琼琦,葛文杰,曹大富.冻融循环后预应力混凝土梁受弯性能研究[J].建筑结构,2015(24):101-105.

[31] 曹大富,马钊,葛文杰,等.冻融循环作用后钢筋混凝土柱的偏心受压性能[J].东南大学学报(自然科学版),2014,44(1):188-193.

[32] 徐港,李运攀,潘琪,等.盐冻环境下钢筋混凝土梁抗弯性能试验研究[J].土木建筑与环境工程,2014,36(3):86-91.

[33] Hayashida H,Sato Y,Ueda T. Failure behavior of RC beams in relation to the extent and

location of frost damage[C]. 3rd International Conference on the Durability of Concrete Structures, Belfast, 2012.

[34] 关帼. 冻融环境钢筋混凝土受弯构件的损伤分析与承载力研究[D]. 西安:西安建筑科技大学, 2015.

[35] 刘旭峰. 冻融循环后混凝土抗压性能与短柱轴压性能研究[D]. 沈阳:沈阳建筑大学, 2012.

[36] Duan A, Li Z Y, Zhang W C, et al. Flexural behaviour of reinforced concrete beams under freeze-thaw cycles and sustained load[J]. Structure and Infrastructure Engineering, 2017, 13(10):1350-1358.

[37] Olsen M P J. Mathematical modeling of the freezing process of concrete and aggregates[J]. Cement and Concrete Research, 1984, 14(1):113-122.

[38] Bažant Z P, Chern J C, Rosenberg A M, et al. Mathematical model for freeze-thaw durability of concrete[J]. Journal of the American Ceramic Society, 1988, 71(9):776-783.

[39] Zuber B, Machand J. Predicting the volume instability of hydrated cement systems upon freezing using poro-mechanics and local phase equilibria[J]. Materials and Structures, 2004, 37:257-270.

[40] Duan A, Chen J, Jin W L. Numerical simulation of the freezing process of concrete[J]. Journal of Materials in Civil Engineering, 2012, 25(9):1317-1325.

[41] Dai Q, Ng K, Liu Y, et al. Investigation of internal frost damage in concrete with thermodynamic analysis, microdamage modeling, and time-domain reflectometry sensor measurements[J]. Journal of Materials in Civil Engineering, 2012, 25(9):1248-1259.

[42] Hanjari K Z, Kettil P, Lundgren K. Modelling the structural behaviour of frost-damaged reinforced concrete structures[J]. Structure and Infrastructure Engineering, 2013, 9(5):416-431.

[43] Berto L, Saetta A, Talledo D. Constitutive model of concrete damaged by freeze-thaw action for evaluation of structural performance of RC elements[J]. Construction and Building Materials, 2015, 98:559-569.

[44] Gong F Y, Maekawa K. Multi-scale simulation of freeze-thaw damage to RC column and its restoring force characteristics[J]. Engineering Structures, 2018, 156:522-536.

第 2 章　快速冻融循环试验概况

2.1　引　言

冻融循环试验的目的在于通过放大冻融条件、缩短冻融循环周期,模拟 RC 结构所处的冻融环境,实现冻融现象的室内研究。目前,室内冻融循环试验多采用"气冻水融"或"水冻水融"方法[1],但自然冻融环境十分复杂,导致两种冻融试验环境对 RC 构件或结构所产生的冻融损伤作用存在明显的差异。此外,针对经历冻融循环作用后的 RC 结构性能所展开的研究大都基于材性层面,而仅依靠混凝土材料力学性能的研究成果,难以准确地预测冻融循环后 RC 构件或结构的抗震性能退化规律。因此,大量的室内冻融循环试验资料,无法直接应用于自然冻融环境下的混凝土结构设计与抗震性能评估。鉴于此,本章提出通过设置人工气候实验室的相关参数,还原冻融大气环境条件,以实现快速模拟"气冻气融"的自然环境,并研究该冻融试验条件下不同强度混凝土的微观结构变化及力学性能退化规律,以作为不同冻融循环试验方法的对比与参照。

2.2　冻融循环试验方案设计

慢冻法适用于尺寸为 100mm×100mm×100mm 的混凝土立方体在"气冻水融"条件下抗冻性的测定,快冻法适用于尺寸为 100mm×100mm×400mm 的混凝土棱柱体在"水冻水融"条件下抗冻性的测定[1]。一方面,自然环境中很难存在完全的"气冻水融"和"水冻水融"状况;另一方面,由于本书设计的 RC 结构构件试件尺寸较大,以及人工气候实验室的尺寸限制,无法完全参考上述两种冻融试验方法。人工气候试验技术是通过控制实验室中空气的温度来实现冻融循环过程中的温度变化,故采用人工气候试验技术进行快速冻融循环试验,可以更好地模拟"气冻气融"的自然冻融环境。

人工气候实验室设备包括冻融控制柜、制冷系统、加热系统、载体、试验箱等五个部分(图 2.1),主要用于结构构件在单一或多种环境因素(温度、湿度、盐雾、太阳辐照、酸雨及 CO_2 气体)作用下的耐久性试验,其主要技术指标如下。

(1)温度范围:温度变化范围为−20～+80℃,上下温度偏差为±2℃,温度波

动值≤±0.5℃,升温速率 1～0.7℃/min(−20～+80℃,空载),降温速率 1～
0.7℃/min(+80～−20℃,空载);

　　(2)湿度范围:30%～98%RH,湿度偏差+2%～−3%(>75%RH),±5%
(≤75%RH)。

　　　　(a) 控制柜　　　　　　　　　(b) 试验箱　　　　　　　(c) 内部喷淋装置

图 2.1　ZHT/W2300 气候模拟试验系统

　　构件试验预留强度等级为 C30、C40 和 C50 的混凝土棱柱体试块各一组(每组
三个,尺寸为 100mm×100mm×400mm),用以测量冻融循环后混凝土质量和相
对动弹性模量的损失。另外,每种强度等级的混凝土制作立方体试块四组(每组三
个,尺寸为 100mm×100mm×100mm),用以测量不同冻融循环次数后的混凝土
抗压强度。

　　人工气候冻融环境参数设置如图 2.2 所示,具体冻融过程控制方案如下:

　　(1)冻融循环次数为 100 次、200 次和 300 次,冻融循环 50 次为一个试验间隔。

　　(2)每次冻融循环时长控制在 5.5h 左右,时间安排如下:①用于融化时间不小
于整个冻融时间的 1/4;②冻融箱内温度从 3℃降至−16℃所用时间不少于冻结时
间的 1/2;③每次冻结前 15min 对试件进行喷淋 5 个循环,喷淋 1min,间隔 2min;
④冷冻和融化之间的转换时间不宜超过 10min。

　　冻融到达以下两种情况之一即可停止试验[1]:

　　(1)已达到规定的冻融循环次数。

　　(2)伴随混凝土棱柱体试块相对动弹性模量下降到 60% 或质量损失率达 5%。

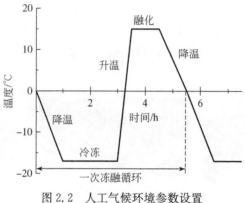

图 2.2　人工气候环境参数设置

2.3　冻融损伤混凝土材料性能

2.3.1　冻融混凝土微观结构

为研究在人工气候冻融条件下混凝土的损伤积累过程,本试验采用扫描电子显微镜(扫描电镜)对强度等级为 C30 和 C50 的伴随立方体试块在不同冻融循环次数下的微观结构进行了观察,如图 2.3 和图 2.4 所示。可以看到,未冻融混凝土中的水泥水化产物密实度较高,整个凝胶体连接紧密,而随着冻融循环次数的增长,混凝土的水化产物逐渐转变为疏松状态,凝胶体持续流失,由块状转变为针状;同时,水化产物的中间开始出现微裂缝,且裂缝宽度随着冻融损伤程度的增加逐渐增长,主要是孔隙水经历冻融循环所产生的周期性冻胀压力所致。此外,由不同强度等级混凝土试块的对比可见,C30 强度等级混凝土试块水泥水化产物密实度较低,凝胶体连接稀疏,呈针状结构;C50 强度等级混凝土试块的内部孔隙率较小,混凝土水化产物由疏松向密实转变,凝胶体由针状逐渐转变为网块状。由此可见,较高强度等级混凝土的抗冻能力较强。这与文献[2]中的"快冻法"试验结果具有一致性。

　(a) 0次　　　　　　(b) 100次　　　　　　(c) 200次　　　　　　(d) 300次

图 2.3　不同冻融循环次数后 C30 混凝土试块扫描电镜照片(5000 倍)

| (a) 0次 | (b) 100次 | (c) 200次 | (d) 300次 |

图 2.4 不同冻融循环次数后 C50 混凝土试块扫描电镜照片(5000 倍)

2.3.2 冻融循环后混凝土质量损失

在冻融试验过程中,每隔 50 次冻融循环,对混凝土棱柱体试块进行称重,并按式(2-1)计算棱柱体试块冻融循环后的质量损失率,其结果见表 2.1。

$$\Delta W_n = \frac{W_0 - W_n}{W_0} \times 100\% \qquad (2\text{-}1)$$

式中,ΔW_n 为 N 次冻融循环后混凝土试块的质量损失率(%);W_0 为未冻融混凝土试块的饱水质量(kg);W_n 为 N 次冻融循环后混凝土试块的质量(kg)。

表 2.1 不同冻融循环次数后混凝土试块质量损失率

冻融循环次数	C30		C40		C50	
	质量/kg	质量损失率/%	质量/kg	质量损失率/%	质量/kg	质量损失率/%
0	9.893	0.00	9.965	0.00	10.378	0.00
50	9.944	−0.52	10.007	−0.42	10.405	−0.26
100	9.854	0.39	9.928	0.37	10.335	0.41
150	9.805	0.89	9.881	0.84	10.298	0.77
200	9.762	1.32	9.842	1.23	10.265	1.09
250	9.711	1.84	9.795	1.71	10.219	1.53
300	9.645	2.51	9.731	2.35	10.165	2.05

试验结果表明,冻融循环次数为 50 次时,混凝土棱柱体质量略有增加;随着冻融循环次数的增加,混凝土棱柱体质量由增加逐渐转变为损失,至冻融循环 300 次时,混凝土棱柱体质量损失达到最大值。造成该现象的原因为:冻融循环作用下,混凝土内部初始微裂缝扩展、贯通,导致孔隙水含量增加,表现出棱柱体质量有所增加,而随着冻融循环次数的增加,微裂缝进一步扩展,混凝土表面水泥砂浆层产生剥落,造成质量损失。

随着混凝土抗压强度的提高,棱柱体质量损失减缓。与曹大富等[3]采用"水冻水融"进行快速冻融试验结果相比,在人工气候实验室的冻融环境下,混凝土经相同次数冻融循环后质量损失较小,冻融破坏过程亦相对延缓。

2.3.3 冻融循环后混凝土抗压强度

冻融试验后,对伴随立方体试块进行抗压试验测试,获得其相对抗压强度 $f_{c,d}/f_{c,0}$,见表 2.2。混凝土相对抗压强度与冻融循环次数的关系如图 2.5 所示。

表 2.2 伴随试块冻融前后抗压强度

冻融循环次数	C30		C40		C50	
	立方体抗压强度/MPa	相对抗压强度	立方体抗压强度/MPa	相对抗压强度	立方体抗压强度/MPa	相对抗压强度
0	32.00	1.000	40.30	1.000	55.08	1.000
100	27.65	0.864	35.73	0.887	49.64	0.901
200	23.81	0.744	31.22	0.775	44.25	0.803
300	18.14	0.567	25.36	0.629	37.26	0.676

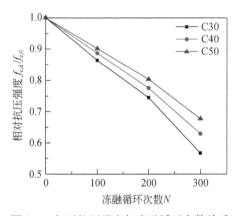

图 2.5 相对抗压强度与冻融循环次数关系

可以看出,随着冻融循环次数的增加,C30、C40 和 C50 混凝土的抗压强度均有一定的下降,且混凝土抗压强度等级越低,抗压强度损失程度越大。

对于同一批强度等级试件,采用最小二乘法回归得到冻融循环后混凝土相对抗压强度 $f_{c,d}/f_{c,0}$ 与冻融循环次数 N 之间关系如下:

$$当 f_{cu}=32.00\text{MPa} 时, \frac{f_{c,d}}{f_{c,0}}=1-0.00139N \tag{2-2}$$

$$当 f_{cu}=40.30\text{MPa} 时, \frac{f_{c,d}}{f_{c,0}}=1-0.00120N \tag{2-3}$$

当 $f_{cu}=50.08\text{MPa}$ 时，$\dfrac{f_{c,d}}{f_{c,0}}=1-0.00104N$ （2-4）

式中，f_{cu} 为立方体抗压强度；$f_{c,d}$ 为冻融循环后混凝土的立方体抗压强度；$f_{c,0}$ 为未冻融混凝土的立方体抗压强度；N 为冻融循环次数。

进而，通过回归分析得到相对峰值应力 $f_{c,d}/f_{c,0}$ 与冻融循环次数 N 及立方体抗压强度 f_{cu} 之间关系如下：

$$\frac{f_{c,d}}{f_{c,0}}=1-0.0089f_{cu}^{-0.5383}N \tag{2-5}$$

2.3.4　冻融循环后混凝土相对动弹性模量

冻融试验过程中，每隔 50 次冻融循环，测试棱柱体试块的横向基频，按式(2-6)和式(2-7)计算其相对动弹性模量，结果见表 2.3。相对动弹性模量与冻融循环次数的关系如图 2.6 所示。

$$P_i=\frac{f_{ni}^2}{f_{0i}^2}\times100 \tag{2-6}$$

$$P=\frac{1}{3}\sum_{i=1}^{3}P_i \tag{2-7}$$

式中，P_i 为经 N 次冻融循环后每组第 i 个混凝土试件的相对动弹性模量(%)；f_{ni} 为经 N 次冻融循环后每组第 i 个混凝土试件的横向基频(Hz)；f_{0i} 为未冻融每组第 i 个混凝土试件横向基频初始值(Hz)；P 为经 N 次冻融循环后一组混凝土试件的相对动弹性模量(%)。

表 2.3　不同冻融循环次数后混凝土相对动弹性模量

冻融循环次数	C30		C40		C50	
	横向基频/Hz	相对动弹性模量/%	横向基频/Hz	相对动弹性模量/%	横向基频/Hz	相对动弹性模量/%
0	2302	100	2389	100	2513	100
50	2269	97.7	2362	98.2	2483	97.9
100	2254	95.5	2338	95.4	2465	95.8
150	2199	90.4	2297	91.7	2434	93.1
200	2150	86.1	2243	87.1	2392	89.6
250	2089	80.8	2189	82.5	2331	84.7
300	2004	73.9	2120	76.9	2263	79.4

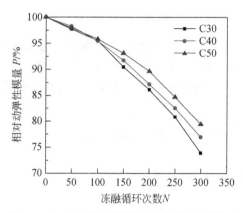

图 2.6　相对动弹性模量与冻融循环次数关系

　　由图 2.6 可见,冻融循环次数达到 100 次之前,动弹性模量损失较小,此时混凝土内部的冻融损伤较小;但随着冻融循环次数的增加,相对动弹性模量有加速下降的趋势,说明混凝土内部冻融损伤逐渐加剧,至冻融循环次数达到 300 次,相对动弹性模量达到最小值。同样可以看出,冻融循环次数达到 100 次之前,混凝土强度等级的变化对动弹性模量的影响不明显;而当冻融循环次数达到 100 次之后,相同冻融循环次数下混凝土相对动弹性模量随着混凝土强度等级的提高相应增大,说明高强度混凝土具有更好的抗冻性能。

　　对于同一批强度等级试件,用最小二乘法回归得到相对动弹性模量 P 与冻融循环次数 N 之间关系如下:

$$当 f_{cu}=32.00\text{MPa} 时,P=100-0.07655N \qquad (2-8)$$

$$当 f_{cu}=40.30\text{MPa} 时,P=100-0.06892N \qquad (2-9)$$

$$当 f_{cu}=50.08\text{MPa} 时,P=100-0.05998N \qquad (2-10)$$

　　进而,通过回归分析得到相对动弹性模量 P 与冻融循环次数 N 及立方体抗压强度 f_{cu} 之间关系如下:

$$P=100-0.3632f_{cu}^{-0.4494}N \qquad (2-11)$$

式中,各参数意义同前。

2.4　本章小结

　　本章介绍了基于人工气候试验技术的混凝土材料与 RC 结构构件冻融循环试验方案,以及冻融后伴随混凝土块的材料力学性能试验结果。主要结论如下:

　　(1)随着冻融循环次数的增加,混凝土的微观结构由密实转为疏松,其相对抗压强度和相对动弹性模量不断减小。相同冻融循环次数下,混凝土强度等级越高,其冻融循环后微观结构的变化越小,相对抗压强度和动弹性模量损失越小。表明提高混凝土强度等级可以增强混凝土的抗冻性。

(2)通过试验数据的回归分析,建立了冻融循环后混凝土相对抗压强度和相对动弹性模量的计算方法。

参 考 文 献

[1] 中华人民共和国住房和城乡建设部. 普通混凝土长期性能和耐久性能试验方法标准
(GB/T 50082—2009)[S]. 北京:中国建筑工业出版社,2009.

[2] 施士升. 冻融循环对混凝土力学性能的影响[J]. 土木工程学报,1997,30(4):35-42.

[3] 曹大富,马钊,葛文杰,等. 冻融循环作用后钢筋混凝土柱的偏心受压性能[J]. 东南大学学
报,2014,44(1):188-193.

第3章 混凝土冻融损伤模型研究

3.1 引 言

国内对 RC 结构冻融损伤程度的评判多依据现行耐久性规范[1]进行,而规范所给的评判方法是基于标准试件和统一化冻融循环试验条件得到的,未考虑试件尺寸效应对冻融损伤的影响。而实践中,受限于试验条件,多数试验参数设置无法与上述试验保持完全一致,采用规范所给评判准则对 RC 构件和结构的冻融损伤进行评估势必会产生较大误差,这也是不同学者所得试验结果无法进行横向对比分析的主要原因。鉴于此,本章通过对既有研究成果进行归纳分析,以混凝土相对动弹性模量损失量 D 作为 RC 结构冻融损伤程度的量化指标,从混凝土冻融损伤微观机理出发,结合理论分析和试验研究,建立可考虑内部温度场的混凝土冻融损伤模型。

3.2 蔡昊冻融损伤模型

蔡昊[2]基于静水压力和损伤力学理论,以混凝土相对动弹性模量作为损伤指标,提出了混凝土冻融损伤模型如下:

$$D = 1 - \left[(1-D_0)^{\beta+1} - \frac{\alpha(\beta+1)\sigma_{\max}^{\beta}}{E_0^{\beta}} N \right]^{\frac{1}{\beta+1}} \tag{3-1}$$

式中,D 为相对动弹性模量损失量;D_0 为初始损伤量;E_0 为受冻融时混凝土弹性模量;N 为冻融循环次数;α、β 为材料参数;$\sigma_{\max}$ 为最大静水压力。

该模型以 Powers 静水压力理论为基础,综合考虑材料特性、降温速率与降温幅值等影响因素,预测结果与试验数据吻合度较高。但该模型未考虑尺寸效应对混凝土温度场的影响,且最大静水压力在式中以显式出现,不便于应用。此外,其材料参数的求解需基于混凝土抗拉试验,而实际工程中该试验并不常见。因此,本研究以蔡昊模型为基础,考虑混凝土尺寸效应,同时结合理论推导和试验研究,给出一套可用于实际混凝土结构的冻融损伤模型。

3.2.1 材料参数的求解

根据 β 和 α 的定义,有

$$\beta = \left(\lambda - \frac{E_t}{E_0} \right) / (1-D_0-\lambda), \quad \alpha = \frac{1-D_0-\lambda}{\varepsilon_t^\beta}, \quad \lambda = \frac{\sigma_t}{E_0\varepsilon_t}, \quad \sigma_t = \sigma|\varepsilon = \varepsilon_t \tag{3-2}$$

式中, σ_t、ε_t 为混凝土发生损伤局部化之前的最大应力及应变。对于普通混凝土, σ_t 可取应力为80%混凝土的抗拉强度;对于高强混凝土, σ_t 取应力为90%混凝土的抗拉强度。E_0、E_t 分别为混凝土初始弹性模量和应变为 ε_t 时的切线模量。

文献[3]基于大量混凝土抗拉性能试验,得到抗拉强度回归公式如下:

$$f_t = 0.26 f_{cu}^{2/3} \qquad (3-3)$$

文献[4]给出混凝土受拉应力应变曲线如下:

$$y = \begin{cases} 1.2x - 0.2x^6, & x \leqslant 1 \\ \dfrac{x}{\alpha_t(x-1)^{1.7}+x}, & x > 1 \end{cases} \qquad (3-4)$$

式中, $x = \varepsilon/\varepsilon_{t,p}$, $y = \sigma/f_t$。对于普通混凝土,取 $\sigma_t = 0.8f_t$,由式(3-4)解得 $\varepsilon_t = 0.684\varepsilon_{t,c}$,其中峰值拉应变 $\varepsilon_{t,c}$ 为[4]

$$\varepsilon_{t,c} = 65 \times 10^{-6} f_t^{0.54} \qquad (3-5)$$

将式(3-3)代入式(3-5),有

$$\varepsilon_{t,c} = 3.14 \times 10^{-5} f_t^{0.36} \qquad (3-6)$$

将式(3-3)和式(3-6)代入 $\varepsilon_t = 0.684\varepsilon_{t,c}$, $\sigma_t = 0.8f_t$,有

$$\varepsilon_t = 2.148 \times 10^{-5} f_{cu}^{0.36} \qquad \sigma_t = 0.208 f_{cu}^{2/3} \qquad (3-7)$$

在受拉曲线上升段,由式(3-4)可得

$$\sigma = \left[1.2 \frac{\varepsilon}{\varepsilon_{t,c}} - 0.2 \left(\frac{\varepsilon}{\varepsilon_{t,c}} \right)^6 \right] f_t \qquad (3-8)$$

求导可得

$$E = \frac{d\sigma}{d\varepsilon} = \frac{1.2 f_t(\varepsilon_{t,c}^5 - \varepsilon^5)}{\varepsilon_{t,c}^6} \qquad (3-9)$$

分别令 $\varepsilon=0$, $\varepsilon=\varepsilon_t$,并代入式(3-3)、式(3-6)可得

$$\begin{aligned} E_0 &= 9.936 \times 10^3 f_{cu}^{0.307} \\ E_t &= 8.446 \times 10^3 f_{cu}^{0.307} \end{aligned} \qquad (3-10)$$

将式(3-10)、式(3-6)和式(3-3)代入式(3-2),可求得 $\lambda = 0.975$。显然,冻融试验计算得到的 λ 趋于常数。蔡昊、李金玉等[2,5-17]基于普通混凝土标准冻融试验指出,相对动弹性模量损失量 D 对系数 λ 的取值比较敏感。考虑混凝土的离散性,对参数 λ 进行修正,取初始损伤量 $D_0=0$,结合李金玉、宋玉普等试验测试数据(表3.1),根据式(3-1)反算得到系数 β 和 α,再代入式(3-2)得到 λ。λ 同混凝土水灰比 w/c 和抗压强度 f_{cu} 的关系如图3.1和图3.2所示。显然, λ 同水灰比和抗压强度并没有明显的相关性,而是围绕一常数波动。

拟合后有 $\lambda = 0.932$,取 $D_0 = 0$,代入式(3-2),有

$$\beta = 1.205, \quad \alpha = 2.867 \times 10^4 f_{cu}^{-0.434} \qquad (3-11)$$

表 3.1 不同冻融循环次数下相对动弹性模量试验数据

数据来源	卫军	谭立坤	施士升	施士升	徐小巍	卫军	梁黎黎
w/c	0.32	0.35	0.35	0.35	0.35	0.4	0.4
f_{cu}/MPa	—	35.58	61.71	59.85	56.5	—	45.2
$\dfrac{D_n}{D_0}(N)$ /%(—)	100(0)	100(0)	100(0)	100(0)	100(0)	100(0)	100(0)
	98(50)	83(25)	96.2(30)	96.9(30)	96.8(25)	87(50)	89.2(25)
	96(75)	66(50)	92.7(60)	90.6(60)	95.5(50)	76(75)	86.8(50)
	94(150)	48(75)	90.3(90)	89.6(90)	93(75)	60(150)	73.5(125)
	5(200)	31(100)	—	—	90.4(100)	50(200)	
	75(250)	14(125)			88.5(125)	39(250)	
	57(300)				86.6(150)		
	—				85.4(175)		
					79(200)		

数据来源	程红强	徐小巍	蔡昊等	商怀帅等	施士升	施士升	谭立坤等	商怀帅等
w/c	0.42	0.45	0.45	0.45	0.48	0.48	0.5	0.5
f_{cu}/MPa	38.8	42.7	37.45	50.65	43.37	38.63	34.2	34.2
$\dfrac{D_n}{D_0}(N)$ /%(—)	100(0)	100(0)	100(0)	100(0)	100(0)	100(0)	100(0)	100(0)
	88(25)	93(25)	93(25)	92(25)	96.9(30)	92.2(30)	83(25)	87(25)
	83(50)	88.5(50)	86(50)	78(50)	92.5(60)	85.5(60)	64(50)	62(50)
	74(75)	81.5(75)	76(75)	62(75)	86.4(90)	88.9(90)	46(75)	72(75)
	64(100)	65.6(100)	64(100)	—	—	—	28(100)	62(100)
	53(125)	55.4(125)	45(125)				10(125)	
	—	44.3(150)						

数据来源	苏昊林, 王九立	梁黎黎	商怀帅, 宋玉普	徐小巍	蔡昊	李金玉	梁黎黎
w/c	0.5	0.53	0.55	0.55	0.6	0.65	0.75
f_{cu}/MPa	40	34.7	27.41	38.1	31.19	31	28.7
$\dfrac{D_n}{D_0}(N)$ /%(—)	100(0)	100(0)	100(0)	100(0)	100(0)	100(0)	100(0)
	97.7(25)	88.1(25)	86.2(25)	61.8(30)	80(5)	59.5(5)	87.2(30)
	94.4(50)	85.1(50)	74.1(30)	50.3(60)	70(30)	43.3(11)	84.5(60)
	91.9(75)	69.4(125)	58.8(50)	—	60(40)	31(15)	68.9(100)
	89.8(125)	—	46.8(60)				
	89.2(150)						
	86.7(175)						

注: f_{cu} 为立方体抗压强度; w/c 为水灰比; N 为冻融循环次数; D_n 为 N 次冻融循环后的相对动弹性模量损失量; D_0 为初始损伤量。

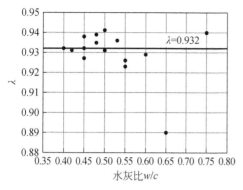

图 3.1　水灰比 w/c 与 λ 的关系

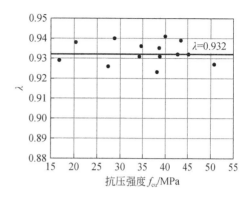

图 3.2　抗压强度 f_{cu} 与 λ 的关系

3.2.2　最大静水压力 σ_{max} 的求解

将 Powers 静水压力模型[18,19]作为混凝土浆体结构的基本单元,这一基本单元由气孔和气孔周围厚度为平均气孔间隔系数 $\overline{L}$ 的水泥浆体组成。经简化推导将静水压力等效为沿径向均匀分布,则静水压力[2]为

$$P_{ave}=\frac{\int_{r_b}^{r_b+\overline{L}}P\mathrm{d}r}{\overline{L}}=\frac{\eta}{K}C\phi(\overline{L}) \tag{3-12}$$

$$C=0.03\frac{\mathrm{d}\theta}{\mathrm{d}t}\cdot\frac{\mathrm{d}\omega_f}{\mathrm{d}\theta}=0.03\frac{\mathrm{d}\theta}{\mathrm{d}t}U \tag{3-13}$$

$$\phi(\overline{L})=\frac{\overline{L}^3}{r_b}+\overline{L}^2+\frac{5}{6}(\overline{L}+r_b)^2+\frac{1}{3}r_b^2-\frac{\overline{L}+r_b}{\overline{L}}\ln\frac{\overline{L}+r_b}{r_b} \tag{3-14}$$

式中,P 为静水压力;K 为孔溶液在水泥浆体中的渗透系数;η 为孔溶液的动力黏滞系数;$\mathrm{d}\theta/\mathrm{d}t$ 为降温速率;U 即 $\mathrm{d}\omega_f/\mathrm{d}\theta$,表示温度下降 $1℃$ 时单位体积水泥浆体内结冰的孔溶液体积;r_b、$\overline{L}$ 分别为水泥浆体内平均气孔半径与平均气孔间隔系数,均可通过直线导线法直接测定。

此外,孔溶液的动力黏滞系数 η 可用水的动力黏滞系数近似替代。$0\sim-15℃$ 下水的动力黏滞系数见表 3.2[2]。

表 3.2　$0\sim-15℃$ 下水的动力黏滞系数

温度/℃	0	-5	-10	-15
$\eta/(10^{-3}\mathrm{Pa\cdot s})$	1.798	2.147	2.614	3.2

Powers 给出水泥石渗透系数 K 与水泥石毛细孔孔隙率之间的经验关系式[19]：

$$K = 3350\varepsilon^{3.6} \times 10^{-21} \qquad (3-15)$$

式中，ε 为水泥石毛细孔孔隙率，根据 ε 的定义有

$$\varepsilon = \rho_w \rho_a / \rho_c \qquad (3-16)$$

其中，ρ_a、ρ_c 分别为毛细孔和水泥浆体所占混凝土体积的百分比；ρ_w 为负温下未结冰孔溶液体积占原孔溶液体积的百分比。

将混凝土试块在水中浸泡 4d，取出并擦干表面，称重后放入 100℃ 烤箱中烘烤至恒重，可计算得到毛细孔体积占混凝土体积的百分比 ρ_a。而水泥浆体所占混凝土体积的百分比 ρ_c 可通过混凝土配合比计算得到。

降温速率 $d\theta/dt$ 可在试验时直接设定，在室外条件下时也可以根据气相统计资料确定。考虑到相同水灰比下混凝土的孔隙结构及分布规律相同，而冻融条件下混凝土内部结冰主要由孔隙结构及孔隙分布确定。故混凝土冻融条件下的 U 可由温度和混凝土的水灰比确定。通过电导率法[20,21]可测定混凝土结冰速率与水灰比和温度之间的关系。

根据 Powers 的静水压力理论，U 取最大值 U_{max} 时，静水压力最大，即 $P_{ave} = \sigma_{max}$。Bager 和 Sellevold[22,23]采用低温差热法量测了不同水灰比的水泥石在冻结过程中释放的热量，得到在饱水情况下，孔溶液大量结冰的区间主要集中在 $-7 \sim -10℃$ 和 $-23 \sim -42℃$。在实际工程中，很少会遇到 $-23 \sim -42℃$ 这样的低温，故取温度区间为 $-7 \sim -10℃$。

3.3　试验研究

设计不同水灰比试件九组，各组水灰比分别为 0.35、0.4、0.45、0.48、0.52、0.58、0.6、0.65 和 0.7。每组五个试件，温度区间设定为 $0 \sim -17℃$，分别测定其在 0℃、$-5℃$、$-10℃$、$-15℃$ 时的相对结冰量，并计算不同温度时的 U。

3.3.1　混凝土原材料及配合比

试验采用普通硅酸盐水泥（425#），砂粒径小于 2.5mm，粗骨料为粒径 $10 \sim 20mm$ 碎石。混凝土配合比及性能指标见表 3.3。

3.3.2　试验方案

设计制作尺寸为 100mm×100mm×150mm 的混凝土试块，浇筑时预埋六块铜网电极，如图 3.3 所示。养护 28d 后在水中浸泡至恒重后取出，随即置于人工气候实验室中进行冻融试验。首先将饱水试件在 0℃ 冻融箱中放置 24h，测量其电

阻,然后依次将冻融室中的温度降低至 $-5℃$、$-10℃$、$-15℃$,并在每一温度下停留 24h,测量其电阻(注:停留 24h 是为保证试块的温度均到达测点温度)。

表 3.3　混凝土配合比及性能指标

试件编号	水灰比 w/c	用水量 /(kg/m³)	水泥用量 /(kg/m³)	砂用量 /(kg/m³)	石用量 /(kg/m³)	毛细孔孔隙率/%	28d 抗压强度 f_{cu}/MPa
A	0.35	180	514	649	1015	20.72	61.9
B	0.4	180	450	671	1049	21.09	60.7
C	0.45	180	400	688	1076	22.80	50.7
D	0.48	180	375	707	1079	23.55	50.6
E	0.52	180	346	731	1079	24.08	45.6
F	0.58	180	310	766	1075	24.92	42.7
G	0.6	180	300	777	1073	25.61	38.3
H	0.65	180	277	804	1065	25.94	35.4
I	0.7	180	257	830	1056	26.30	36.7

图 3.3　用于测量结冰速率的混凝土试块

3.3.3　结冰速率测量原理

混凝土主要通过其内部孔溶液进行导电,因此可认为混凝土试件的电阻 R_c 与未结冰的孔溶液电阻 R_s 相同,由 $R_s = h_s/(\sigma_s S_s)$ 和 $R_c = h_c/(\sigma_c S_c)$ 可得

$$\frac{h_s}{\sigma_s S_s} = \frac{h_c}{\sigma_c S_c} \qquad (3-17)$$

式中,h_c 为电流通过混凝土试件的长度;h_s 为电流通过孔溶液的等效长度;S_c 为电流通过混凝土试件的面积;S_s 是电流通过孔溶液的等效面积;σ_c 为混凝土试件电导率;σ_s 为孔溶液电导率。

由 $h_s = h_c = h$ 可得 $\sigma_c S_c h = \sigma_s S_s h$，即 $\sigma_c V_c = \sigma_s V_s$，故 $V_s = \sigma_c / \sigma_s V_c$。其中，$V_s$ 为导电的未结冰孔溶液体积；V_c 为导电混凝土的体积，即混凝土试块体积。因为 σ_s 和 V_c 为常数，所以未结冰孔溶液体积 V_s 的变化率即等于混凝土试件电导率 σ_c 的变化率。在 0℃时，有 $V_{s0} = V_c \sigma_{c0} / \sigma_s$，在温度为 t℃时有 $V_{st} = V_c \sigma_{ct} / \sigma_s$，所以 t℃时未结冰孔溶液的体积相对量为 $V_{st} / V_{s0} = \sigma_{ct} / \sigma_{c0}$，单位体积水泥浆体内结冰的孔溶液体积即为

$$\omega_f = \varepsilon \left(1 - \frac{V_{st}}{V_{s0}}\right) = \varepsilon \left(1 - \frac{\sigma_{ct}}{\sigma_{c0}}\right) \tag{3-18}$$

将 $R_c = \dfrac{h_c}{\sigma_c S_c}$ 代入式(3-17)，可得

$$\omega_f = \varepsilon \left(1 - \frac{R_{c0}}{R_{ct}}\right) \tag{3-19}$$

3.3.4 试验结果及分析

限于篇幅，本章以水灰比 w/c 为 0.4 和 0.6 的两组试验为例进行分析(其余组数据见附录)。

试件在不同温度下的电阻，以及由式(3-19)计算得到的单位体积水泥浆体内冰的孔溶液体积 ω_f 见表 3.4。以温度 t 为横坐标，ω_f 为纵坐标，计算得到 w/c 为 0.4 和 0.6 试件在不同温度下的 ω_f，如图 3.4 所示。采用多项式拟合，发现当 x 的最高次为 2 次时相关系数即可达到 0.95 以上，精度较高，相关拟合公式如图 3.4 所示。

从图 3.4 可知，不同水灰比的混凝土在 0～−10℃ 区间内的结冰速率均大于 −10℃ 以下温度区间的，故此温度区间冻害较大，这一结论与李金玉等的试验结果相同。因此，对普通混凝土抗冻耐久性的研究应主要集中在 0～−10℃ 区间内。此外，图中混凝土内部大量结冰主要集中在 0～−5℃ 区间，尤其是 $w/c = 0.6$ 试验组试块，比 Bager 用低温差热法测得的 −7～−10℃ 区间要高，这主要是因为本试验中采用的是混凝土试块，而 Bager 低温差热法采用的是水泥净浆，相比于水泥净浆，混凝土中不仅有水泥浆体内部孔隙，而且在粗骨料与砂浆的界面上存在不规则的初始裂缝，其直径相对毛细孔孔径大，内部的孔溶液冰点温度相对较高，导致混凝土的大量结冰温度区间要高于纯水泥净浆。

利用式 $U = \mathrm{d}\omega_f / \mathrm{d}\theta$ 和拟合得到的 ω_f 曲线即可计算出不同温度下单位体积水泥浆体内孔溶液结冰速率 U，但考虑到混凝土材料的离散性，以 5℃ 为一个温度区间计算得到的 U 更具有代表性。将 $U = \Delta \omega_f / \Delta \theta$ 代入式(3-19)可得

$$U = \frac{\varepsilon R_{c0}}{\Delta \theta} \left(\frac{1}{R_{ct1}} - \frac{1}{R_{ct2}}\right) \tag{3-20}$$

表 3.4 不同温度下试件电阻 R_t 及单位体积水泥浆体内结冰的孔溶液体积 ω_f

试件编号	水灰比 w/c	0℃		−5℃		−10℃		−15℃	
		R_t /Ω	ω_f /(m³/m³)	R_t /Ω	ω_f /(m³/m³)	R_t /Ω	ω_f /(m³/m³)	R_t /Ω	ω_f /(m³/m³)
B1		1026.47	0	1295.96	0.044	1399.27	0.056	1759.192	0.088
B2		710.15	0	929.03	0.050	1295.96	0.095	1341.527	0.099
B3	0.4	897.27	0	1170.58	0.049	1324.02	0.068	1688.711	0.099
B4		800.06	0	1019.25	0.045	1282.34	0.079	1623.325	0.107
B5		883.14	0	1137.19	0.047	1205.80	0.056	1602.568	0.095
G1		1559.80	0	2124.22	0.068	2352.53	0.086	2833.19	0.115
G2		1282.52	0	1726.37	0.066	2090.21	0.099	2291.72	0.113
G3	0.6	1858.98	0	2532.41	0.068	2685.48	0.079	2833.19	0.088
G4		1310.30	0	1774.35	0.067	2271.44	0.108	2374.89	0.115
G5		1540.49	0	2057.21	0.064	2159.30	0.073	2510.99	0.099

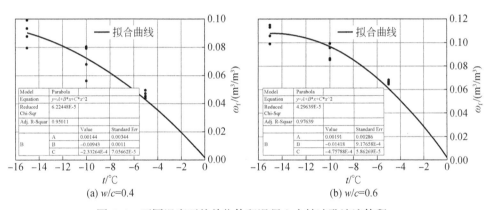

(a) w/c=0.4   (b) w/c=0.6

图 3.4 不同温度下的单位体积混凝土内结冰孔溶液体积 ω_f

将表 3.4 中数据代入式(3-20),即可得到水灰比为 0.4 和 0.6 试件在 0～−5℃及 −5～−10℃区间单位体积内水泥浆体孔溶液结冰速率 U,见表 3.5(−10～−15℃温度区间计算得到的 U 较以上两个温度区间明显偏小,未予列出)。

从表 3.5 可以看出,混凝土内结冰速率最大值主要集中在 0～−5℃区间,而比较水灰比为 0.4 与 0.6 的试件亦可发现,当水灰比较大时,0～−5℃区间内结冰速率增长较−5～−10℃区间更为明显,这是由于水灰比越大,混凝土内部孔隙数量越多,直径较大的孔隙随之增多,而毛细孔直径越大,孔隙水液面弯曲越小,饱和蒸气压越大,冰点越高[24],所以在 0℃～−5℃区间内结冰的孔溶液相对较多,该区间内的结冰速率亦相对增长较快。

图 3.5 为单位体积水泥浆体内最大孔溶液结冰速率 U_{max} 与 w/c 之间的关系。可以看出,水灰比 w/c 的增加将导致毛细孔孔隙率 ε 增大,单位体积水泥浆体内结冰的孔溶液体积 ω_f 也将随之增加,即式(3-20)中的 $(1/R_{ct1}-1/R_{ct2})$ 随之增大,由此推得 w/c 对 U_{max} 以平方次产生影响,将所得到的试验数据以二次函数进行拟合,结果见式(3-21),相关系数 R^2 为 0.95。

$$U_{max}=0.0278(w/c)^2-0.0073(w/c)+0.0077 \tag{3-21}$$

表 3.5　不同温度区间单位体积混凝土内冰的孔溶液结冰速率

（单位：$m^3/(m^3 \cdot ℃)$）

试件编号	水灰比 w/c	$0\sim-5℃$	$-5\sim-10℃$	U_{max}
B1		0.009	0.002	0.009
B2		0.010	0.006	0.010
B3	0.4	0.010	0.004	0.010
B4		0.009	0.007	0.009
B5		0.009	0.002	0.009
G1		0.014	0.004	0.014
G2		0.013	0.007	0.013
G3	0.6	0.014	0.004	0.014
G4		0.013	0.006	0.013
G5		0.013	0.004	0.013

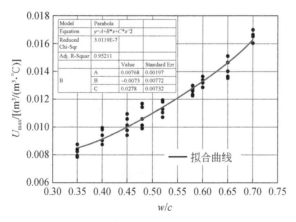

图 3.5　单位体积混凝土内 U_{max} 与 w/c 关系

3.4　混凝土冻融损伤模型及验证

3.4.1　混凝土冻融损伤模型

将式(3-10)~式(3-13)代入式(3-1)，并令 $D_0=0$，有

$$D=1-\left\{1-0.014Nf_{cu}^{-0.804}\left[\frac{\eta}{K}\times U_{max}\times\frac{d\theta}{dt}\times\phi(\overline{L})\right]^{1.205}\right\}^{\frac{1}{2.205}} \quad (3-22)$$

式中，η 取值见表 3.2；K、U_{max} 和 $\phi(\overline{L})$ 的值分别由式(3-15)、式(3-21)和式(3-14)解得。式(3-22)的物理模型为 Powers 水泥石结构简化模型，未考虑混凝土结构内部温度场的不均匀分布，因此要将式(3-22)应用于实际混凝土结构，还需要考虑混凝土内部温度场的分布情况。考虑温度场分布，相对动弹性模量损失量可表征为

$$D=\frac{V_d}{V}\left\{1-\left\{1-0.014Nf_{cu}^{-0.804}\left[\frac{\eta}{K}\times U_{max}\times\frac{d\theta}{dt}\times\phi(\overline{L})\right]^{1.205}\right\}^{\frac{1}{2.205}}\right\} \quad (3-23)$$

式中，V 为处于冻融环境中混凝土结构的体积；V_d 为受冻融影响混凝土的体积，根据上述试验结论，可取为最低温度低于 $-5℃$，最高温度大于 $0℃$ 的混凝土体积。

3.4.2　试验验证

为验证式(3-23)损伤模型的合理性，设计两组试验进行验证，试件编号分别为 S-1 和 S-2，水灰比分别为 0.4 和 0.6；混凝土平均孔隙半径 r_b 及平均气孔间隔系数 $\overline{L}$ 采用直线导线法[25]①进行测量，饱水混凝土导温系数参考文献[26]取 $\beta=1.472\times10^{-6} m^2/s$。

先将试件放在水中浸泡 4d，取出后放入人工气候实验室对试件进行冻融试验，具体试验条件同 2.2 节。试验过程中，定时测量试件在不同冻融循环次数下的相对动弹性模量损失量及混凝土试件各项性能指标，试验测试结果见表 3.6。

表 3.6　混凝土试件各项性能指标

试件编号	尺寸/mm	β/(m²/s)	$\overline{L}$/μm	r_b/μm	相对动弹性模量损失量/% (冻融循环次数 N)			
S-1	100×100×400	1.476×10⁻⁶	656	119	8.13 (50)	15.13 (100)	30.4 (150)	35.5 (200)
S-2	150×150×400	1.476×10⁻⁶	866	143	6.21 (15)	13.16 (30)	23.43 (50)	39.5 (75)

① 该标准已于 2018-03-01 废止，现行标准为《水工混凝土试验规程》(DL/T 5150—2017)。

采用有限元软件 ANSYS 热分析模块对混凝土试块的冻融作用进行模拟,得到内部温度场的分布和受冻融影响混凝土的体积 V_d。模拟分析显示,两试块底面和顶面上的温度荷载对混凝土试块内部温度场的影响较小。因此,为方便计算,将两试块分别简化为四周受变化温度荷载的平面模型,并设定试块初始温度为 0℃。模拟发现经过 3～5 个循环后,内部温度趋于稳定的周期性变化,第 5 个循环结束时混凝土试件 S-1 内部温度场分布见图 3.6。

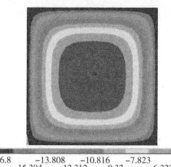

-16.8　　-13.808　　-10.816　　-7.823　　-4.831
　　-15.304　　-12.312　　-9.32　　-6.327　　-3.335

图 3.6　第 5 个循环结束时 S-1 温度场分布(单位:℃)

图 3.7 为试件 S-1 由表及里不同深度处的温度变化(图中 $h_0 \sim h_8$ 分别代表的深度为 0mm,5mm,10mm,…,45mm,曲线振幅由大至小依次为 $h_0 \sim h_8$)。由图可知,进入第 4 个循环后,混凝土内部温度场便基本进入稳定循环状态。由于外部温度荷载的降温和升温并不对称,降温过程时间长,使得部分混凝土温度循环稳定后一直处于负温状态,且温度变化幅度很小,因此这部分混凝土受冻融破坏并不严重。鉴于此,对于试件 S-1,受冻融影响的混凝土主要集中在深度为 25mm 的范围内,计算得 $V_d/V = 0.75$。试验过程中温度从 0℃ 下降到 -5℃ 区间内的平均降温速率 $d\theta/dt = 8.3 \times 10^{-4}$ ℃/s。由式(3-15)、式(3-21)和式(3-14)计算得 $K = 5.87 \times 10^{-21}$ m²,$U_{max} = 9.228 \times 10^{-3}$ ℃$^{-1}$,$\phi(\overline{L}) = 1.98 \times 10^{-6}$ m²,代入式(3-23)得到 S-1 试件相对动弹性模量损失量为

$$D = 0.75\left[1 - (1 - 0.003N)^{\frac{1}{2.205}}\right] \tag{3-24}$$

对于 S-2,受冻融影响的混凝土亦主要集中在深度为 25mm 的范围内,计算得 $V_d/V = 0.56$,温度从 0℃ 下降到 -5℃ 区间内的平均降温速率为 $d\theta/dt = 8.3 \times 10^{-4}$ ℃/s,由式(3-15)、式(3-21)和式(3-14)可解得 $K = 9.33 \times 10^{-21}$ m²,$U_{max} = 13.33 \times 10^{-3}$ ℃$^{-1}$,$\phi(\overline{L}) = 3.83 \times 10^{-6}$ m²,同理可得 S-2 试件相对动弹模性模量损失量为

$$D = 0.56\left[1 - (1 - 0.012N)^{\frac{1}{2.205}}\right] \tag{3-25}$$

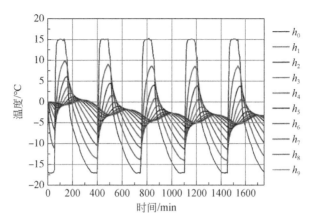

图 3.7　试件 S-1 不同深度处的温度变化

混凝土冻融损伤预测模型计算值与试验值的对比见图 3.8。可以看出,在动弹模量损失量不大时,两者符合很好;动弹性模量损失量超过 30％之后,预测模型计算值与试验值稍有偏差,其原因主要是冻融损伤累积导致混凝土内部孔隙结构发生变化,平均孔径和气孔间隔系数有所增加,这种变化在预测模型中很难考虑,故计算值会稍有偏小,但仍在可接受的范围之内。

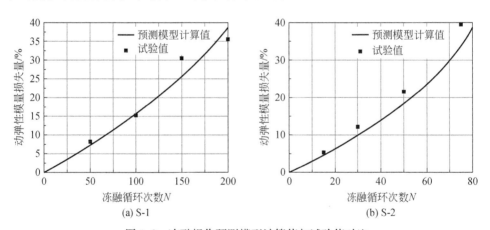

图 3.8　冻融损伤预测模型计算值与试验值对比

3.5　本 章 小 结

本章从混凝土冻融损伤机理出发,以理论分析为基础,结合试验研究,指出既有模型存在的不足,建立可考虑内部温度场的混凝土冻融损伤模型。主要结论如下：

（1）蔡昊模型中的材料参数趋于常数，同水灰比和抗压强度并无明显相关性。

（2）水灰比是决定混凝土抗冻性的主要因素。水灰比与混凝土内部孔隙水达到最大结冰速率时的环境温度成正比，混凝土结冰速率与水灰比呈二次函数关系。

（3）所建立混凝土冻融损伤预测模型计算值与试验值符合较好，可应用于 RC 构件与结构的冻融损伤评估。

参 考 文 献

[1] 中华人民共和国住房和城乡建设部. 混凝土结构耐久性设计标准（GB/T 50476—2019）[S]. 北京：中国建筑工业出版社，2019.

[2] 蔡昊. 混凝土抗冻耐久性预测模型[D]. 北京：清华大学，1998.

[3] 过镇海，时旭东. 钢筋混凝土原理和分析[M]. 北京：清华大学出版社，2012.

[4] 过镇海，张秀琴. 混凝土应力-应变全曲线的试验研究[J]. 建筑结构学报，1982,3(1):1-12.

[5] 李金玉，曹建国，徐文雨，等. 混凝土冻融破坏机理的研究[J]. 水利学报，1999,30(1):41-49.

[6] Penttala V. Surface and internal deterioration of concrete due to saline and non-saline freeze-thaw loads[J]. Cement and Concrete Research,2006,(36):921-928.

[7] 商怀帅，宋玉普，覃丽坤. 普通混凝土冻融循环后性能的试验研究[J]. 混凝土与水泥制品，2005,(2):9-11.

[8] 施士升. 冻融循环对混凝土力学性能的影响[J]. 土木工程学报，1997,(4):35-42.

[9] 梁黎黎. 冻融循环作用下混凝土力学性能试验研究[J]. 混凝土，2012,(3):55-57.

[10] 程红强，张雷顺，李平先. 冻融对混凝土强度的影响[J]. 河南科学，2003,21(2):214-216.

[11] 覃丽坤，宋玉普，陈浩然，等. 冻融循环对混凝土力学性能的影响[J]. 岩石力学与工程学报，2005(S1):5048-5053.

[12] 苏昊林，王立久. 混凝土冻融耐久性量化分析[J]. 混凝土，2010,247(5):1-6.

[13] 唐光普，刘西拉. 基于唯象损伤观点的混凝土冻害模型研究[J]. 四川建筑科学研究，2007,33(3):138-143.

[14] 徐晓巍. 不同环境下混凝土冻融试验标准化研究[D]. 杭州：浙江大学，2010.

[15] 商怀帅. 引气混凝土冻融循环后多轴强度的试验研究[D]. 大连：大连理工大学，2006.

[16] 卫军，李斌，赵霄龙. 混凝土冻融耐久性的实验研究[J]. 湖南城市学院学报（自然科学版），2003,24(6):1-5.

[17] 祝金鹏，李术才，刘宪波，等. 冻融环境下混凝土力学性能退化模型[J]. 建筑科学与工程学报，2009,26(1):62-67.

[18] Powers T C. A working hypothesis for further studies of frostre sistance[J]. Journal of the ACI,1945,16(4):245-272.

[19] Powers T C. The air requirement of frost-resistant concrete[J]. Proceedings of the Highway Research Board,1949,29:184-211.

[20] 李美利. 混凝土潮湿养护效率的电阻率评价方法研究[D]. 重庆：重庆大学，2011.

[21] 钱觉时,徐姗姗,李美利,等. 混凝土电阻率测量方法与应用[J]. 山东科技大学学报(自然科学版),2010,29(1):43-48.

[22] Bager D H, Sellevold E J. Ice formation in hardened cement paste, part Ⅰ—Room temperature cured pastes with variable moisture contents[J]. Cement and Concrete Research,1986,16(5):709-720.

[23] Bager D H,Sellevold E J. Ice formation in hardened cement paste,Part Ⅱ— Drying and re-saturation on room temperature cured pastes[J]. Cement and Concrete Research,1986,16(6):835-844.

[24] 郭成举. 混凝土的冻害机制[J]. 混凝土与水泥制品,1982:9-19.

[25] 中华人民共和国国家经济贸易委员会. 水工混凝土试验规程(DL/T 5150—2001)[S]. 北京:中国电力出版社,2002.

[26] 刘光廷,黄达海. 混凝土湿热传导与湿热扩散特性试验研究[J]. 三峡大学学报(自然科学版),2002,24(2):97-100.

第 4 章　冻融 RC 框架梁抗震性能试验研究

4.1　引　言

　　寒冷地区的混凝土结构易遭受冻融侵害,当冻融程度较轻时,损伤仅限于混凝土保护层的开裂、剥落;随着冻融损伤的深入,混凝土内部结构受损,导致其抗拉、抗压强度和动弹性模量等力学性能不断退化,钢筋与混凝土间的黏结性能亦被削弱,进而造成 RC 构件及结构力学性能与抗震性能不断劣化。目前已有部分学者针对冻融 RC 梁开展了试验研究分析[1-3],但多采取静力加载方式研究冻融对梁试件抗弯性能的影响,而有关冻融后 RC 梁抗震性能的试验研究则鲜有报道。鉴于此,本章采用先进的人工气候环境加速冻融试验技术对 20 榀 RC 框架梁试件进行冻融循环试验,进而对其进行拟静力加载试验,系统研究冻融 RC 框架梁在往复荷载作用下的损伤破坏过程及形态,并分析冻融循环次数和混凝土强度对构件力学性能及抗震性能的影响规律,建立考虑冻融损伤影响的 RC 框架梁的恢复力模型,以期为冻融大气环境下 RC 结构数值模拟分析提供理论依据。

4.2　试 验 方 案

4.2.1　试验设计

　　根据我国现行规范《建筑抗震试验规程》(JGJ/T 101—2015)[4]、《混凝土结构设计规范(2016 年版)》(GB 50010—2010)[5]、《建筑抗震设计规范(2016 年版)》(GB 50011—2010)[6]中的相关规定,设计并制作了剪跨比 λ 分别为 2.6 和 5.0 的两种 RC 框架梁试件各 10 榀,长度分别为 700mm 和 1300mm,均以冻融循环次数和混凝土强度为试验变量,各试件的设计参数见表 4.1。其中,所有试件的截面尺寸($b \times h$)均为 150mm×250mm,混凝土保护层厚度取 7.5mm,纵筋采用Φ16,箍筋采用Φ6@60。试件具体尺寸和截面配筋形式如图 4.1(a)、(b)所示。

　　试验中不同设计强度等级混凝土的材料力学性能试验测试结果详见第 2 章。此外,为获得钢筋实际力学性能参数,按照《金属材料 拉伸试验 第 1 部分:室温试验方法》(GB/T 228.1—2010)[7]①对试件和基座所用纵向钢筋和箍筋进行材料力学性能试验,试验结果见表 4.2。

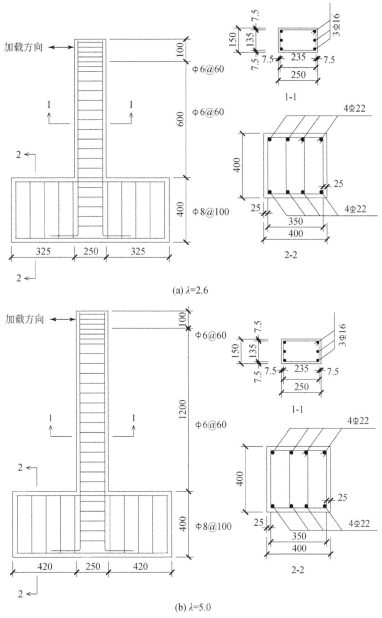

(a) λ=2.6

(b) λ=5.0

图 4.1　RC 框架梁试件尺寸及截面配筋(单位:mm)

---

①　该标准已废止,替代标准为《金属材料 拉伸试验 第 1 部分:室温试验方法》(GB/T228.1—2020)。下同。

表 4.1　冻融 RC 框架梁试件参数

试件编号	混凝土强度	剪跨比	试件高度/mm	箍筋(配箍率/%)	纵筋配箍率/%	养护龄期/d	冻融循环次数
DL-1	C40	2.6	700	Φ6@60(0.63)	1.75	28	0
DL-2	C40	2.6	700	Φ6@60(0.63)	1.75	28	100
DL-3	C40	2.6	700	Φ6@60(0.63)	1.75	28	200
DL-4	C40	2.6	700	Φ6@60(0.63)	1.75	28	300
DL-5	C30	2.6	700	Φ6@60(0.63)	1.75	28	300
DL-6	C50	2.6	700	Φ6@60(0.63)	1.75	28	300
DL-7	C30	2.6	700	Φ6@60(0.63)	1.75	28	100
DL-8	C50	2.6	700	Φ6@60(0.63)	1.75	28	100
DL-9	C30	2.6	700	Φ6@60(0.63)	1.75	28	200
DL-10	C50	2.6	700	Φ6@60(0.63)	1.75	28	200
CL-1	C40	5.0	1300	Φ6@60(0.63)	1.75	28	0
CL-2	C40	5.0	1300	Φ6@60(0.63)	1.75	28	100
CL-3	C40	5.0	1300	Φ6@60(0.63)	1.75	28	200
CL-4	C40	5.0	1300	Φ6@60(0.63)	1.75	28	300
CL-5	C30	5.0	1300	Φ6@60(0.63)	1.75	28	300
CL-6	C50	5.0	1300	Φ6@60(0.63)	1.75	28	300
CL-7	C30	5.0	1300	Φ6@60(0.63)	1.75	28	200
CL-8	C50	5.0	1300	Φ6@60(0.63)	1.75	28	100
CL-9	C30	5.0	1300	Φ6@60(0.63)	1.75	28	100
CL-10	C50	5.0	1300	Φ6@60(0.63)	1.75	28	200

表 4.2　钢材材料性能

钢材种类	钢筋型号	屈服强度 f_y/MPa	极限强度 f_u/MPa	弹性模量 E_s/MPa
梁纵筋	Φ14	350	504	2.0×10^5
梁纵筋	Φ16	373	537	2.0×10^5
梁箍筋	Φ6	270	470	2.1×10^5
基座纵筋	Φ20	—	—	2.0×10^5
基座纵筋	Φ22	—	—	2.0×10^5
基座箍筋	Φ8	305	483	2.1×10^5

4.2.2　冻融循环试验方案

本试验采用冻融效果较好的人工气候试验技术对 RC 框架梁试件进行加速冻融试验,冻融试验在西安建筑科技大学人工气候实验室进行。其中,气候模拟系统 ZHT/W2300 参数设定以及试件加速冻融试验方案详见第 2 章。

4.2.3　拟静力加载与量测方案

1. 加载方案

为了准确模拟冻融 RC 框架梁在地震作用下的实际受力状况,采用悬臂式加载方案对冻融后 RC 框架梁进行拟静力加载试验。在加载过程中,水平低周往复荷载通过固定于反力墙上的 500kN 电液伺服作动器施加,并通过作动器端设置的荷载传感器实时测控所施加的水平荷载,试验加载全过程由 MTS 电液伺服试验系统控制。试验数据由 1000 通道 7V08 数据采集仪采集。冻融 RC 框架梁试件加载示意与装置如图 4.2 所示。

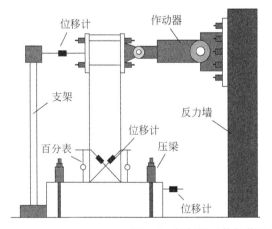

图 4.2　框架梁试件加载示意与加载装置

根据《建筑抗震试验规程》(JGJ/T 101—2015)的规定,正式加载前,对试件预加往复荷载试验两次,以消除试件内部组织的不均匀性。本试验所有冻融 RC 框架梁试件均采用位移控制加载,具体加载方案为:基于理论计算试件屈服位移 δ_y 控制试验加载位移幅值,在试件达到屈服荷载以前,采用小位移幅值逐渐加载,每级控制位移往复循环一次,以获得较为准确的开裂点和屈服点特征值;试件屈服以后,以大位移幅值进行控制加载,每级控制位移往复循环三次,当试件破坏明显时停止试验。图 4.3 为试验加载制度示意图。

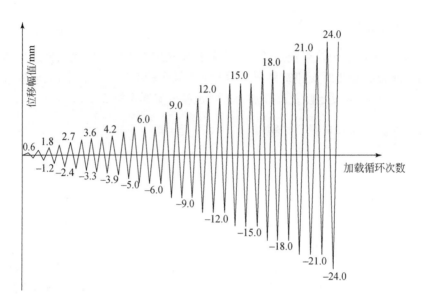

(a)λ=2.6试验加载制度

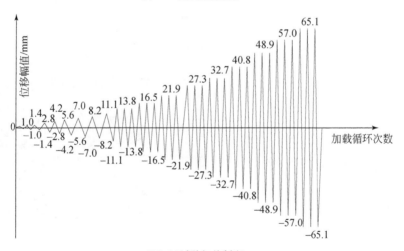

(b)λ=5.0试验加载制度

图 4.3 框架梁位移控制加载制度示意图

应该指出,对于理想弹塑性试件,当其滞回曲线出现拐点时,表明试件已进入屈服阶段,而冻融 RC 框架梁试件并非理想的弹塑性试件,在达到最大承载力之前,其滞回曲线通常不会出现明显的拐点。鉴于此,在试验过程中,需要结合 RC 框架梁试件端部截面纵筋应变片的读数、滞回曲线形状和梁表面混凝土开裂情况综合确定试件的屈服点。

1)固定端中央测点布置

RC 框架梁试件固定端用高预应力螺杆和压梁固定于基座上。理论上固定端的位移和转角均应为 0,但实际上基座不可能完全固定。因此在框架梁固定端安装位移计,用于量测框架梁固定端相对地面的滑动位移,基于此数据对框架梁自由端的水平位移进行修正。

2)梁柱交界面测点布置

理论上梁柱交界面为临界断面,是整个试件承受最大弯矩的断面,也可能是出现最大裂缝的位置,故此交界面为本次试验重点观察部位。梁身近临界断面处的平均曲率和剪应变,分别由百分表和位移计进行测量,如图 4.2 所示,测得数据均为相对位移值,其中局部垂直位移和局部对角线位移分别用于平均曲率、平均剪应变的计算,具体计算方法详述如下。

平均曲率计算示意如图 4.4 所示。通过百分表测量 RC 框架梁塑性铰区两侧位移变化,即可求得水平方向截面平均转角 θ:

$$\theta = (\delta_1 + \delta_2)/a \tag{4-1}$$

式中,δ_1 和 δ_2 分别为 RC 框架梁截面两侧的垂直位移变量;a 为 RC 框架梁截面高度方向两位移测点之间的距离。

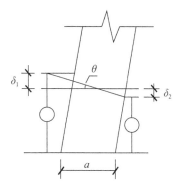

图 4.4　截面平均曲率计算示意图

截面平均曲率 φ 近似为平均转角除以截面高度 l_p,即

$$\varphi = \theta/l_p \tag{4-2}$$

平均剪应变计算示意图如图 4.5 所示。通过沿斜向 45°交叉布置的位移计测量 RC 框架梁塑性铰区对角线长度变化,即可求得平均剪应变,其计算公式为

$$\gamma = \sqrt{a^2 + b^2} \times (\zeta_1 + \zeta_1' + \zeta_2 + \zeta_2')/(2ab) \tag{4-3}$$

式中,γ 为截面平均剪应变;ζ_1、ζ_1' 和 ζ_2、ζ_2' 分别为梁测试区域两对角线长度的增加和降低量。

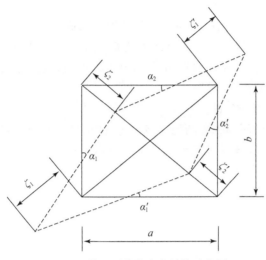

图 4.5　截面平均剪应变计算示意图

2. 裂缝观测

　　为确定水平往复荷载作用下试件裂缝发展规律,需精确记录裂缝出现时间与裂缝类型,同时在试件表面涂抹一层白漆并打上参考格线(5cm×5cm),以观测裂缝分布规律。

4.3　试验现象与分析

4.3.1　试件冻融损伤形态

　　冻融循环试验后,对不同冻融循环次数下的 RC 框架梁试件表面裂缝形态进行观察,可以发现未冻融试件表面光滑、平整,无明显裂缝,而各冻融试件均遭受到不同程度的损伤,具体表现为:经 100 次冻融循环后的试件表面有少量细微裂缝出现,且多数分布在试件端部;经 200 次冻融循环后的试件,其表面裂缝增多,宽度增大,试件表面不再光滑,趋于凹凸不平;而经 300 次冻融循环的试件表面裂缝显著增多,既有裂缝加宽并向中间延伸,呈网状分布,试件端部混凝土开始变得疏松,即试件整体冻融损伤程度具有明显的不均匀性,端部冻融损伤程度显著高于中间区段。不同冻融循环次数下的试件表面冻融损伤情况如图 4.6 所示。

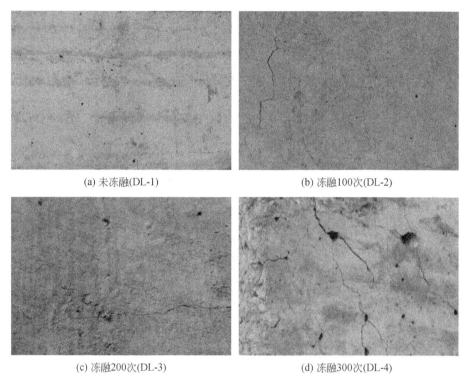

(a) 未冻融(DL-1)　　　　　　　　　　　(b) 冻融100次(DL-2)

(c) 冻融200次(DL-3)　　　　　　　　　　(d) 冻融300次(DL-4)

图 4.6　不同冻融循环次数后 RC 框架梁试件表面形态

4.3.2　试件受力破坏过程与特征

1. $\lambda = 2.6$ 框架梁

在整个加载过程中，$\lambda = 2.6$ 框架梁试件的破坏过程相似，均经历了弹性、弹塑性和破坏三个阶段。以未冻融试件 DL-1 为例，总体破坏过程概述如下：在加载初期，试件尚处于弹性工作状态，表面无裂缝出现；当试件顶部水平位移达到 1.2mm 时，距梁端底部 70mm 处受拉侧出现第一条水平弯曲裂缝；随着水平位移的不断增大，在距梁端底部约 200mm 的范围内相继出现若干条水平裂缝，并沿水平方向不断延伸；当水平位移达到 4mm 时，梁端纵向受拉钢筋屈服，并逐步形成塑性铰，试件进入弹塑性工作状态；此后，随着水平位移的增大，部分水平裂缝斜向发展，并在梁端部形成数条交叉的剪切斜裂缝，且斜裂缝宽度不断增大，最终形成两条交叉"X"形主斜裂缝；当控制位移达到 20mm 左右时，塑性铰区域的箍筋屈服，剪切斜裂缝数量不再增加，但宽度继续增大，梁顶水平荷载迅速下降，试件宣告破坏。试件在加载中经历了底部纵筋屈服、塑性铰形成、箍筋屈服等过程，最终核心区混凝土剪切破坏,整体表现出剪切特征清晰的弯剪破坏模式。试件 DL-1 的裂缝分布及破坏状态如图 4.7(a)所示。

随着冻融循环次数的增加,试件开裂时所对应的水平荷载减小,开裂后水平裂缝数量减少、斜裂缝发展迅速,裂缝间距变大且宽度增加;同时,试件表层混凝土逐渐变"酥"变"脆",混凝土保护层严重外鼓、脱落,在冻融循环次数达到 300 次时,梁底部受压区混凝土酥碎,底部"X"形斜裂缝下三角范围内混凝土则几乎全部脱落。在相同冻融循环次数下,随着混凝土强度的降低,梁底部弯剪斜裂缝的发展速率加快,宽度变宽,最终破坏时剪切破坏特征更加明显。各试件裂缝分布及破坏状态如图 4.7(b)~(j)所示。

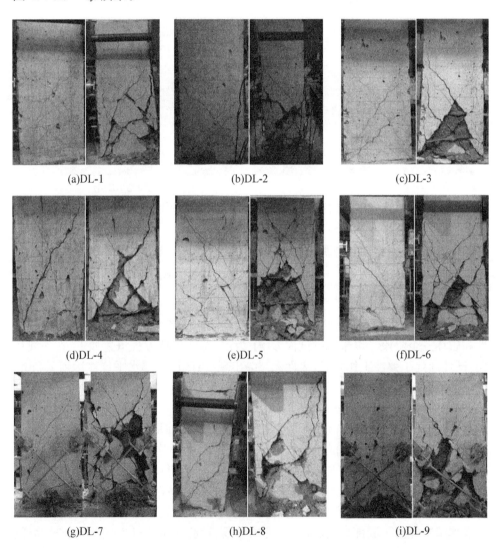

(a)DL-1　　　　　　(b)DL-2　　　　　　(c)DL-3

(d)DL-4　　　　　　(e)DL-5　　　　　　(f)DL-6

(g)DL-7　　　　　　(h)DL-8　　　　　　(i)DL-9

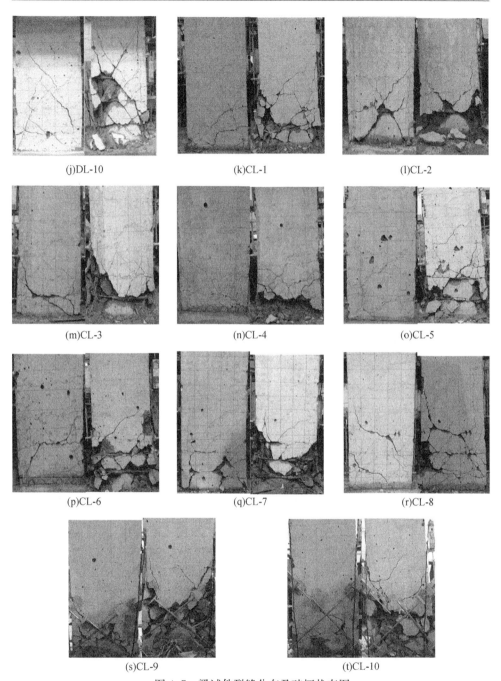

(j)DL-10　　　　　　　　(k)CL-1　　　　　　　　(l)CL-2

(m)CL-3　　　　　　　　(n)CL-4　　　　　　　　(o)CL-5

(p)CL-6　　　　　　　　(q)CL-7　　　　　　　　(r)CL-8

(s)CL-9　　　　　　　　(t)CL-10

图 4.7　梁试件裂缝分布及破坏状态图

2.λ＝5.0 框架梁

λ＝5.0 的冻融与未冻融 RC 框架梁试件在往复荷载作用下均发生弯曲破坏
(图 4.7(k)～(t))。对于未冻融框架梁试件 CL-1,总体破坏过程概述如下:当梁顶
水平位移达到 3.54mm 时,距梁底约 200mm 处出现第一条水平裂缝,标志着梁开
始进入开裂阶段。随着水平加载位移的增大,不断有新的水平裂缝出现。加载至
−5.41mm,试件底端开始出现裂缝。随着水平加载位移的继续增大,已有裂缝不
断延伸并加宽,同时在距梁底高为 250mm、300mm、350mm 处不断出现新的水平
裂缝。加载至 13.47mm 时,距梁底高度为 350mm 处的水平裂缝斜向发展,同时
最外侧纵向受拉钢筋屈服,表明试件达到屈服状态。屈服状态时的裂缝分布见
图 4.8(a)。随后的加载下,梁底部裂缝数量增加缓慢,裂缝的发展以长度的延伸
和宽度的增加为主。加载至 16.18mm 时,斜裂缝延伸至梁端,同时梁底部水平裂
缝左右贯穿,裂缝宽度明显增加。当梁顶水平位移达到 32.4mm 时,梁端部形成两
条明显的水平裂缝,宽度约 2.0mm(见图 4.8(b)),且左侧角部有细小的混凝土块
脱落。加载至 53.97mm 时,梁端部水平裂缝宽度增长至 3.0mm(见图 4.8(c)),同
时梁左侧角部混凝土破碎严重并脱落,试件达到峰值状态。峰值状态时的裂缝分
布见图 4.8(d)。此后,裂缝开展加快,荷载-位移曲线上表现为荷载下降较快。加

(a)屈服状态时裂缝分布

(b)2mm宽度裂缝

(c)3mm宽度裂缝

(d)峰值状态时裂缝分布

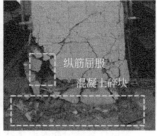
(e)纵向钢筋受压屈曲

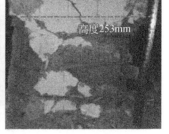
(f)梁的塑性铰高度

图 4.8 试件 CL-1 破坏历程

载至 −70.53mm 时,梁底角部混凝土被压碎并大面积脱落,可继续承载的横截面显著减少,纵向钢筋受压屈曲(见图 4.8(e)),试件宣告破坏,加载停止。最终破坏时梁的塑性铰高度为 253mm,见图 4.8(f)所示。试件 CL-1 破坏后的裂缝分布及破坏状态如图 4.7(k)所示。

对于各冻融 RC 框架梁试件,其破坏过程与完好试件 CL-1 基本相似,但随冻融循环次数及混凝土强度变化其破坏特征又呈现出一定的差异性,具体表现为:随冻融循环次数增加,初始水平裂缝和竖向黏结滑移裂缝的出现逐渐提前。相同的加载位移下,裂缝的数量随冻融次数增加而增多,这是由于周期性的冻胀压力使得混凝土的内部孔隙增大,冻胀微裂纹增多,抗拉强度降低,进而致使裂缝扩展加快。最外侧纵向钢筋屈服逐渐提前,原因是冻融循环作用降低了混凝土的应力,使得受拉钢筋应变增大。RC 梁角部混凝土压碎提前,且压碎脱落的混凝土由块状逐渐向颗粒状转变,块状见图 4.8(e),颗粒状见图 4.9(a)。停止加载时,试件的破坏程度逐渐增大。其中,试件 CL-4 破坏较为严重,因此在试件承载力下降至峰值荷载的80% 前就已停止加载。塑性铰高度随着冻融循环次数的增加呈下降趋势。对比梁上掉落的混凝土试块图 4.9(b)可见,冻融循环次数较小时分层现象不显著,当冻融循环达 300 次时(图 4.9(c)),混凝土块由外侧至内侧 14mm 深度范围内颜色呈土黄色,表明冻融损伤发生在试件表面至 14mm 范围内,即冻融深度为 14mm,由此可见,当混凝土构件遭受冻融侵蚀时,冻融损伤是由混凝土构件的表面逐渐向内部延伸,这也表明了冻融损伤具有较为显著的不均匀性。在相同冻融循环次数下,随着混凝土强度的提高,RC 梁初始水平裂缝与梁底部竖向黏结滑移裂缝的出现逐渐推迟。峰值和破坏状态时,主裂缝宽度逐渐减小,试件的整体破坏程度呈下降趋势,从构件层次说明了提高混凝土强度可提高抗冻性。冻融损伤梁试件的损伤细节如图 4.9 所示。

　(a)混凝土压碎呈颗粒状　　　(b)不同冻融次数混凝土损伤　　(c)冻融300次混凝土块损伤

图 4.9　冻融损伤梁试件的损伤细节

4.4　试验结果与分析

4.4.1　滞回性能

滞回曲线是指构件在低周往复荷载作用下的荷载-位移曲线,反映了试件在加卸载过程中的受力情况,是构件力学特性与抗震性能的综合体现,也是确定构件恢复力模型并进行结构非线性地震反应分析的基础[8]。根据拟静力加载试验中量测的梁顶水平荷载与位移,绘制不同设计参数下各 RC 框架梁试件的滞回曲线,其结果如图 4.10 所示。

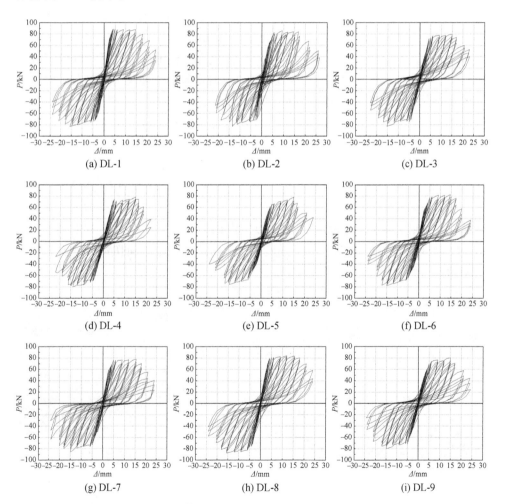

(a) DL-1　　(b) DL-2　　(c) DL-3

(d) DL-4　　(e) DL-5　　(f) DL-6

(g) DL-7　　(h) DL-8　　(i) DL-9

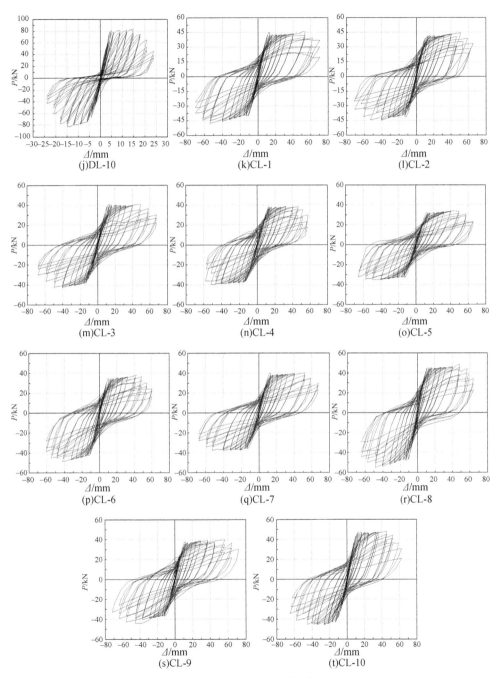

图 4.10 框架梁试件滞回曲线

可以看出,在整个加卸载过程中,各试件的滞回性能基本相同:试件屈服前,其加卸载刚度基本无退化,卸载后几乎无残余变形,滞回曲线近似呈重叠的直线,所包围的面积基本为零。试件屈服后,随着控制位移的增大,试件的加卸载刚度逐渐退化,卸载后残余变形增大,滞回环面积亦增大。其中,$\lambda=5.0$框架梁试件的滞回曲线形状整体向"梭形"发展,较为饱满,无明显的捏拢现象,表明试件具有良好的耗能能力;而$\lambda=2.6$框架梁试件的滞回曲线形状朝倒"Z"形发展,具有明显的捏拢现象,表明其耗能能力相对较差。达到峰值荷载后,随着控制位移的增大,试件加卸载刚度退化更加明显,卸载后残余变形继续增大;此外,在相同水平位移的三次循环加载过程中,第三次的强度和加卸载刚度明显低于前两次,滞回环面积也有所减小。

由于冻融循环次数和混凝土强度的改变,各试件的滞回性能具有一定的差异性,具体表现如下。

(1)随着冻融损伤程度的增大,滞回曲线丰满程度和滞回环的面积逐渐减小;试件达屈服状态后的屈服平台变短,承载能力减弱;峰值荷载后,滞回曲线捏拢程度逐渐增加,破坏时试件顶部水平位移减小,表明试件的承载力、变形能力和耗能能力等抗震性能指标均随着冻融循环次数的增加而逐步退化。

(2)冻融循环次数相同时,随着混凝土强度的提高,试件的屈服荷载、峰值荷载逐渐增加,滞回曲线捏拢程度减小,滞回曲线相对丰满。这主要是由于高强混凝土材料的内部孔隙相对细小、均匀,内部结构密实,在冻融循环作用下,可迁移出的孔隙水量减小,进而降低了混凝土内部的静水压力,使得混凝土抗冻性能得到提高。

4.4.2　骨架曲线

将各榀 RC 框架梁试件顶部水平荷载-位移滞回曲线每次循环的峰值点相连,即可得到试件的骨架曲线。不同冻融循环次数和混凝土强度下试件的骨架曲线对比分别如图 4.11 和图 4.12 所示。由于各试件骨架曲线正负方向具有一定的非对称性,取各试件同一循环下正负方向荷载和位移的平均值绘制该试件的平均骨架曲线,并据此标定各试件骨架曲线特征点,见表 4.3。

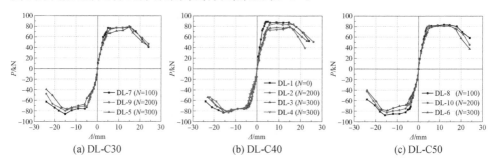

(a) DL-C30　　　　　　　　(b) DL-C40　　　　　　　　(c) DL-C50

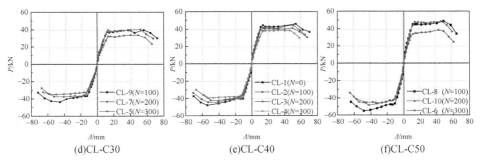

图 4.11　不同冻融循环次数试件的骨架曲线对比

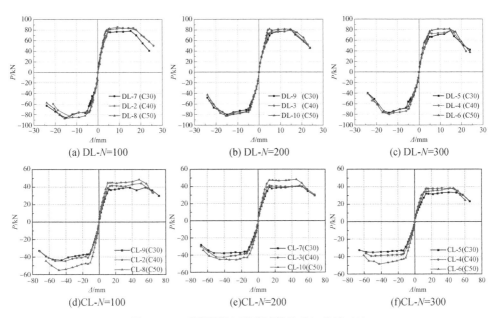

图 4.12　不同混凝土强度试件的骨架曲线对比

表 4.3　试件骨架曲线特征点参数

试件 编号	冻融循环 次数	混凝土 强度	屈服点		峰值点		极限点		位移延 性系数
			Δ_y/mm	P_y/kN	Δ_c/mm	P_c/kN	Δ_u/mm	P_u/kN	
DL-1	0	C40	3.97	80.00	15.19	85.49	20.25	72.67	5.17
DL-2	100	C40	4.37	77.74	15.20	83.53	19.64	71.00	4.49
DL-3	200	C40	4.81	74.63	14.81	81.13	18.84	68.96	3.92
DL-4	300	C40	5.27	71.88	14.52	79.23	17.71	67.35	3.51
DL-5	300	C30	5.23	66.32	14.56	76.90	18.45	65.37	3.53
DL-6	300	C50	5.28	72.94	14.51	80.23	18.50	68.20	3.50
DL-7	100	C30	4.22	75.59	15.24	82.03	19.38	69.73	4.59
DL-8	100	C50	4.46	78.76	15.12	85.43	19.53	72.62	4.38

续表

试件编号	冻融循环次数	混凝土强度	屈服点		峰值点		极限点		位移延性系数
			Δ_y/mm	P_y/kN	Δ_c/mm	P_c/kN	Δ_u/mm	P_u/kN	
DL-9	200	C30	4.76	72.28	14.95	80.13	18.85	68.11	3.96
DL-10	200	C50	4.83	75.37	14.80	82.35	18.90	70.00	3.91
CL-1	0	C40	16.59	42.10	54.01	46.90	65.06	39.87	3.92
CL-2	100	C40	15.08	40.55	52.10	44.37	62.61	37.72	4.15
CL-3	200	C40	13.37	39.02	49.86	41.71	60.17	35.45	4.50
CL-4	300	C40	12.82	36.29	46.73	38.68	56.57	34.34	4.41
CL-5	300	C30	13.97	32.41	49.81	34.26	63.09	30.47	4.52
CL-6	300	C50	14.56	38.79	42.48	43.42	55.29	36.90	3.80
CL-7	200	C30	12.91	36.59	52.43	38.82	61.17	32.99	4.74
CL-8	100	C50	15.48	46.30	48.61	51.83	60.11	44.06	3.88
CL-9	100	C30	15.66	37.00	56.16	41.11	67.71	34.94	4.32
CL-10	200	C50	11.44	42.67	45.51	46.68	57.77	39.67	5.05

由图 4.11 和表 4.3 可知,冻融后各框架梁试件的屈服荷载、峰值荷载和极限荷载均低于完好试件,且随着冻融循环次数的增加,试件骨架曲线各特征点荷载值均呈降低趋势。屈服前,各试件骨架曲线基本重合,受冻融损伤影响较小;试件屈服后,随着冻融损伤程度的增加,骨架曲线平直段逐渐变短,塑性变形能力变差,试件承载力逐渐降低,其中冻融 300 次后的试件承载力下降幅度达 17%(C40,λ=5.0)。达到峰值荷载后,各试件骨架曲线下降段变陡,延性变差,极限位移缩短。综上所述,随着冻融循环次数的增加,RC 框架梁试件的承载能力和变形能力均降低。

由图 4.12 和表 4.3 可以得出,冻融循环次数相同时,随着混凝土强度等级的增加,各试件屈服荷载、峰值荷载均有提高,λ=5.0 的框架梁试件变形能力呈降低趋势,试件整体延性下降,而 λ=2.6 的框架梁试件变形能力无明显变化。

4.4.3　刚度退化

由图 4.10 中 RC 框架梁试件的滞回曲线可知,随着控制位移的增大,试件刚度不断发生退化。为揭示冻融 RC 框架梁的刚度退化规律,取各试件每级往复荷载作用下正反方向荷载绝对值之和除以相应的正反方向位移绝对值之和作为该试件每级循环加载的等效刚度 K_i,以各试件的加载位移为横坐标,每级循环加载的等效刚度 K_i 与初始刚度 K_0 之比 K_i/K_0 为纵坐标,绘制不同冻融循环次数与不同混凝土强度下 RC 框架梁试件的刚度退化曲线,如图 4.13 和图 4.14 所示。其中,等效刚度 K_i 计算公式如下:

$$K_i = \frac{|+P_i| + |-P_i|}{|+\Delta_i| + |-\Delta_i|} \tag{4-4}$$

式中,$+P_i$、$-P_i$ 分别为试件第 i 次加载时正向、反向峰值荷载;$+\Delta_i$、$-\Delta_i$ 分别为试件第 i 次加载时正向、反向峰值荷载对应的位移。

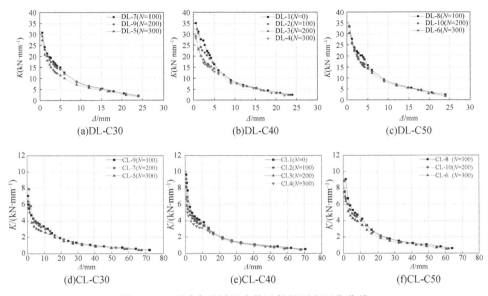

图 4.13　不同冻融循环次数试件的刚度退化曲线

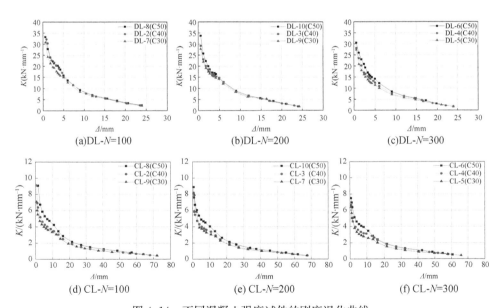

图 4.14　不同混凝土强度试件的刚度退化曲线

　　综合各试件的刚度退化曲线可以看到,加载初期各 RC 框架梁试件刚度较大,随着控制位移的不断增加,刚度逐渐发生退化,加载后期试件刚度基本趋于平稳。

主要是因为,加载初期试件处于弹性阶段,随着控制位移的增加,试件相继发生混凝土开裂、钢筋屈服、保护层剥落,刚度逐渐减小;加载后期损伤已充分发展,故试件刚度变化趋缓。

由图 4.13 和图 4.14 可以看到,随着冻融循环次数的增加,各榀 RC 框架梁试件的刚度退化又表现出不同规律。加载过程中,相同位移下试件刚度随着冻融损伤程度的增加而减小,特别是在屈服位移至峰值位移之间,试件刚度退化现象尤为显著。此外,需要指出的是,经历相同冻融循环次数后,相对于 $\lambda=2.6$ 框架梁试件,$\lambda=5.0$ 试件的刚度退化更为明显。在相同冻融循环次数下,随着混凝土强度等级的提高,冻融试件的初始刚度有所增大。

4.4.4 强度衰减

在往复荷载作用下,RC 框架梁试件内部损伤不断发展,导致其力学性能与抗震性能不断退化。强度衰减是反映这一现象的宏观物理量之一,其退化速率越快,表明构件或结构丧失抵抗外载作用的能力越快。本节根据冻融 RC 框架梁试件的拟静力加载试验结果,给出不同冻融损伤程度和混凝土强度下试件的强度衰减与加载循环次数关系曲线对比,分别如图 4.15 和图 4.16 所示。需要指出的是,本节所列的强度衰减曲线均以 RC 框架梁屈服为起始点,主要是由于试件在屈服之前基本处于弹性阶段,强度衰减现象并不明显。

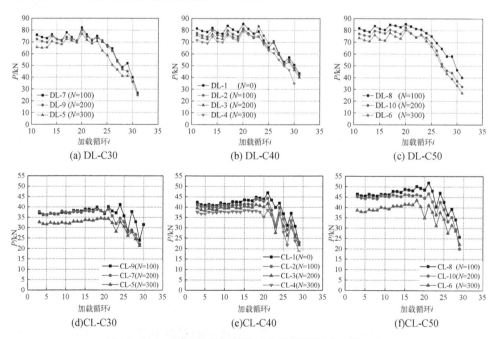

图 4.15　不同冻融循环次数试件的强度衰减曲线对比

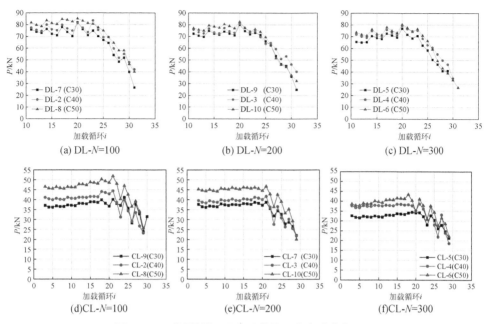

图 4.16　不同混凝土强度试件的强度衰减曲线对比

由图 4.15 可以发现,冻融后各试件在每级控制位移下的强度均低于完好试件,同时,同级位移下的强度衰减速率均比完好试件快,且随着冻融循环次数的增加,试件强度呈降低趋势,衰减速率逐渐加快。主要是由于冻融循环作用导致混凝土强度不断降低,同时钢筋与混凝土之间的黏结作用逐步削弱,进而造成框架梁试件强度衰减更为明显。

由图 4.16 可以发现,随着混凝土强度等级的提高,同级加载位移幅值下,试件强度呈增加趋势,且强度衰减速率减缓,其主要是由于高强度混凝土在经历相同冻融循环作用后的损伤程度有所减轻。

4.4.5　耗能能力

构件或结构的耗能能力是指其通过形变消耗外界输入能量的能力,是衡量其抗震性能的重要依据。在基于性能的抗震设计中,衡量构件耗能能力大小的常用指标有累积耗能 E、能量耗散系数 ξ、等效黏滞阻尼系数 h_e 和功比指数 I_u[9]。本节以试件累积滞回耗能 E 为指标,定量分析不同冻融循环次数和混凝土强度等级对 RC 框架梁试件耗能能力的影响。在拟静力试验中,试件累积滞回耗能等于滞回曲线各滞回环所包围面积的总和,即构件在加载过程中所消耗的总能量[10],计算公式如下:

$$E = \sum_{i=1}^{n} E_i \tag{4-5}$$

式中，E_i 为第 i 次加载滞回环的面积。

不同冻融循环次数试件的累积耗能曲线对比见图 4.17。可以看出，随着冻融循环次数的增加，各试件累积滞回耗能增长速率变缓，耗能能力减小，主要是由于构件的承载能力与变形性能在冻融循环作用下不断退化；同时，冻融损伤作用亦使得 RC 框架梁试件的延性降低，脆性增加，最终导致试件整体耗能能力下降显著。不同混凝土强度试件的累积耗能曲线对比见图 4.18。可以看出，当冻融循环次数相同时，随着混凝土强度等级的提高，试件的累积耗能能力增强。主要是由于虽然混凝土强度的增加降低了试件的变形能力，但其对提高 RC 框架梁试件承载能力的作用更为显著，故试件整体耗能能力增加。上述现象表明，随着冻融循环次数的增加以及混凝土强度的减小，RC 框架梁试件的耗能能力逐渐变差。

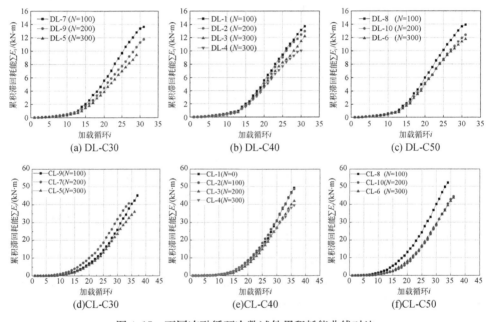

图 4.17　不同冻融循环次数试件累积耗能曲线对比

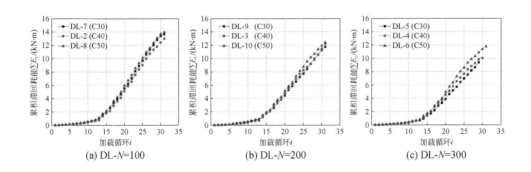

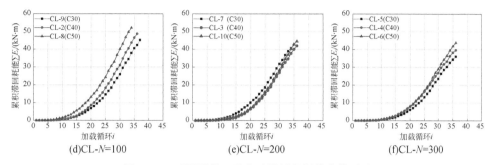

图 4.18　不同混凝土强度试件累积耗能曲线对比

4.5　冻融 RC 框架梁恢复力模型的建立

恢复力模型是根据大量从试验中获得的恢复力与变形关系曲线,经适当抽象和简化而得到的实用数学模型,是构件与结构的抗震性能在结构弹塑性地震反应分析中的具体体现[8]。一个理想的恢复力模型不仅能够较好地反映构件的强度、刚度、延性等力学性能与变形性能的变化规律,也可以较为准确地反映构件的滞回特性,对结构弹塑性反应分析的意义重大。

目前,国内外学者已提出了多种适用于 RC 构件的恢复力模型。朱伯龙等[11]在研究往复荷载作用下 RC 构件截面弯矩-曲率关系和荷载-挠度滞回曲线时,提出了较全面的混凝土单轴滞回本构模型,该模型除给出混凝土受压区卸载、再加载曲线方程外,还可考虑混凝土受拉开裂后重新受压的裂面效应;沈聚敏等[12]基于 32根压弯构件的往复循环加载试验,提出了考虑钢筋黏结滑移效应的适用于结构非线性地震反应分析用的恢复力模型;郭子雄和吕西林[13]在七个常规 RC 框架柱试件拟静力试验结果和前人研究成果的基础上,建立了能够考虑轴压比变化影响的框架柱剪切-侧移恢复力模型;Ibarra 等[14]提出了能全面考虑构件整个受力过程中所有重要退化性能,且包含双线型、峰值指向型以及捏拢型等滞回特性的多种恢复力模型。然而,目前对于考虑环境损伤影响的 RC 构件恢复力模型研究鲜有报道。基于前文冻融 RC 框架梁的抗震性能试验结果分析可知,冻融循环作用会导致混凝土内部损伤累积,同时削弱钢筋与混凝土之间的黏结性能,进而导致结构构件力学性能与抗震性能不断劣化。因此,有必要建立考虑冻融损伤影响的 RC 构件的恢复力模型,以更加客观地反映冻融 RC 构件在地震荷载作用下各项力学与抗震性能指标的变化规律。

鉴于此,本节拟在前文冻融 RC 框架梁拟静力试验的基础上,通过分析冻融循环作用和混凝土强度等级对 RC 框架梁各项抗震性能指标的影响,初步提出可考虑冻融损伤作用的 RC 框架梁的恢复力模型。

4.5.1　恢复力模型建立方法

　　RC 框架梁的恢复力模型,可分为梁端力与位移形式和梁塑性铰区弯矩-转角形式,前者虽得到了较为广泛的研究,但无法直接应用于结构层面的数值模型中;而后者可用于梁柱单元的集中塑性铰模型中,从而实现结构层面的数值建模分析。Haselton 等[15]、Lignos 和 Krawinkler[16]在研究 RC 框架结构和钢框架结构的地震易损性时,采用了基于梁柱塑性铰区弯矩-转角恢复力模型的集中塑性铰模型,并实现了上述结构地震灾变过程的准确高效模拟。鉴于此,本节基于前文试验结果,建立可直接用于结构数值建模分析的 RC 框架梁塑性铰区弯矩-转角恢复力模型。

　　考虑到 RC 框架梁在加载过程中的强度衰减、刚度退化以及捏拢效应等滞回特性,本节选取 Lignos 和 Krawinkler[16]提出的修正 I-K 模型作为 RC 框架梁塑性铰区弯矩-转角恢复力模型的基础。该模型是 Lignos 和 Krawinkler[16]在 Ibarra 和 Krawinkler[17]提出的 I-K 滞回模型的基础上,进行修正所建立的一种具有峰值指向型滞回特性的三折线滞回模型,其骨架曲线如图 4.19 所示。可以看到,该滞回模型的骨架曲线由屈服弯矩 $M_y{}'$、初始刚度 K_e、强化系数 α_s、塑性转角 $\theta_{cap,pl}$、峰值后转角 θ_{pc} 和残余强度比 λ_{res} 控制。当强度超过屈服弯矩 $M_y{}'$ 或变形超过屈服转角 $\theta_y{}'$ 后,该滞回模型进入强化阶段,强化刚度 $K_s = \alpha_s K_e$,变形能力等于塑性转角 $\theta_{cap,pl}$;当强度超过峰值弯矩 $M_c{}'$ 或变形超过 $\theta_c = \theta_y + \theta_{cap,pl}$ 后,该滞回模型进入软化阶段;软化阶段的骨架曲线可以由残余受弯承载力 M_r 和峰值后转角 θ_{pc} 决定,其中 $M_r = \lambda_{res} M_y{}'$。

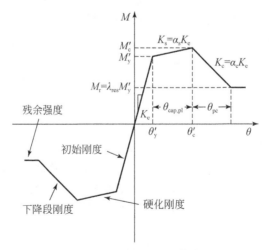

图 4.19　三折线骨架曲线

K_e 为初始刚度;$M_y{}'$ 为屈服弯矩;$M_c{}'$ 为峰值弯矩;$\theta_{cap,pl}$ 为塑形转角;θ_{pc} 为峰值后转角;λ_{res} 为残余强度比

4.5.2　完好构件骨架曲线参数确定

由图 4.19 可知,采用修正 I-K 模型确定 RC 框架梁弯矩-转角恢复力模型骨架曲线时需要六个特征点参数,即屈服弯矩、屈服转角、峰值弯矩、峰值转角、极限弯矩和极限转角。各特征点参数的确定方法详述如下。

1.屈服弯矩

Haselton 等[18]在 2007 年根据 255 梁柱试件的试验数据,并结合 Panagiotakos 和 Fardis[19]提出的理论公式,给出了压弯构件屈服弯矩的经验计算公式并验证该经验公式的准确性,因此,本书采用 Haselton 等[18]建议的公式确定完好 RC 框架梁的屈服弯矩,其计算公式如下:

$$M'_y = 0.97 M_{y(\text{fardis})} \tag{4-6}$$

式中,$M_{y(\text{fardis})}$ 是 Panagiotakos 和 Fardis[19]提出的屈服弯矩的理论计算公式,按式(4-7)计算:

$$M_{y(\text{fardis})} = bd^3 \varphi_y \left\{ E_c \frac{k_y^2}{2} \left[0.5(1+\delta') - \frac{k_y}{3} \right] + \right. \tag{4-7a}$$

$$\left. \frac{E_s}{2} \left[(1-k_y)\rho + (k_y - \delta')\rho' \right] (1-\delta') \right\}$$

$$\varphi_y = \frac{f_y}{E_s(1-k_y)d} \tag{4-7b}$$

$$k_y = \frac{1}{2}(n^2 A^2 + 2nB) - nA \tag{4-7c}$$

$$A = \rho + \rho' \tag{4-7d}$$

$$B = \rho + \rho'\delta' \tag{4-7e}$$

式中,φ_y 为截面的屈服曲率;f_y 为受拉钢筋屈服强度;b 和 d 分别为框架梁横截面的宽和高;ρ 和 ρ' 分别为框架梁拉、压钢筋的配筋率(配筋面积除以 bd);$\delta' = d'/d$;d' 为受压区边缘到受压钢筋中心的距离;$n = E_s/E_c$,其中 E_s 和 E_c 分别为钢筋和混凝土的弹性模量。

2.屈服转角

Panagiotakos 和 Fardis[19]在理论分析基础上,结合 963 个试件的试验研究结果,经过统计回归,建立了压弯构件的屈服转角预测公式,本节采用该公式计算完好 RC 框架梁的屈服转角,计算公式如下:

$$\theta'_y = L\varphi_y/3 + 0.0025 + a_{\text{sl}} \frac{0.25\varepsilon_y d_b f_y}{(d-d')\sqrt{f_c}} \tag{4-8}$$

式中,L 为 RC 框架梁试件的高度;φ_y 为构件截面的屈服曲率,可根据式(4-7b)计算确定;a_{sl} 为黏结滑移系数,若考虑最大弯矩后存在黏结滑移现象,则 $a_{sl}=1$,若不考虑,则 $a_{sl}=0$;ε_y 为纵向钢筋屈服应变;d_b 为纵筋直径;f_c' 为标准圆柱体混凝土抗压强度。

3. 峰值弯矩

Haselton 等[18]通过对 255 个梁柱构件试验结果进行统计分析,得出:压弯构件的峰值弯矩与屈服弯矩的比值均值为 1.13。鉴于此,本书参考其研究成果,取完好 RC 框架梁的峰值弯矩为

$$M_c'=1.13M_y' \tag{4-9}$$

式中,M_y' 为按照式(4-6)计算的 RC 框架梁的屈服弯矩。

4. 峰值转角

根据基本力学原理可知,塑性铰区的转角等于该区段内截面曲率在塑性铰长度上的积分。本节近似取 RC 框架梁塑性铰区曲率分布模式为矩形,因此,可以按式(4-10)计算 RC 框架梁达到峰值状态时塑性铰区的转角。

$$\theta_c'=L_p\varphi_{bb} \tag{4-10}$$

式中,L_p 为塑性铰长度,根据 Priestley[20] 提出的公式进行计算,见式(4-11);φ_{bb} 为峰值状态时截面曲率,按式(4-12)计算:

$$L_p=0.08L+0.022f_yd_b \tag{4-11}$$

$$\varphi_{bb}=\frac{\varepsilon_{bb}}{\xi_{bu}h_{b0}} \tag{4-12}$$

式中,d_b 为钢筋直径;ξ_{bu} 为峰值状态时截面相对受压区高度,根据文献[21]中的计算结果,取 ξ_{bu} 为 0.12;h_{b0} 为整个梁截面的有效高度;ε_{bb} 为峰值状态下混凝土受压侧边缘最外层混凝土的压应变,由于试验中长梁和短梁达到峰值荷载时塑性铰转动能力不同,故对应的混凝土边缘最外层混凝土压应变 ε_{bb} 的取值亦不相同。文献[22]根据剪跨比的不同,把 RC 框架梁分为剪切、弯剪和弯曲三种破坏形态,基于该成果,本节对剪跨比较小($\lambda \leqslant 4$)发生剪切及弯剪破坏的短梁按照式(4-13)计算 ε_{bb},对于剪跨比较大($\lambda > 4$)发生弯曲破坏的长梁,则按式(4-14)计算:

$$\varepsilon_{bb}=0.003k, \quad \lambda \leqslant 4 \tag{4-13}$$

$$\varepsilon_{bb}=0.004k, \quad \lambda > 4 \tag{4-14}$$

式中,k 为箍筋的约束系数,按式(4-15)计算:

$$k=2.254\sqrt{1+3.97k_e\lambda_{bv}}-k_e\lambda_{bv}-1.254 \tag{4-15}$$

式中,k_e 为截面的有效约束系数,对于矩形截面取 $k_e=0.75$;λ_{bv} 为梁的配箍特征值。

5. 极限弯矩

极限弯矩 M'_u 取峰值弯矩的 85%,即

$$M'_u = 0.85M'_c \tag{4-16}$$

6. 极限转角

与峰值转角的计算方法相同,RC 框架梁达到极限状态时塑性铰区的转角 θ'_u 的计算式为

$$\theta'_u = L_p \varphi_u \tag{4-17}$$

式中,L_p 为塑性铰长度,按式(4-11)计算;φ_u 为极限位移状态下的截面曲率,

$$\varphi_u = \frac{\varepsilon_{cu}}{\xi_{bu} h_{b0}} \tag{4-18}$$

其中,ε_{cu} 为极限状态下混凝土受压侧边缘最外层混凝土的压应变,同样考虑长、短梁塑性转动能力的不同,分别对其进行取值,对于剪跨比较小的短梁,取 $\varepsilon_{cu} = 0.004k$,其中 k 按(4-15)计算;对于剪跨比较大的梁,

$$\varepsilon_{cu} = 0.0023 + 0.0572K_e^2 (s/d_b)^{-0.25} \tag{4-19}$$

式中,K_e 为约束箍筋有效约束系数,

$$K_e = \frac{\left[1 - \sum_{i=1}^{n} \frac{(w'_i)^2}{6b_{cor}h_{cor}}\right]\left(1 - \frac{s'}{2b_{cor}}\right)\left(1 - \frac{s'}{2h_{cor}}\right)}{1 - \rho_{cc}} \tag{4-20}$$

其中,b_{cor} 和 h_{cor} 分别为被约束核心区截面的宽度和高度;s' 为箍筋的净间距;w'_i 为相邻纵筋的净间距;ρ_{cc} 为纵筋相对于核心区截面的配筋率。

4.5.3　冻融损伤构件骨架曲线参数确定

由 4.4 节试验分析可知,随着冻融循环次数的增加,RC 框架梁试件的承载能力和变形能力均不断降低,尤其当梁顶水平荷载超过峰值荷载之后,衰减规律更为明显。但通过对比不同冻融损伤试件的骨架曲线可以发现,冻融后框架梁试件的滞回曲线在形式上与完好试件基本相同,仅因为冻融循环作用导致其各项力学性能发生了不同程度的退化。因此,假定冻融 RC 框架梁与完好框架梁具有相同的滞回模型。

由 2.3.4 节可知,相对动弹性模量与冻融循环次数以及立方体抗压强度之间关系如下:

$$P(\%) = 100 - 0.3632 f_{cu}^{-0.4494} N \tag{4-21}$$

因此,混凝土冻融损伤变量为

$$D = 1 - P = 0.003632 f_{cu}^{-0.4494} N \tag{4-22}$$

冻融循环后 RC 框架梁骨架曲线特征点与冻融循环次数 N、混凝土抗压强度 f_{cu} 等因素相关,以冻融损伤变量 D 综合考虑冻融循环次数和混凝土抗压强度对框架梁骨架曲线特征点的影响,通过对试验数据进行回归分析,得到冻融 RC 框架梁骨架曲线特征点参数与冻融损伤变量 D 的关系式,分别如下。

1. 屈服弯矩 M_y 和屈服转角 θ_y

长梁($\lambda = 5.0$):

$$M_y = (1 - 2.596D^2 - 0.287D)M'_y \qquad (4\text{-}23)$$

$$\theta_y = (1 + 4.107D^2 - 2.048D)\theta'_y \qquad (4\text{-}24)$$

短梁($\lambda = 2.6$):

$$M_y = (1 - 0.5646D)M'_y \qquad (4\text{-}25)$$

$$\theta_y = (1 + 1.5260D)\theta'_y \qquad (4\text{-}26)$$

式中,M_y 和 θ_y 分别为冻融试件屈服弯矩、屈服转角;D 为冻融损伤变量。

2. 峰值弯矩 M_c 和峰值转角 θ_c

长梁($\lambda = 5.0$):

$$M_c = (1 - 1.503D^2 - 1.075D)M'_c \qquad (4\text{-}27)$$

$$\theta_c = (1 + 2.271D^2 - 1.426D)\theta'_c \qquad (4\text{-}28)$$

短梁($\lambda = 2.6$):

$$M_c = (1 - 0.4173D)M'_c \qquad (4\text{-}29)$$

$$\theta_c = (1 - 0.3166D)\theta'_c \qquad (4\text{-}30)$$

式中,M_c 和 θ_c 分别为冻融试件峰值弯矩和峰值转角。

3. 极限弯矩 M_u 和极限转角 θ_u

长梁($\lambda = 5.0$):

$$M_u = 0.85M_c \qquad (4\text{-}31)$$

$$\theta_u = (1 + 1.806D^2 - 1.463D)\theta'_u \qquad (4\text{-}32)$$

短梁($\lambda = 2.6$):

$$M_u = 0.85M_c \qquad (4\text{-}33)$$

$$\theta_u = (1 - 0.3971D)\theta'_u \qquad (4\text{-}34)$$

式中,M_u 和 θ_u 分别为冻融试件极限弯矩和极限转角。

为验证上述冻融 RC 框架梁骨架曲线参数退化规律的正确性,采用式(4-23)~式(4-34)计算各冻融试件不同特征点的荷载与位移值,并与试验值进行对比,对比结果见表 4.4~表 4.7。由表可知:除 CL-1 极限位移、CL-10 屈服位移外,各试件屈服位移、峰值位移和极限位移误差则均小于 15%；除 CL-1、CL-9 的峰值荷载外，各试件屈服荷载和峰值荷载的计算值与试验值间误差均不超过 20%。

表 4.4　骨架曲线特征点荷载计算值与试验值对比($\lambda=2.6$)

试件编号	试件基本参数		计算值/kN		试验值/kN		$\dfrac{计算值-试验值}{试验值}$	
	混凝土强度	冻融次数	P_{y0}	P_{c0}	P_{y1}	P_{c1}	屈服荷载	峰值荷载
DL-1	C40	0	77.93	87.25	80.00	85.49	−0.026	0.021
DL-2	C40	100	74.89	84.74	77.74	83.53	−0.037	0.014
DL-3	C40	200	71.86	82.23	74.63	81.13	−0.037	0.014
DL-4	C40	300	68.82	79.72	71.88	79.23	−0.043	0.006
DL-5	C30	300	67.81	78.88	66.32	76.90	0.022	0.026
DL-6	C50	300	70.01	80.70	72.94	80.23	−0.040	0.006
DL-7	C30	100	74.54	84.45	75.59	82.03	−0.014	0.030
DL-8	C50	100	75.29	85.07	78.76	85.29	−0.044	−0.003
DL-9	C30	200	71.20	81.68	72.94	80.13	−0.015	0.019
DL-10	C50	200	72.65	82.88	75.37	82.65	−0.036	0.003

表 4.5　骨架曲线特征点位移计算值与试验值对比($\lambda=2.6$)

试件编号	试件基本参数		计算值/mm			试验值/mm			$\dfrac{计算值-试验值}{试验值}$		
	混凝土强度	冻融次数	Δ_{y0}	Δ_{c0}	Δ_{u0}	Δ_{y1}	Δ_{c1}	Δ_{u1}	屈服位移	峰值位移	极限位移
DL-1	C40	0	4.35	14.80	19.73	3.97	15.19	20.25	0.095	−0.026	−0.026
DL-2	C40	100	4.81	14.47	19.19	4.37	15.2	19.64	0.100	−0.048	−0.023
DL-3	C40	200	5.26	14.15	18.65	4.81	15.15	18.84	0.094	−0.066	−0.010
DL-4	C40	300	5.72	13.83	18.11	5.27	14.52	17.71	0.086	−0.048	0.022
DL-5	C30	300	6.12	14.37	18.78	5.23	14.56	18.45	0.170	−0.013	0.018
DL-6	C50	300	5.27	13.24	17.38	5.28	14.51	18.5	−0.001	−0.088	−0.061
DL-7	C30	100	5.06	15.12	20.04	4.22	15.24	19.38	0.199	−0.008	0.034
DL-8	C50	100	4.52	13.77	18.27	4.46	15.61	19.93	0.013	−0.118	−0.083
DL-9	C30	200	5.59	14.75	19.19	4.76	14.99	18.85	0.174	−0.016	0.030
DL-10	C50	200	4.90	13.50	17.83	4.83	14.85	19.38	0.014	−0.091	−0.080

表 4.6　骨架曲线特征点荷载计算值与试验值对比(λ＝5)

试件编号	试件基本参数		计算值/kN		试验值/kN		计算值－试验值 / 试验值	
	混凝土强度	冻融次数	P_{y0}	P_{c0}	P_{yl}	P_{cl}	屈服荷载	峰值荷载
CL-1	C40	0	43.48	56.69	42.10	46.9	0.033	0.209
CL-2	C40	100	42.00	51.87	40.55	44.37	0.036	0.169
CL-3	C40	200	39.35	46.17	39.02	41.71	0.008	0.107
CL-4	C40	300	35.54	39.59	36.29	38.68	−0.021	0.024
CL-5	C30	300	33.11	36.93	32.41	34.26	0.022	0.078
CL-6	C50	300	39.38	42.44	38.79	43.42	0.015	−0.023
CL-7	C30	200	37.52	44.37	36.59	38.82	0.025	0.143
CL-8	C50	100	45.07	53.23	46.30	51.83	−0.027	0.027
CL-9	C30	100	40.55	50.74	37.00	41.11	0.096	0.234
CL-10	C50	200	42.72	48.19	42.67	46.68	0.001	0.032

表 4.7　骨架曲线特征点位移计算值与试验值对比(λ＝5)

试件编号	试件基本参数		计算值/mm			试验值/mm			计算值－试验值 / 试验值		
	混凝土强度	冻融次数	Δ_{y0}	Δ_{c0}	Δ_{u0}	Δ_{yl}	Δ_{cl}	Δ_{ul}	屈服位移	峰值位移	极限位移
CL-1	C40	0	17.70	61.52	77.69	16.59	54.01	65.06	0.067	0.139	0.194
CL-2	C40	100	15.47	55.94	70.24	15.08	52.10	62.61	0.026	0.074	0.122
CL-3	C40	200	13.99	51.80	64.25	13.37	49.86	60.17	0.046	0.039	0.068
CL-4	C40	300	13.27	49.10	59.70	12.82	46.73	56.57	0.035	0.051	0.055
CL-5	C30	300	13.32	51.68	64.76	13.97	49.81	63.09	−0.047	0.038	0.026
CL-6	C50	300	13.27	44.70	55.65	14.56	42.48	55.29	−0.089	0.052	0.007
CL-7	C30	200	13.92	54.41	69.84	12.91	52.43	61.17	0.078	0.038	0.142
CL-8	C50	100	15.50	50.68	64.75	15.48	48.61	60.11	0.001	0.043	0.077
CL-9	C30	100	15.43	59.01	76.89	15.66	56.16	67.71	−0.015	0.051	0.136
CL-10	C50	200	14.09	47.17	59.67	11.14	45.51	57.77	0.265	0.036	0.033

4.5.4　冻融损伤构件滞回规则

本节在建立冻融 RC 框架梁恢复力模型时采用与完好 RC 框架梁恢复力模型相同的滞回规则,即均基于修正的 I-K 滞回模型,通过引入循环退化指数 β_i 来反映构件加卸载过程中的强度衰减与刚度退化规律,以下主要从基本强度退化、峰值荷载后强度退化、卸载刚度退化以及再加载刚度退化等方面具体介绍本模型的滞回规则。

1. 循环退化指数

本节参考 Rahnama 和 Krawinkler[23] 提出的循环退化速率规则,即基于构件往复循环加载时的能量耗散,确定构件在加卸载过程中的刚度退化和强度衰减速率。该规则假定构件本身滞回耗能能力是恒定的,不考虑构件加载历程的影响。构件第 i 次循环退化速率由循环退化指数 β_i 确定,计算公式如下[23]:

$$\beta_i = \left(\frac{E_i}{E_t - \sum\limits_{j=1}^{i} E_j} \right)^c \tag{4-35}$$

式中,E_i 为构件在第 i 次正向或负向循环时的滞回耗能;$\sum\limits_{j=1}^{i} E_j$ 为构件前 i 次加载循环下的累积滞回耗能;c 为用于控制循环退化速率的参数,Rahnama 和 Krawinkler[23] 建议该参数的合理取值范围为 $[1,2]$,在往复循环加载过程中,当 $c=1$ 时,表明构件滞回特性的循环退化速率恒定,当 $c=2$ 时,表明在往复加载前期构件循环退化速率缓慢,而循环加载后期构件循环退化的速率逐渐加快,经对比分析,取 $c=1$;E_t 表示构件本身的滞回耗能能力,Lignos 和 Krawinkler[16] 将其表示为屈服强度 M_y 与累积转动能力 $\Lambda = \lambda \theta_{cap,pl}$ 的乘积,即

$$E_t = \Lambda M_y = \lambda \theta_{cap,pl} M_y \tag{4-36}$$

式中,$\theta_{cap,pl}$ 为构件的塑性转角,如图 4.20 所示,可根据峰值转角 θ_c 和屈服转角 θ_y 计算得到,即:$\theta_{cap,pl} = \theta_c - \theta_y$;$l$ 为构件滞回耗能能力系数。

Haselton 等[18] 将构件本身的滞回耗能能力 E_t 表示为 $E_t = \lambda M_y \theta_{cap,pl}$,并通过对 255 个梁柱试件的试验结果进行统计回归,得到 $\lambda = 300 \times 3^n$,结合 Lignos 和 Krawinkler[16] 给出的累积耗能能力公式(式(4-36)),可以得到

$$\Lambda = 30 \times 0.3^n \theta_{cap,pl} \tag{4-37}$$

式中,n 为试件轴压比。

2. 基本强度退化

构件在加载过程中的基本强度退化模式如图 4.20(a)所示。该退化模式用于

表征构件屈服后,在往复荷载作用下屈服强度和强化段刚度降低的现象。屈服强度和强化段刚度的退化规则如下:

$$M_{yi}^{\pm} = (1-\beta_i)M_{y(i-1)}^{\pm} \tag{4-38}$$

$$K_{si}^{\pm} = (1-\beta_i)K_{s(i-1)}^{\pm} \tag{4-39}$$

式中,$M_{yi}^{\pm}$ 和 $K_{si}^{\pm}$ 为第 i 次循环加载时的屈服强度和强化刚度;$M_{y(i-1)}^{\pm}$ 和 $K_{s(i-1)}^{\pm}$ 为第 $(i-1)$ 次循环加载前已退化的屈服强度和强化刚度;其中:"+"代表正向加载,"−"代表反向加载。

3.峰值荷载后强度退化

构件峰值荷载后强度退化模式如图 4.20(b)所示。该退化模式用于表征构件加载过程中,软化段强度的退化现象。与基本强度退化不同的是,峰值荷载后强度退化并未改变软化段刚度,因此,可以通过修正软化段反向延长与纵坐标的交点控制峰值荷载后强度退化,其计算公式如下:

$$M_{refi}^{\pm} = (1-\beta_i)M_{ref(i-1)}^{\pm} \tag{4-40}$$

式中,$M_{refi}^{\pm}$ 为第 i 次循环加载后软化段反向延长与纵坐标的交点;$M_{ref(i-1)}^{\pm}$ 为第 $(i-1)$ 次循环加载之前已退化的软化段反向延长与纵坐标的交点。

4.卸载刚度退化

构件在加载过程中的卸载刚度退化模式如图 4.20(c)所示。该退化模式用于表征构件屈服后,在往复荷载作用下卸载刚度逐渐降低的现象。卸载刚度退化规则为

$$K_{ui} = (1-\beta_i)K_{u(i-1)} \tag{4-41}$$

式中,K_{ui} 为第 i 次循环加载后发生性能退化的卸载刚度;$K_{u(i-1)}$ 为第 $(i-1)$ 次循环加载之前已退化的卸载刚度。与基本强度退化和软化段强度退化不同的是,卸载刚度在两个加载方向是同步退化的,即任一方向出现卸载时,两个方向的卸载刚度均发生退化;而基本强度退化和软化段强度退化在两个加载方向互相独立,即构件在一个方向卸载至 0 时,只有另一个方向发生退化。

5.再加载刚度退化

构件在加载过程中的再加载刚度退化模式如图 4.20(d)所示。以往的滞回模型大多为顶点指向型模型,即当构件在某一方向卸载后,再加载曲线指向了另一方向的历史最大位移点。这种顶点指向型模型并不能考虑再加载刚度的加速退化现象,因此,Ibarra 和 Krawinkler[17]在 I-K 滞回模型中引入目标位移来考虑试件再加载刚度加速退化现象。Lignos 和 Krawinkler[16]在提出的修正 I-K 滞回模型中也

采用了该方法,其目标位移计算公式如下:

$$\theta_{ti}^{\pm} = (1 + \beta_i)\theta_{t(i-1)}^{\pm} \tag{4-42}$$

式中,$\theta_{ti}^{\pm}$ 为第 i 次循环时的目标位移;$\theta_{t(i-1)}^{\pm}$ 为第 $(i-1)$ 次循环时的目标位移。

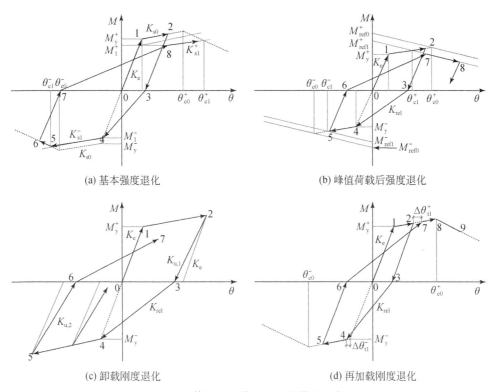

图 4.20　修正 I-K 模型的退化模式示意图

4.5.5　恢复力模型的验证

为验证本节所建立的冻融 RC 框架梁恢复力模型的准确性,基于 OpenSees 有限元软件,建立冻融 RC 梁的集中塑性铰模型,通过代入已建立的弯矩-转角(M-θ)恢复力模型,计算各榀 RC 框架梁试件的滞回曲线,并与试验滞回曲线进行对比。其中需要指出的是:梁端部采用零长度单元(zerolength element)进行模拟,相关输入参数根据本节所建立的 M-θ 恢复力模型进行计算,梁上部则采用弹性杆单元(elastic beam column element)进行模拟,相关输入参数可通过构件几何尺寸及其材料力学性能参数计算得到,此处不再赘述。具体建模过程如图 4.21 所示。

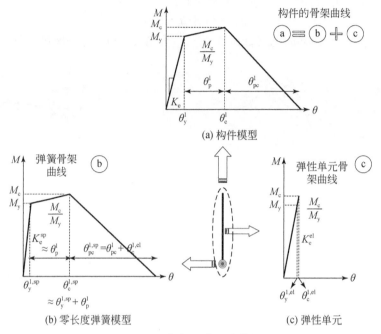

图 4.21　框架梁单元的模拟

　　各试件的计算滞回曲线与试验曲线对比见图 4.22,不同设计参数下试件的累积滞回耗能计算值与试验值的对比结果见图 4.23 和图 4.24。可以看出,采用上述模型模拟所得试件的滞回曲线与试验滞回曲线在承载能力、变形能力、刚度退化、强度衰减等各方面均符合较好,模拟所得累积滞回耗能随水平位移的变化曲线与试验曲线基本重合,表明本节所建立的冻融 RC 框架梁恢复力模型,能够较准确地反映冻融循环作用后框架梁的力学性能及抗震性能。

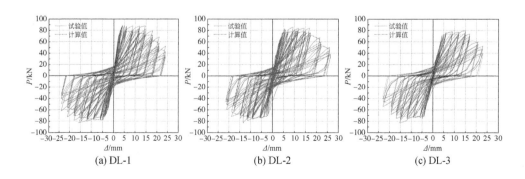

(a) DL-1　　　　　　　　　(b) DL-2　　　　　　　　　(c) DL-3

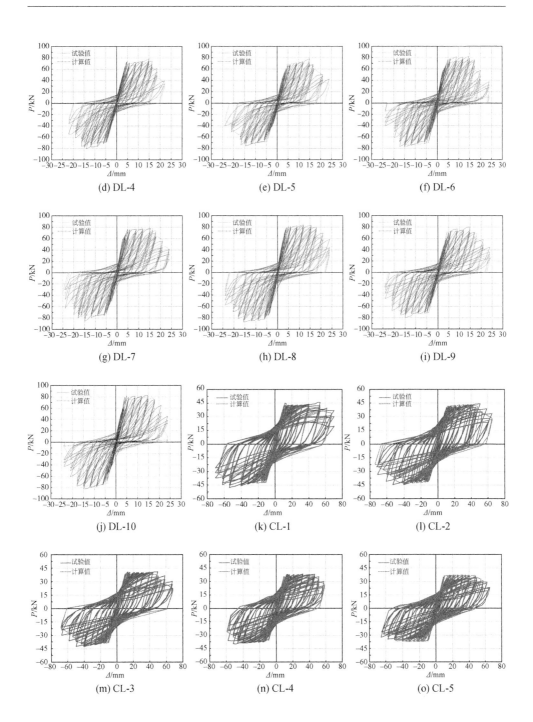

(d) DL-4　　　　　　　　　(e) DL-5　　　　　　　　　(f) DL-6

(g) DL-7　　　　　　　　　(h) DL-8　　　　　　　　　(i) DL-9

(j) DL-10　　　　　　　　　(k) CL-1　　　　　　　　　(l) CL-2

(m) CL-3　　　　　　　　　(n) CL-4　　　　　　　　　(o) CL-5

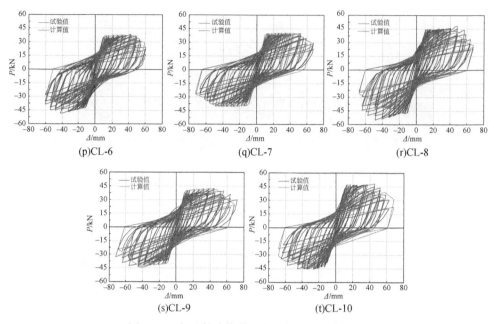

图 4.22　各试件计算滞回曲线与试验曲线对比

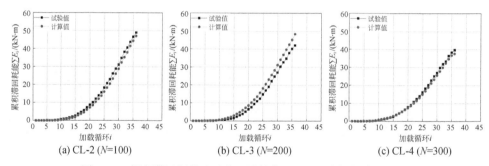

图 4.23　累积滞回耗能试验值和计算值对比(不同冻融循环次数)

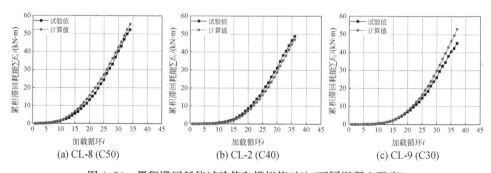

图 4.24　累积滞回耗能试验值和模拟值对比(不同混凝土强度)

同时,基于所建冻融 RC 框架梁恢复力模型得到的计算滞回曲线与试验曲线在正向、负向误差并不一致,主要原因为:冻融循环作用导致混凝土内部冻胀不均匀,从而引起试验骨架曲线不对称,而本节在建立恢复力模型时,假定原始骨架曲线正负向承载力特征值相同,故使得试验值和计算值在正负向所产生的误差并不一致,但均小于 20%。

4.6　本章小结

为研究冻融环境下 RC 框架梁的抗震性能,采用人工气候试验技术对 20 榀 RC 框架梁试件进行快速冻融循环试验,进而对其进行拟静力加载试验,分别探讨了冻融循环次数和混凝土强度对 RC 框架梁各项抗震性能指标的影响规律,基于试验结果并结合既有研究成果建立了冻融 RC 框架梁恢复力模型,主要结论如下:

(1)剪跨比为 2.6 的 RC 框架梁试件均发生了剪切特征清晰的弯剪破坏,随冻融损伤程度的增加,试件表面斜裂缝发展迅速,破坏时剪切变形所占比例显著增加;剪跨比为 5.0 的 RC 框架梁试件均发生了弯曲破坏,随冻融损伤程度的增加,试件裂缝出现提前,且水平裂缝数量减少、间距变大、宽度变宽。

(2)随着冻融循环次数的增加,RC 框架梁不同受力状态下的承载能力、变形能力和耗能能力均不断降低,强度衰减和刚度退化逐渐加快;随着混凝土强度等级的提高,RC 框架梁不同受力状态下的承载能力和耗能能力有所增加,强度衰减及刚度退化变缓。

(3)采用冻融损伤参数 D 综合表征冻融循环次数和混凝土强度对 RC 框架梁恢复力模型参数的影响,建立了冻融 RC 框架梁塑性铰区弯矩-转角恢复力模型。模型模拟所得试件的滞回曲线与试验滞回曲线在承载能力、变形能力、刚度退化、强度衰减和耗能能力等方面均符合较好,表明所建立的冻融 RC 框架梁恢复力模型,能够客观地揭示冻融循环作用后框架梁的力学性能及抗震性能变化规律,可用于冻融环境中 RC 结构数值建模分析。

参 考 文 献

[1] 贾超,纪圣振,张峰.冻融作用对混凝土跨海大桥桥墩稳定性影响研究[J].工程科学与技术,2010,42(3):7-13.

[2] 曹大富,马钊,葛文杰,等.冻融循环作用后钢筋混凝土柱的偏心受压性能[J].东南大学学报(自然科学版),2014,44(1):188-193.

[3] 杨彦霄.冻融对钢筋混凝土桥墩地震易损性影响的研究[D].北京:北京交通大学,2015.

[4] 中华人民共和国住房和城乡建设部.建筑抗震试验规程(JGJ/T 101—2015)[S].北京:中国建筑工业出版社,2015.

［5］中华人民共和国住房和城乡建设部.混凝土结构设计规范(2016年版)(GB 50010—2010) ［S］.北京:中国建筑工业出版社,2016.

［6］中华人民共和国住房和城乡建设部,中华人民共和国国家质量监督检验检疫总局.建筑抗震 设计规范(2016年版)(GB 50011—2010)［S］.北京:中国建筑工业出版社,2016.

［7］中华人民共和国国家质量监督检验检疫总局,中国国家标准化管理委员会.金属材料 拉伸 试验 第1部分:室温拉伸试验方法(GB/T 228.1—2010)［S］.北京:中国标准出版社,2010.

［8］郭子雄,杨勇.恢复力模型研究现状及存在问题［J］.世界地震工程,2004,20(4):47-51.

［9］Du Y,Clark L A,Chan A H C. Impact of reinforcement corrosion on ductile behavior of reinforced concrete beams［J］. ACI Structural Journal,2007,104(3):285-293.

［10］杨勇,闫长旺,贾金青,等.钢骨超高强混凝土柱-混凝土梁节点恢复力模型［J］.土木工程学 报,2014(s2):193-197.

［11］朱伯龙,吴明舜,张琨联.在周期荷载作用下,钢筋混凝土构件滞回曲线考虑裂面接触效应 的研究［J］.同济大学学报,1980(1):66-78.

［12］沈聚敏,翁义军,冯世平.周期反复荷载下钢筋混凝土压弯构件的性能［J］.土木工程学报, 1982,15(2):55-66.

［13］郭子雄,吕西林.高轴压比框架柱恢复力模型试验研究［J］.土木工程学报,2004,37(5): 32-38.

［14］Ibarra L F,Medina R A,Krawinkler H. Hysteretic models that incorporate strength and stiffness deterioration［J］. Earthquake Engineering & Structural Dynamics,2010,34(12): 1489-1511.

［15］Haselton C B,Goulet C,Mitrani- Reiser J,et al. An assessment to benchmark the seismic performance of a code- conforming reinforced- concrete moment- frame building［R］. PEER Report 2007-01. Pacific Earthquake Engineering Research Center,Berkeley,2008.

［16］Lignos D G,Krawinkler H. Development and utilization of structural component databases for performance-based earthquake engineering［J］. Journal of Structural Engineering ASCE, 2013,139(8):1382-1394.

［17］Ibarra L F,Krawinkler H. Global collapse of frame structures under seismic excitations［R］. The John A. Blume Earthquake Engineering Center Report TB152. Stanford University, Stanford,2005.

［18］Haselton C B,Liel A B,Lange S T,et al. Beam- column element model calibrated for predicting flexural response leading to global collapse of RC frame buildings［R］. PEER Report 2007-03. Pacific Earthquake Engineering Research Center,Berkeley,2007.

［19］Panagiotakos T B,Fardis M N. Deformation of reinforced concrete members at yielding and ultimate［J］. ACI Structural Journal,2010,98(2):135-148.

［20］Priestley M J N. Brief comments on elastic flexibility of reinforcement concrete frames and significance to seismic design［J］. Bulletin of the New Zealand National Society for Earthquake Engineering,1998,31(4):246-259.

［21］蒋欢军,吕西林.钢筋混凝土梁对应于各地震损伤状态的侧向变形计算［J］.结构工程师,

2008,24(3):87-92.

[22] 朱志达,沈参璜. 在低周反复循环荷载作用下钢筋混凝土框架梁端抗震性能的试验研究(1)[J].
北京工业大学学报,1985,(1):81-93.

[23] Rahnama M,Krawinkler H. Effects of soft soil and hysteresis model on seismic demands[R]. The
John A. Blume Earthquake Engineering Center Report 108. Stanford University,Stanford,1993.

第5章 冻融 RC 框架柱抗震性能试验研究

5.1 引 言

RC 框架柱作为框架结构中主要承重和抗侧力构件,国内外学者对其抗震性能开展了大量的研究。钱稼茹和冯宝锐[1]对 9 榀剪跨比为 4 的不同抗震等级的 RC 柱进行了拟静力加载试验;Meda 等[2]研究了钢筋锈蚀对 RC 柱抗震性能的影响。然而,针对冻融损伤对 RC 柱抗震性能影响的研究,仅见 Xu 等[3]对两种轴压比下经历不同冻融循环次数的 RC 柱进行了拟静力加载试验,其研究成果仅停留在定性描述层面,缺乏对冻融 RC 框架柱抗震性能劣化规律的量化表征。鉴于此,本章采用先进的人工气候环境加速冻融试验技术对 14 榀 RC 框架柱试件进行冻融循环试验,进而对其进行拟静力加载试验,系统研究冻融 RC 框架柱在往复荷载作用下的损伤破坏过程及特征,分析冻融循环次数、混凝土强度和轴压比对构件力学与抗震性能的影响规律,进而建立考虑冻融损伤影响的 RC 框架柱的恢复力模型,以期为冻融大气环境下 RC 结构数值模拟分析提供理论依据。

5.2 试 验 方 案

5.2.1 试件设计

RC 框架结构在地震作用下产生侧向变形,此时框架节点上、下柱段的反弯点可看作沿水平方向移动的铰,因此,本书取框架节点至柱反弯点之间的柱段为研究对象,参考《建筑抗震试验规程》(JGJ/T 101—2015)[4]、《混凝土结构设计规范(2016 年版)》(GB 50010—2010)[5]及《建筑抗震设计规范(2016 年版)》(GB 50011—2010)[6],共设计制作了 14 榀剪跨比 λ 分别为 5 和 2.5 的框架柱试件,设计原型如图 5.1 所示。具体参数设计如下:柱截面尺寸($b \times h$)为 200mm × 200mm,混凝土设计强度等级分为 C30、C40、C50,混凝土保护层厚度为 10mm,截面采用对称配筋,每边配置3Φ16,试件具体尺寸与截面配筋形式如图 5.2 所示。试件编号和具体设计参数见表 5.1。试件理论计算荷载见表 5.2。

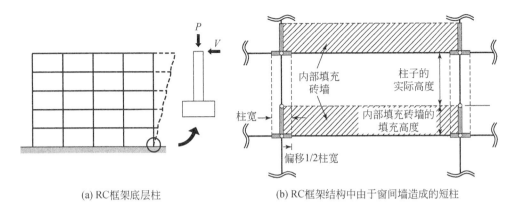

(a) RC框架底层柱　　　　　　　(b) RC框架结构中由于窗间墙造成的短柱

图 5.1　RC 框架柱设计原型

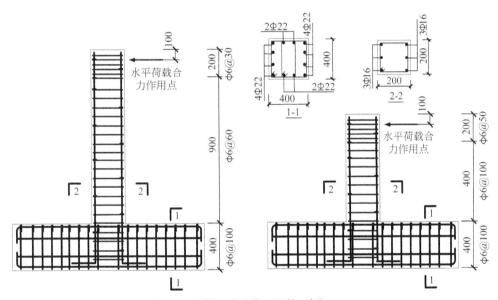

图 5.2　试件尺寸及截面配筋(单位:mm)

表 5.1　冻融混凝土柱试件参数表

试件编号	轴压比	剪跨比	箍筋形式	纵筋配筋率/%	混凝土强度等级	冻融循环次数
Z-C1	0.3	5.0	Φ6@60	1.51	C50	0
Z-C2	0.3	5.0	Φ6@60	1.51	C50	100
Z-C3	0.3	5.0	Φ6@60	1.51	C50	200
Z-C4	0.3	5.0	Φ6@60	1.51	C50	300

续表

试件编号	轴压比	剪跨比	箍筋形式	纵筋配筋率/%	混凝土强度等级	冻融循环次数
Z-C5	0.3	5.0	Φ6@60	1.51	C40	300
Z-C6	0.3	5.0	Φ6@60	1.51	C30	300
Z-C7	0.4	5.0	Φ6@60	1.51	C50	300
Z-C8	0.5	5.0	Φ6@60	1.51	C50	300
Z-D1	0.3	2.5	Φ6@80	1.51	C50	0
Z-D2	0.3	2.5	Φ6@80	1.51	C50	100
Z-D3	0.3	2.5	Φ6@80	1.51	C50	200
Z-D4	0.3	2.5	Φ6@80	1.51	C50	300
Z-D5	0.3	2.5	Φ6@80	1.51	C40	200
Z-D6	0.3	2.5	Φ6@80	1.51	C30	200

表 5.2 试件理论计算荷载

试件编号	轴压比/kN	开裂荷载/kN	屈服荷载/kN	峰值荷载/kN
Z-C1	0.183	36.9	60.7	67.7
Z-C7	0.242	31.7	57.7	68.5
Z-C8	0.291	33.4	62.9	73.7
Z-D1	0.183	59.7	122.4	147.7

试验中不同设计强度等级混凝土的材料力学性能试验测试结果详见第 2 章。各试件纵筋均采用 HRB335 钢筋,箍筋采用 HPB300 钢筋,按照《金属材料 拉伸试验 第 1 部分:室温试验方法》(GB/T 228.1—2010)[7]进行材料力学性能试验,试验测试结果见表 5.3。

表 5.3 钢筋材料的力学性能参数

钢材种类	型号	屈服强度 f_y/MPa	极限强度 f_u/MPa	弹性模量 E_s/MPa
柱纵筋	Φ16	373	486	2.0×10^5
柱箍筋	Φ6	305	420	2.1×10^5

5.2.2 冻融循环试验方案

本研究采用人工气候加速冻融试验技术,以模拟冻融大气环境作用过程,具体冻融环境参数设置及冻融过程控制方案详见第 2 章。试件分为两次浇筑,以防止基座因冻融循环作用而影响 RC 框架柱的整体破坏形态,待柱冻融循环试验完成后再浇筑基座。所有试件在自然环境下养护时间达 28d 时,进行外观检查,然后将试件置于水中浸泡 7d 后再置于人工气候实验室进行冻融循环试验,以尽量使试件在冻融时处于饱和水状态下,从而取得较好的冻融效果。RC 框架柱试件冻融及拟静力试验流程如图 5.3 所示。

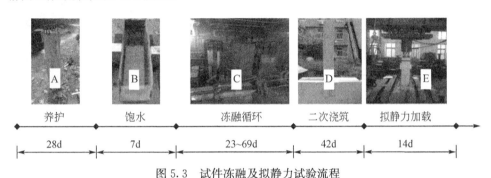

图 5.3　试件冻融及拟静力试验流程

5.2.3　拟静力加载与量测方案

1. 加载方案

本试验采用拟静力加载方式。在加载过程中,试件通过高强螺杆固定于地面,竖向恒定荷载通过 100t 液压千斤顶施加,且通过安装滚轴使千斤顶能随试件变形而在水平向自由移动。水平低周往复荷载通过固定于反力墙上的 500kN 电液伺服作动器施加,并通过作动器端设置的荷载传感器实时测控所施加的水平荷载,试验加载全过程由 MTS 电液伺服试验系统控制。试验数据由 1000 通道 7V08 数据采集仪采集。加载装置如图 5.4 所示。

根据《建筑抗震试验规程》(JGJ/T 101—2015)[4] 的规定,正式加载前,分别对各试件进行两次预加往复荷载,以检验并校准加载装置及量测仪表;正式进行低周往复加载时,根据试验目的和试件特征,对剪跨比为 5.0 和 2.5 的框架柱试件,分别采用不同的水平加载制度,其具体加载制度如下。

(1)λ=5.0 框架柱加载制度。采用位移控制加载,在试件达到屈服荷载以前,控制位移幅值为预估屈服位移的 20%,每级控制位移往复循环一次;加载至屈服位移后,以该屈服位移的倍数为级差进行控制加载,每级控制位移往复循环三次,当试件承载力下降到峰值荷载的 85% 之后或破坏明显时停止试验,其加载制度见图 5.5(a)。

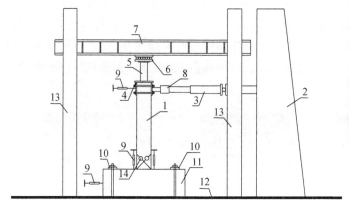

图 5.4　框架柱试件加载示意与加载装置

1. 试件；2. 反力墙；3. 作动器；4. 垫板；5. 千斤顶+传感器；6. 平面滚轴系统；7. 反力梁；8. 传感器；
9. 位移计；10. 螺栓；11. 底座；12. 地面；13. 门架；14. 百分表

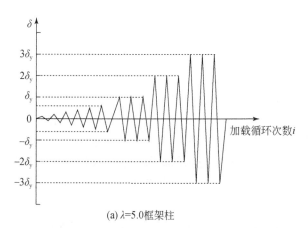

(a) λ=5.0框架柱

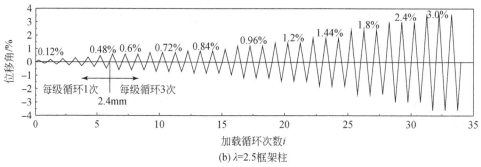

(b) λ=2.5框架柱

图 5.5　试验加载制度示意图

（2）$\lambda = 2.5$ 框架柱加载制度。对于剪跨比为 2.5 的框架柱试件,由于其破坏模式为弯剪或剪弯型,具有明显的脆性破坏特征且加载过程中没有明确的屈服点,故采用位移控制的变幅加载制度对其进行往复加载。加载时,首先施加柱顶轴压力至设定轴压比,并使柱顶轴向力 N 在试验过程中保持不变,然后在柱上端施加水平往复荷载 P,使柱顶水平位移 Δ 达到预设值,其中水平位移达到 2.4mm 之前循环一次,之后每级循环三次,其加载制度见图 5.5(b)。

2. 测量方案

试验测试内容应根据试验目的预先确定,所布置的应变片、应变仪、位移计等不但要满足精度要求,还要保证具有足够的量程,以确保满足构件进入非线性阶段量测大变形的要求。本次试验主要测试内容如下。

（1）作用力量测:在柱顶设置竖向压力传感器和水平拉压传感器,以测定作用在柱顶的轴向压力 N 及水平推力 P。

（2）应变量测:柱底控制截面范围内的纵筋及箍筋上均布有电阻应变片,以记录其在试件整个受力过程中应变发展情况。

（3）位移量测:通过布置位移计和百分表量测柱底塑性铰区的剪切变形、弯曲变形以及柱顶、基础梁水平位移,相应的位移计和百分表布置如图 5.4 所示,其中 $\lambda = 5.0$ 的 RC 框架柱试件塑性铰区量测范围为 250mm,$\lambda = 2.5$ 的 RC 框架柱试件塑性铰区量测范围为 150mm,各变形计算原理与 4.3.2 节相同。

拟静力加载试验过程中,将所布置的电阻应变片、位移计、拉压传感器等与TSD 数据自动采集仪连接,以便于试验数据的实时跟踪采集。此外,水平荷载和水平位移数据也同时传输到同步 X-Y 函数记录仪中,用以绘制荷载-位移曲线。

5.3　试验现象与分析

5.3.1　试件冻融损伤形态

人工气候加速冻融试验完成后,不同冻融程度 RC 框架柱试件的表面形态如图 5.6 所示。可以看出,随着冻融循环次数的增加,试件表面微裂缝的数量、宽度、长度均随之增加,且由于柱端为三面受冻而柱中部为两面受冻,故裂缝多分布在柱端。冻融循环次数为 100 次和 200 次时,仅可见纵向分布裂缝,而当冻融循环次数达到 300 次时,试件表面开始出现水平裂缝,与既有竖向裂缝交织形成网状分布,最大裂缝宽度达 1.7mm。顺便指出,各试件并未出现传统的"水冻水融"所导致的表面剥蚀现象[8],而研究表明表面剥蚀现象多出现于含盐溶液的冻融环境下,该现象对混凝土强度的损伤较小[8]。

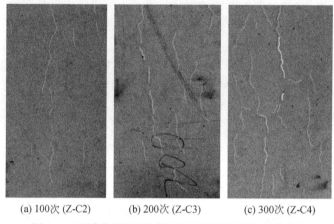

(a) 100次 (Z-C2)　　(b) 200次 (Z-C3)　　(c) 300次 (Z-C4)

图 5.6　不同冻融循环次数后 RC 框架柱试件表面形态

5.3.2　试件受力破坏过程与特征

1. $\lambda = 5.0$ RC 框架柱试件

各试件裂缝分布形式与破坏状态如图 5.7(a)～(h)所示。可以看到,加载结束时,所有试件均呈现典型的弯曲破坏模式,即冻融循环作用并未改变剪跨比 $\lambda =$ 5.0 RC 框架柱试件的破坏模式。各试件的破坏过程具有相似性,具体为:在整个加载过程中,试件均历经弹性、弹塑性和破坏三个阶段。加载初期,试件处于弹性工作状态,当柱顶水平加载位移为 2.2～4.4mm 时,距柱底部 200mm 高度处受拉区混凝土出现第一条水平裂缝。随着往复荷载的增大,在柱底大约 300mm 范围内相继出现若干条水平裂缝,并沿水平方向不断延伸,裂缝宽度不断加宽。当柱顶水平位移达到 8mm 左右时,柱底部纵向受拉钢筋屈服,试件进入弹塑性工作状态。随着柱顶水平位移的增大,柱底部水平裂缝数量不再增加,但裂缝宽度增加较快,部分水平裂缝沿 45°方向斜向发展。当柱顶水平位移达到 12～17mm 时,水平荷载达到峰值,此后试件进入破坏阶段。随着柱顶水平位移继续增大,水平荷载逐渐下降,柱底受压侧混凝土出现竖向裂缝,并逐渐向上延伸,受压区混凝土破碎面积逐渐增大。最终,柱底角部截面的混凝土压碎、脱落,部分试件柱底纵筋出现压曲现象,柱顶水平荷载迅速下降,试件宣告破坏。

随着冻融损伤程度的加深,混凝土抗拉强度降低,柱底初始裂缝出现提前;同时,柱底被压碎的混凝土呈颗粒状,而非块状,这与前述冻融混凝土材料力学性能试验结果一致,即冻融循环导致混凝土内部结构逐步疏松,如图 5.7(b)～(d)所示。冻融损伤程度相同时,随着轴压比增大,试件开裂荷载增大且开裂后水平裂缝的发展速率较慢、裂缝长度较短,即高轴压比可抑制框架柱初始受拉裂缝的发展;同时,竖向裂缝发展迅速,高度可达 250mm,其中轴压比大的试件破坏时脆性特征显著,纵筋明显屈曲,核心区混凝土被压碎,如图 5.7(c)、(g)、(h)所示。在相同冻融循环次数下,随着混凝土强度等级的减小,试件开裂荷载减小,最终破坏时混凝土保护层剥落区域增大,如图 5.7(d)、(e)、(f)所示。

2. λ＝2.5 RC 框架柱试件

各试件裂缝分布形式与破坏状态如图 5.7(i)～(n)所示。可以看出,加载结束时,所有试件均呈现以剪切变形为主的弯剪破坏模式。各试件的破坏过程基本相似,具体为:在整个加载过程中,试件均历经弹性、弹塑性和破坏三个阶段。加载初期,试件处于弹性工作状态,当柱顶水平位移达到 1.5mm 左右时,柱底部首先出现水平弯曲裂缝;然后,随着往复荷载增大,纵向钢筋受拉屈服,柱中剪切作用增强,已有的水平裂缝斜向发展,并在柱底部 150～200mm 高度范围逐渐形成多条交叉的剪切斜裂缝;随着柱顶水平位移的进一步增大,与剪切斜裂缝相交的箍筋逐渐受拉屈服,剪切斜裂缝数量不再增加,但宽度继续增大,加载至 15mm 左右时,柱底部形成一条主剪斜裂缝,试件宣告破坏。破坏时柱表面呈龟裂状,保护层混凝土部分剥落。

随着冻融损伤程度的加深,冻融试件 Z-D2～Z-D4 的弹性阶段与未冻融试件 Z-D1 相似,但剪切斜裂缝数量较少、宽度较宽,主剪斜裂缝形成提前,破坏时的剪切破坏特征更为明显,柱脚混凝土受压破碎,沿两侧纵筋出现竖向裂缝,距柱底 200mm 范围内混凝土呈龟裂状,受冻融影响,试件保护层混凝土严重脱落,如图 5.7(j)、(k)、(l)所示。在相同冻融循环次数下,随着混凝土强度等级的提高,试件破坏时脆性增加。不同混凝土强度试件的裂缝分布形式与破坏状态如图 5.7(j)、(m)、(n)所示。

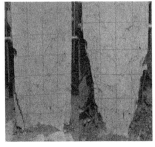

(a) Z-C1　　　　　　　　　(b) Z-C2　　　　　　　　　(c) Z-C3

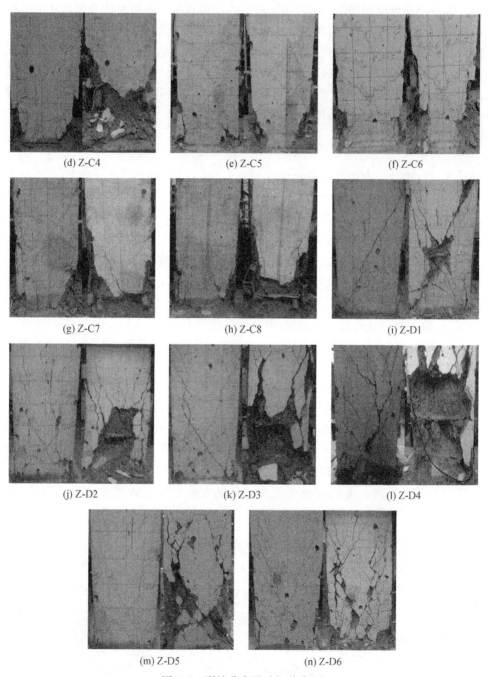

(d) Z-C4　　　　　　　　(e) Z-C5　　　　　　　　(f) Z-C6

(g) Z-C7　　　　　　　　(h) Z-C8　　　　　　　　(i) Z-D1

(j) Z-D2　　　　　　　　(k) Z-D3　　　　　　　　(l) Z-D4

(m) Z-D5　　　　　　　　(n) Z-D6

图 5.7　裂缝分布及破坏状态图

5.4　试验结果与分析

5.4.1　滞回性能

在整个加载过程中,各试件的滞回性能相似,即在试件屈服前,滞回曲线近似呈直线,刚度基本无退化,卸载后几乎无残余变形,滞回耗能较小;屈服后,随着水平加载位移增大,试件的加卸载刚度逐渐减小,卸载后残余变形增大,表明试件具有较好的耗能能力;达到峰值荷载后,随着柱顶水平位移的进一步增大,试件的加卸载刚度退化趋于严重,卸载后残余变形更为明显,其中 λ=5.0 的 RC 框架柱试件滞回环近似呈梭形,但出现一定的捏拢现象,λ=2.5 的 RC 框架柱试件滞回环形状最终呈倒“Z”形,捏拢现象严重。不同试验设计参数对试件滞回曲线的影响规律如下:

(1)冻融循环次数影响。不同冻融循环次数试件的滞回曲线如图 5.8(a)～(d)、(i)～(l)所示。可以看出,相对于未冻融试件,冻融试件的峰值承载力随冻融循环次数的增加逐渐下降,滞回环的丰满程度和面积逐渐减小;达到峰值荷载后,柱顶水平荷载的下降速率逐渐加快,表明随着冻融损伤程度的增加,试件的耗能和变形能力逐渐减小;同时,在加载后期,冻融严重试件滞回环的捏拢现象更加明显,主要是由于冻融损伤引起混凝土与钢筋间的黏结性能退化[9]。

(2)轴压比影响。不同轴压比的冻融试件滞回曲线如图 5.8(c)、(g)、(h)所示。可以看出,小轴压比的试件,滞回曲线形状相对稳定,试件所能承受的往复加载循环次数多,耗能能力强,变形能力好;提高轴压比时,试件滞回曲线先趋于饱满,随后变得相对狭窄,且峰值荷载后,滞回曲线形状变化较大,试件的强度、刚度退化速度加快,变形能力变差,延性降低明显。

(3)混凝土强度影响。不同混凝土强度的冻融试件滞回曲线如图 5.8(d)、(e)、(f)和(j)、(m)、(n)所示。可以看出,相同冻融循环次数下,混凝土强度较高的冻融试件承载能力仍然较高,但变形能力和延性相对较差。

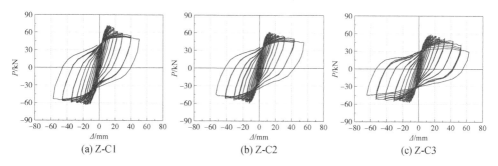

(a) Z-C1　　　　　　　　(b) Z-C2　　　　　　　　(c) Z-C3

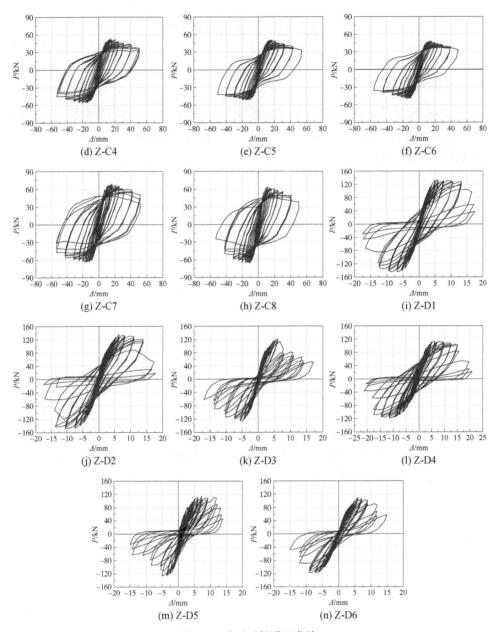

图 5.8　冻融试件滞回曲线

5.4.2　骨架曲线

根据试验滞回曲线,将各试件柱顶水平荷载-位移滞回曲线各次循环的峰值点相连得到试件的骨架曲线,不同剪跨比试件的骨架曲线分别如图 5.9 和图 5.10 所示。为定量分析试验参数影响,采用能量等效法[10]计算平均骨架曲线的等效屈服点,以峰值荷载的 85% 作为试件的极限荷载;试件的变形能力采用延性系数 μ 表示。综上所述,各试件特征值计算结果分别列于表 5.4 和表 5.5。表中 F_y、F_c、F_u 分别代表屈服荷载、峰值荷载、极限荷载,其单位均为 kN;Δ_y、Δ_c、Δ_u 分别代表屈服位移、峰值位移、极限位移,其单位均为 mm;$\mu = \Delta_u / \Delta_y$。

表 5.4　$\lambda = 5.0$ RC 框架柱试件骨架曲线特征参数

试件编号	屈服点				峰值点				极限点				μ
	F_y	Δ_y	$\theta_y/10^{-3}$	$\eta/\%$	F_c	Δ_c	$\theta_c/10^{-2}$	$\eta/\%$	F_u	Δ_u	$\theta_u/10^{-2}$	$\eta/\%$	
Z-C1	55.99	7.26	6.91	90.4	66.92	14.42	1.37	85.2	56.88	38.45	3.27	76.5	5.30
Z-C2	50.55	7.14	7.10	94.5	59.02	14.58	1.46	89.8	50.17	44.03	3.82	78.0	6.16
Z-C3	47.65	7.40	7.13	91.5	56.47	14.60	1.40	86.5	48.00	44.48	3.93	79.5	6.01
Z-C4	47.20	8.50	7.53	84.1	54.42	14.28	1.33	81.2	46.26	42.64	3.30	69.7	5.02
Z-C5	38.53	7.91	7.49	82.9	45.85	14.88	1.31	77.0	38.97	44.41	—	—	5.61
Z-C6	37.39	7.93	7.51	82.9	44.21	14.98	1.36	79.4	41.61	45.53	—	—	5.74
Z-C7	57.97	8.05	7.25	90.1	66.48	16.18	1.51	84.1	56.50	41.58	3.76	78.5	5.17
Z-C8	59.92	7.70	7.42	96.3	64.49	12.09	1.02	74.6	54.82	34.15	2.52	66.4	4.43

表 5.5　$\lambda = 2.5$ RC 框架柱试件骨架曲线特征参数

试件编号	屈服点		峰值点		极限点		μ
	F_y	Δ_y	F_c	Δ_c	F_u	Δ_u	
Z-D1	116.87	3.55	138.01	7.30	117.31	13.85	3.90
Z-D2	111.81	4.10	139.97	7.35	118.97	14.15	3.45
Z-D3	103.05	3.35	124.45	5.50	105.78	8.95	2.67
Z-D4	104.03	3.32	117.81	5.51	100.14	10.28	3.10
Z-D5	96.61	4.41	112.78	6.03	95.86	10.79	2.45
Z-D6	93.18	3.81	110.67	7.36	94.87	14.72	3.86

1)冻融循环次数影响

由图 5.9(a)、图 5.10(a)和表 5.4、表 5.5 可以看出,对于不同剪跨比的 RC 框架柱试件,随着冻融循环次数的增加,试件的屈服荷载、峰值荷载以及极限荷载均

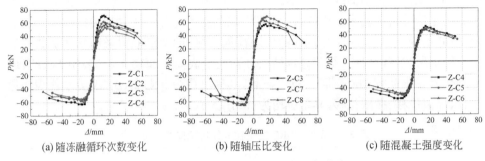

(a) 随冻融循环次数变化　　(b) 随轴压比变化　　(c) 随混凝土强度变化

图 5.9　λ=5.0 RC 框架柱试件骨架曲线

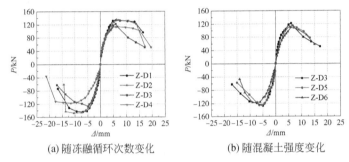

(a) 随冻融循环次数变化　　(b) 随混凝土强度变化

图 5.10　λ=2.5 RC 框架柱试件骨架曲线

呈现减小趋势,而对应的屈服位移和极限位移有所增加,峰值位移略有减小。其中,在冻融循环次数达到 300 次时,λ=5.0 的 RC 框架柱试件破坏时的荷载减小了18.7%,位移增大了 10.9%,延性系数减少了 5.3%,可以看出,冻融循环次数对框架柱的承载力影响显著,而对延性的影响较小。产生该现象的原因与冻融对混凝土材料力学性能的影响相关:随着冻融损伤程度的增加,混凝土的峰值应变略有增长,峰值应力减小[11],即虽然材料本身的变形能力有所提高,但强度下降又会导致构件的破坏提前,综合导致构件的变形变化较小。

2)轴压比的影响

由图 5.9(b)和表 5.4 可以看出,在冻融循环次数相同的条件下,随着轴压比的增大,框架柱的屈服荷载与峰值荷载显著提高,试件最终破坏时的位移和延性略有减小,这与未冻融框架柱力学性能随轴压比的变化规律基本一致,即轴压比的增大引起受压区混凝土面积增大,受拉钢筋应力减小,导致框架柱屈服荷载和屈服位移增长,承载力增大。随着轴压比的进一步增大,框架柱承载力略有下降,延性明显减小,从骨架曲线上可以看到荷载出现突然下降段,脆性特征明显。

由于本节所涉及试件的轴压比仅为 0.3、0.4 和 0.5(Z-C3、Z-C7 和 Z-C8),根据规范[5]可知,该轴压比并未超限且相对较小,因此冻融试件 Z-C8 表现出的脆性特征可归结为经历 200 次冻融循环后混凝土强度的显著退化,从而造成 Z-C8 的实际轴压比较大,混凝土受压区高度增加,框架柱大部分截面受压,出现小偏心受压破坏形态,承载能力降低。

3)混凝土强度的影响

由图 5.9(c)、图 5.10(c)和表 5.4、表 5.5 可以看出,对于不同剪跨比的 RC 框架柱试件,在冻融循环次数相同的条件下,随着混凝土强度的提高,框架柱的屈服荷载与峰值荷载均相应提高,主要是由于较高强度混凝土试件内部相对密实,孔隙率和孔径较小,相同湿度下的含水量低,从而使得 RC 框架柱在遭受冻融循环作用后内部损伤程度降低。

5.4.3　塑性铰区变形分析

不同剪跨比的 RC 柱在强震作用下的变形主要由塑性铰区的变形所组成,该变形可分解为弯曲、剪切和锚固区域的纵筋滑移三个部分。对于不同破坏模式的 RC 柱,各变形在总位移中所占的比例不尽相同。对于剪跨比为 5.0 的 RC 柱试件,破坏模式均为弯曲破坏,其柱顶总水平位移主要由塑性铰区弯曲变形引起,故本节主要根据各试件的弯曲变形量测结果进行分析;对于剪跨比为 2.5 的 RC 柱试件,其破坏模式为弯剪破坏,柱顶总水平位移中的剪切变形成分较大,故本节主要根据其剪切变形量测结果进行分析。

1.$\lambda=5.0$ 柱试件弯曲变形

在强震作用下,剪跨比较大的 RC 柱端部一定范围内的纵向钢筋屈服,混凝土压碎剥落,使得该范围内各截面的曲率显著增大;而柱中部各截面的曲率仍表现为线性变化的弹性工作状态。因此,主要分析塑性铰区的弯曲变形。就整个构件而言,塑性变形能力不宜用单个截面的曲率表征,而应采用塑性铰区转角这样的宏观指标描述,由于本研究所测为塑性铰区范围内的平均曲率,各特征点转角 θ_i 可由式(5-1(a))计算得到,该转角所产生的柱顶位移 $\Delta_{i,\mathrm{f}}$ 可由式(5-1(b))计算:

$$\begin{cases} \theta_i=(\delta_1+\delta_2)/h & \text{(a)} \\ \Delta_{i,\mathrm{f}}=\theta_i(L-0.5l_\mathrm{p}) & \text{(b)} \end{cases} \tag{5-1}$$

式中,h 为柱截面高度;δ_1 和 δ_2 为柱根部两侧竖向位移计读数;l_p 为位移计所量测的范围,即预估塑性铰区高度。RC 柱的弯曲变形计算示意如图 5.11(a)所示。计算得到各试件在不同受力状态下塑性铰区转角引起的柱顶水平位移及其在总柱顶水平位移中所占的比例 η,见表 5.6。

由表 5.6 可以看出,随着加载位移的不断增大,试件由塑性铰区弯曲变形所引起的柱顶位移逐步增大,而该位移在总位移中的占比有减小的趋势,主要是由于加载后期弯剪斜裂缝的发展导致了剪切变形成分增大,以及端部锚固区域的滑移变形成分增大。随着冻融循环次数的增大,试件的屈服转角位移逐渐增大,峰值点和极限点的塑性铰区弯曲变形变化规律均不明显,但由二者所引起的柱顶位移占总位移的比例均呈现先增大后减小的趋势,其中极限状态下由塑性铰区弯曲变形引起的柱顶水平位移在总柱顶水平位移中所占的比例 η 最终减小,这主要是由于冻融循环作用导致试件的抗剪性能以及黏结强度均发生了劣化,从而使该状态下柱顶水平位移中的剪切变形成分以及滑移变形成分增大所致。

表 5.6　$\lambda = 5.0$ RC 柱试件弯曲变形特征值

试件编号	屈服点				峰值点				极限点			
	Δ_y	$\theta_{y,f}$ $/10^{-3}$	$\Delta_{y,f}$	$\eta_y/\%$	Δ_c	$\theta_{c,f}$ $/10^{-2}$	$\Delta_{c,f}$	$\eta_c/\%$	Δ_u	$\theta_{u,f}/\%$	$\Delta_{u,f}$	$\eta_u/\%$
Z-C1	7.26	6.91	6.56	90.4	14.42	1.37	12.29	85.2	38.45	3.27	29.41	76.5
Z-C2	7.14	7.10	6.75	94.5	14.58	1.46	13.09	89.8	44.03	3.82	34.34	78.0
Z-C3	7.40	7.13	6.77	91.5	14.60	1.40	12.63	86.5	44.48	3.93	35.36	79.5
Z-C4	8.50	7.53	7.15	84.1	14.28	1.33	11.60	81.2	42.64	3.30	29.72	69.7
Z-C5	7.91	7.25	7.25	90.1	14.88	1.51	13.61	84.1	44.41	3.76	32.64	78.5
Z-C6	7.93	7.42	7.42	96.3	14.98	1.02	9.02	74.6	45.53	2.52	22.68	66.4
Z-C7	8.05	7.49	6.56	82.9	16.18	1.31	11.46	77.0	41.58	—	—	—
Z-C8	7.70	7.51	6.57	82.9	12.09	1.36	11.89	79.4	34.15	3.72	33.28	73.1

注:表中塑性铰区转角 $\theta_{i,f}(i=y,c,u)$ 单位为 rad;Δ_y、Δ_c 和 Δ_u 分别代表屈服位移、峰值位移和极限位移;$\Delta_{y,f}$、$\Delta_{c,f}$ 和 $\Delta_{u,f}$ 分别为不同受力状态下塑性铰区转角产生的柱顶位移,其单位均为 mm;$\eta_i = \Delta_{i,f}/\Delta_i (i=y,c,u)$;试件 Z-C7 极限位移点的转角由于位移计过早脱落,未测出。

当冻融循环次数相同时,随轴压比的增大,试件的屈服转角逐渐增大,即轴压比较大时截面受压区高度增加,受拉钢筋屈服所对应的曲率增大所致,而峰值和破坏时刻的塑性铰区弯曲变形先增大后减小,由塑性铰区弯曲变形引起的柱顶水平位移在总柱顶水平位移中所占的比例 η 逐渐减小。随混凝土强度的减小,试件的屈服转角逐渐增大。综上,各试件底部塑性铰区弯曲变形随着水平加载位移的增加,所占总变形的比例有所减小,且弯曲变形随各参数的变化规律与试件整体变形的退化规律基本一致。

2. $\lambda = 2.5$ 柱试件剪切变形

RC 柱的剪切变形计算示意如图 5.11(b)所示,通过在塑性铰区沿对角线布置的位移计量测对角线长度变化,即可求得平均剪应变 γ,其计算公式为

$$\gamma = \Delta_{sh}/l = \frac{1}{2}\left[\sqrt{(d+\zeta_1)^2-l^2}-\sqrt{(d+\zeta_2)^2-l^2}\right] \tag{5-2}$$

式中，Δ_{sh} 为剪切位移；d 为量测塑性铰区的对角线长度，$d=\sqrt{h^2+l^2}$；ζ_1 和 ζ_2 分别为测试区域两对角线长度的变化量；其余参数同前。计算得到各试件的剪切变形-剪力滞回曲线计算结果见图 2.19，各试件在开裂状态、峰值状态以及极限状态下的剪切变形占总变形的比值 Δ_{sh}/Δ 计算结果见图 2.20。

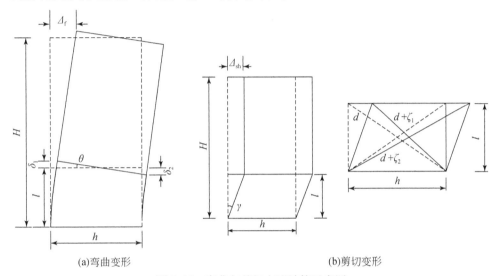

(a)弯曲变形　　　　　　　　　　　　　　　　　(b)剪切变形

图 5.11　弯曲与剪切变形计算示意图

　　由图 5.12 可以看出，各试件的剪切滞回曲线形状呈现出较大的差异性，其中试件 ZD-2 与 ZD-1 较为接近，而随着冻融循环次数的增加，试件 ZD-3 与其余均经

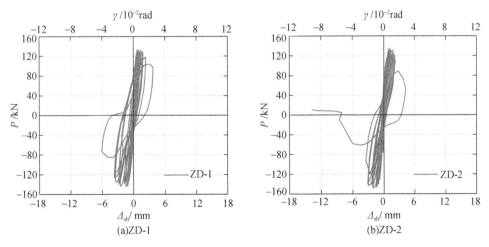

(a)ZD-1　　　　　　　　　　　　　　　　　　(b)ZD-2

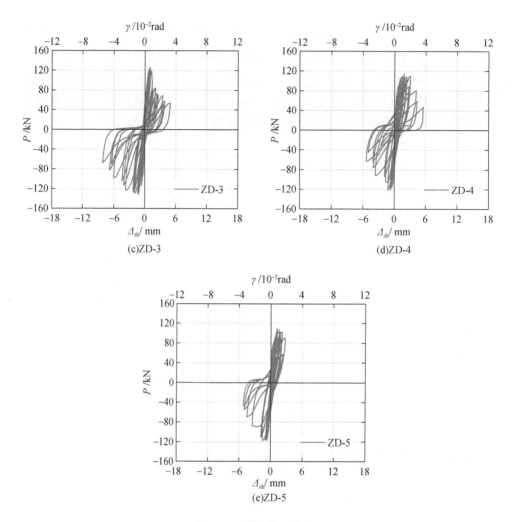

图 5.12　剪切滞回曲线

历 200 次冻融循环的试件滞回曲线形状相近,即剪切滞回曲线呈现明显的反弓形,剪切位移在试件达到峰值荷载后增加明显,在推、拉两个荷载方向呈现明显的不对称性。这与前述破坏形态的转变具有一致性,即随着冻融损伤程度的增加,试件由以弯曲变形为主的弯剪破坏向以剪切变形为主的弯剪破坏转变,对应的剪切位移亦增大。而剪切位移在正负方向的不对称性主要是由于主剪斜裂缝的形成与发展。

　　由图 5.13 可以看出,在弹性阶段,各试件由剪切变形所引起的柱顶位移在总位移中的占比较小,而当试件达到极限位移时,也即剪切强度开始发生显著退化,由剪切变形所引起的柱顶位移占比显著增大,且相对开裂点的平均增长速率达到

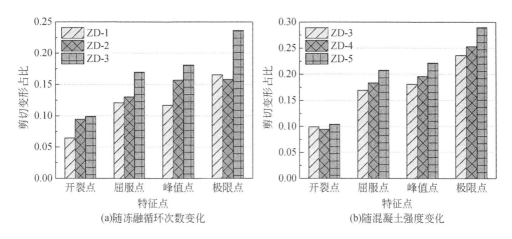

图 5.13　剪切变形占比

2.41倍。随着冻融循环次数的增大,不同受力状态下的剪切变形及其占总变形的比例亦呈增大趋势,其中极限状态时的剪切变形占总变形的比例由 17.1％增加至 24.7％,表明冻融损伤削弱了试件的抗剪性能。当冻融循环次数相同时,随混凝土强度的减小,各受力状态下的剪切变形及其占总变形的比例均不断增加,其中极限状态时的剪切变形占总变形的比例由 23.6％增加至 29.0％,即剪切变形逐步成为主要变形成分。

5.4.4　刚度退化

为揭示冻融 RC 框架柱的刚度退化规律,取各试件每级往复荷载作用下正反方向荷载绝对值之和除以相应的正反方向位移绝对值之和作为该试件每级循环加载的等效刚度,以各试件的加载位移为横坐标,每级循环加载的等效刚度为纵坐标,绘制不同剪跨比冻融 RC 框架柱试件的刚度退化曲线,如图 5.14 和图 5.15 所示。其中,等效刚度 K_i 计算公式如下:

$$K_i = \frac{|+P_i| + |-P_i|}{|+\Delta_i| + |-\Delta_i|} \tag{5-3}$$

式中,P_i 为第 i 次峰值荷载;Δ_i 为第 i 次峰值位移。

由图 5.14 和图 5.15 可知,不同设计参数 RC 框架柱试件的刚度退化曲线具有一定的相似性,即各试件的刚度均随水平位移的增大而不断减小;加载初期,试件位于弹性工作阶段,其刚度较大;出现裂缝后,试件刚度逐步退化;超过屈服位移后,各试件的刚度退化速率降低;达到峰值位移后,刚度退化速率趋于稳定,此时,试件裂缝已开展完成。随着冻融循环次数的增加,试件的初始刚度逐渐减小,其原因是冻融损伤引起混凝土弹性模量下降所致;冻融循环次数相同条件下,轴压比较大试件的初始刚度较大,但刚度退化速率较快,表现为其刚度退化曲线与小轴压比试件出现交点;冻融循环次数相同时,混凝土强度较高试件的刚度退化速率有所减缓。

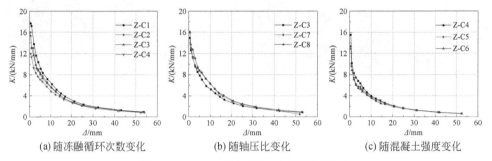

(a) 随冻融循环次数变化　　　　(b) 随轴压比变化　　　　(c) 随混凝土强度变化

图 5.14　λ＝5.0 RC 框架柱试件刚度退化

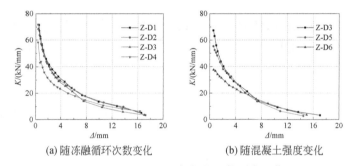

(a) 随冻融循环次数变化　　　　(b) 随混凝土强度变化

图 5.15　λ＝2.5 RC 框架柱试件刚度退化

5.4.5　耗能能力

在滞回曲线中,耗能能力表现为滞回环所包围的面积。滞回环越饱满、面积越大,试件的耗能能力越好。采用累积耗能指标 E 来评价框架柱试件的耗能能力,其从开始加载到破坏时滞回曲线所包围面积之和:

$$E = \sum_{i=1}^{n} E_i \qquad (5\text{-}4)$$

式中,E_i 为单次循环加载滞回环的面积。

各试件的累积耗能与柱顶水平位移的关系曲线如图 5.16 和图 5.17 所示。由图可见,随着加载循环次数的增加,不同试件的累积耗能差别逐渐明显。对于不同冻融循环次数框架柱试件,冻融试件耗能明显小于未冻融试件,而随着冻融损伤程度的加深,累积耗能略有减小,在极限点,冻融循环次数为 100 次的 Z-C2 试件相对于未冻融试件 Z-C1 的累积耗能减小了 12.6%,冻融循环次数为 300 次的 Z-C4 试件相对于未冻融试件减少了 23.3%。不同轴压比冻融框架柱试件,当柱顶水平位移达到 10mm 时,累积耗能曲线不再重合,而是随着轴压比的增长,累积耗能出现先显著增长后轻微下降的趋势。不同混凝土强度的冻融框架柱试件,其累积耗能能力随着混凝土强度的提高略有增强。

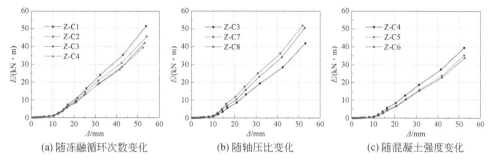

(a) 随冻融循环次数变化　　　(b) 随轴压比变化　　　(c) 随混凝土强度变化

图 5.16　$\lambda=5.0$ RC 框架柱试件累积耗能

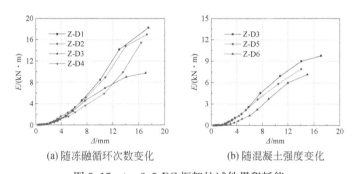

(a) 随冻融循环次数变化　　　(b) 随混凝土强度变化

图 5.17　$\lambda=2.5$ RC 框架柱试件累积耗能

5.5　冻融 RC 框架柱恢复力模型的建立

目前,国内外学者对 RC 压弯构件的恢复力特性进行了大量研究,并建立了多种恢复力模型[12,13],但尚无可考虑冻融影响的 RC 压弯构件恢复力研究。由前文冻融 RC 框架柱的抗震性能试验结果可知,在冻融循环作用下,RC 压弯构件的承载能力和变形能力逐步退化,滞回性能发生改变,若采用既有完好试件的恢复力模型对冻融 RC 结构进行抗震性能分析,势必会高估结构抵御地震灾害的能力。鉴于此,本书基于前文试验数据,参考国内外已有研究成果,拟建立能够考虑冻融损伤的钢筋混凝土压弯构件的恢复力模型,以期为寒冷地区 RC 结构的抗震性能分析奠定理论基础。

5.5.1　完好 RC 框架柱恢复力模型

1. 集中塑性铰模型基本思想

Haselton 和 Deierlein[14]与 Lignos 和 Krawinkler[15]在研究 RC 框架、钢框架结构的地震易损性时,采用基于梁柱塑性铰区弯矩-转角恢复力模型的集中塑性铰模型,实现了 RC 框架柱恢复力模型在构件或结构数值建模中的应用。该模型仅需要确定 RC 框架柱端部塑性铰区的弯矩与转角恢复力关系,就能够较为准确地模拟构件的非线性行为,且能够在保证模拟精度的前提下,降低计算成本。鉴于此,本节拟建立 RC 框架柱集中塑性铰区弯矩-转角恢复力模型,以便将其代入梁柱单元的集中塑性铰模型中,实现结构数值建模与分析。

RC 框架柱集中塑性铰模型建立的基本思想如图 5.18 所示。在强烈地震作用下,RC 框架柱端部一定范围内的纵向钢筋屈服,混凝土受压破碎剥落,使得该范围内各截面的曲率显著增大,形成塑性铰;而柱中部截面仍处于线弹性工作状态。因此,可取框架节点至柱反弯点之间的柱段为研究对象,并按照该柱段的受力特点和简化需求,将其简化为弹性杆单元和位于柱底部的非线性转动弹簧单元,即该柱段的集中塑性铰模型,其力学模型示意见图 5.18(e)。

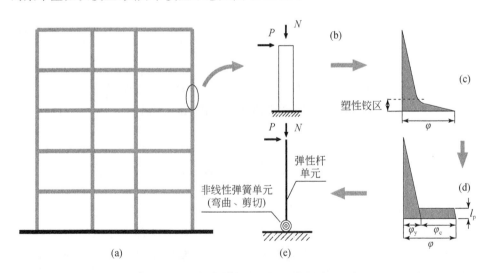

图 5.18　RC 框架柱集中塑性铰模型建立思想

需要指出的是,上述集中塑性铰模型中仅考虑了框架柱弯曲变形性能,而未考虑其剪切变形性能。既往研究表明,RC 框架柱在地震作用下将会发生弯曲型破坏、弯剪型破坏和剪切型破坏三种破坏模式。对于发生弯曲型破坏的 RC 框架柱,由于剪切变形在整体变形中所占的比例较小,故可以忽略剪切变形的影响。而对弯剪型破坏柱和剪切型破坏柱而言,剪切变形在构件整体变形中所占的比例则不能忽略。因此,在建立 RC 框架柱塑性铰区弯矩-转角恢复力模型的同时,也建立了 RC 框架柱的剪切恢复力模型,并将其引入塑性铰模型的非线性弹簧单元中(图 5.18(e)),以考虑剪切变形对结构抗震性能的影响。

2. 弯曲恢复力模型

建立恢复力模型的方法主要分为理论方法和试验拟合方法。对于未冻融 RC 框架柱,通过理论方法建立其柱底塑性铰区弯曲恢复力模型是可行的,但是对于冻融 RC 框架柱,由于其塑性铰区抗弯性能的劣化不仅受混凝土材料力学性能劣化的影响,还受钢筋与混凝土间黏结性能退化等复杂因素影响,通过理论方法建立其弯曲恢复力模型较为困难。而试验拟合方法能够在保证一定精度的条件下,综合考虑上述各因素对冻融 RC 框架柱抗震性能的影响。因此,首先通过理论方法建立未冻融 RC 框架柱塑性铰区弯曲恢复力模型,进而根据冻融 RC 框架柱试验结果,拟合得到考虑冻融损伤影响的骨架曲线特征点修正函数,并据此对未冻融 RC 框架柱的弯曲恢复力模型骨架曲线进行修正,得到冻融损伤影响的 RC 框架柱弯曲恢复力模型。

RC 框架柱集中塑性铰模型中的弯曲恢复力模型是描述柱端塑性铰区弯矩与转角滞回关系的数学模型,主要包括骨架曲线和滞回规则两部分。由试验研究结果可知,RC 框架柱受力过程中,柱端塑性铰区的弯矩-转角滞回曲线大致呈梭形,无明显捏拢现象,因此本节采用修正 I-K 模型建立其恢复力模型。I-K 模型的骨架曲线是带有下降段的三折线(图 4.19),各转折点分别对应柱端塑性铰区弯矩转角关系的屈服点(M_y, θ_y)、峰值点(M_c, θ_c)及极限点(M_u, θ_u),因此,仅需确定上述各特征点对应的弯矩 M 和转角 θ 就能够确定该弯曲恢复力模型的骨架曲线。根据基本力学原理可知,塑性铰区的转角 θ 等于该区段内截面曲率 φ 在塑性铰长度 l_p 上的积分,而弯矩 M 则近似等于柱底部截面的弯矩。因此,为确定该弯曲恢复力模型的骨架曲线,需要确定 RC 框架柱塑性铰区长度 l_p 以及截面弯矩曲率关系中各特征点的弯矩 M 与曲率 φ。

1) 塑性铰长度

对于塑性铰长度 l_p,目前国内外学者已经提出了多种计算方法[16-18],其中,Paulay 和 Priestley[18] 将塑性铰区的曲率分布模式简化为梯形(图 5.18(d)),给出了塑性铰长度计算公式,由于该分布模式便于塑性区转角 θ 计算且塑性铰长度计算公式简便,因此,本节采用 Priestley 等提出的塑性铰长度计算公式:

$$l_p = 0.08L + 0.022 f_y d_b \tag{5-5}$$

式中，l_p 为塑性铰长度；L 为构件高度，对于 RC 框架柱可取柱反弯点到柱端的距离；f_y 为纵筋屈服强度；d_b 为纵筋直径。

2) 各特征点的弯矩与曲率

根据已有研究成果[19]，本节分别取截面受拉区纵向钢筋应变达到屈服应变 ε_y、受压区非约束混凝土应变达到极限压应变 ε_{cu} 和受压区约束混凝土应变达到极限压应变 ε_{ccu} 时的曲率作为截面屈服曲率 φ_y、峰值曲率 φ_c 以及极限曲率 φ_u。在此基础上，以截面曲率 φ 为未知量，结合平截面假定（几何关系）以及钢筋、混凝土材料的单轴本构关系，得到以曲率 φ 表示的截面轴力平衡方程，如式(5-6)所示。通过求解该平衡方程可以得到各特征点的曲率 φ，进而由式(5-7)得到各特征点所对应的弯矩 M。

$$N = \int_A \sigma_c(\varphi) \mathrm{d}A + \sum_i^n \sigma_{si}(\varphi) A_{si} \tag{5-6}$$

$$M = \int_A \sigma_c(\varphi) y \mathrm{d}A + \sum_i^n \sigma_{si}(\varphi) A_{si} y_i \tag{5-7}$$

式中，N 为截面上作用的轴向压力；A、A_{si} 分别为混凝土截面面积和纵筋截面面积；$\sigma_c(\varphi)$、$\sigma_{si}(\varphi)$ 分别为以曲率 φ 表示的混凝土应力和纵筋应力；y、y_i 分别为混凝土纤维和纵筋到截面形心轴的距离。

然而，由于钢筋、混凝土本构关系的非线性以及纵向钢筋布置的非确定性，使得由式(5-6)直接得到截面各特征曲率的解析解变得较为困难。因此，本节参考文献[20]，编制了 MATLAB 程序，通过数值方法对各特征点弯矩曲率进行求解，具体求解步骤如图 5.19 所示。其中，混凝土本构关系采用 Mander 等[21]的模型，且不考虑混凝土受拉作用；钢筋本构关系采用 Maekawa 和 Dhakal[22]的模型，以考虑钢筋受压屈曲对截面力学性能的影响，其本构关系如图 5.20 所示。

3) 骨架曲线各特征点计算

根据式(5-5)确定的塑性铰长度 l_p 以及截面弯矩曲率关系中各特征点的弯矩 M 与曲率 φ，并近似取塑性铰区曲率分布模式为矩形，则由式(5-8)、式(5-9)得到柱端塑性铰区弯曲恢复力模型骨架曲线中各特征点的弯矩 M 和转角 θ。

$$M_i = M_{\varphi i} \tag{5-8}$$

$$\theta_i = l_{pi} \varphi_i \tag{5-9}$$

式中，θ_i 和 M_i 分别为特征点 i 的柱端塑性铰区弯矩和弯曲转角；φ_i 和 $M_{\varphi i}$ 分别为特征点 i 的截面曲率和弯矩；l_{pi} 为特征点 i 的塑性铰长度，由式(5-5)计算确定，当计算屈服转角时，由于柱端塑性区发展并不充分，因此，本节近似取

$$l_{pi} = 0.5 l_p \tag{5-10}$$

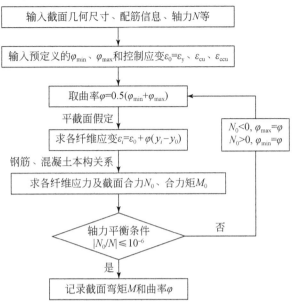

图 5.19　各特征点弯矩-曲率分析流程图

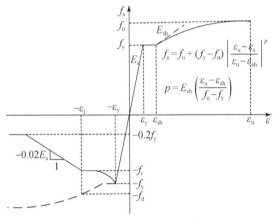

图 5.20　钢筋本构关系[22]

4)滞回规则

对于未受环境侵蚀作用影响的完好 RC 框架柱,其滞回规则控制参数 c 和 Λ 仍参考 Haselton 和 Deierlein[14]的建议,取 $c=1.0$,并按式(5-11)计算累积转动能力 Λ:

$$\Lambda = 30 \times 0.3^n \theta_{cap,pl} \tag{5-11}$$

式中,n 为框架柱构件轴压比;$\theta_{cap,pl}$ 为 RC 框架柱的塑性转动能力,可根据式(5-8)计算所得的峰值转角 θ_c 和屈服转角 θ_y 按公式 $\theta_{cap,pl} = \theta_c - \theta_y$ 计算得到。

3. 剪切恢复力模型

弯剪型或剪切型破坏 RC 框架柱的最终破坏是弯剪斜裂缝的深入开展、箍筋受拉屈服、剪压区混凝土压碎剥落所导致的,此时,柱的非线性剪切变形已经充分发展,由此引起的变形在柱整体变形所占比例已不能忽略。因此,需要在 RC 框架柱的数值模型中考虑剪切变形的影响。

Elwood[23]建议通过设置一个与弯曲弹簧串联的剪切弹簧单元来模拟 RC 框架柱的非线性剪切变形,其是目前国内外广泛使用的模拟弯剪型破坏构件非线性剪切行为的宏观数值模型。本节借鉴 Elwood[23]建议的方法,将非线性剪切弹簧加入柱单元的集中塑性铰模型中,并与弯曲弹簧串联,以建立适用于弯剪型或剪切型破坏 RC 框架柱的集中塑性铰模型。

在上述分析模型中,需要确定剪切弹簧单元中的剪切恢复力模型以及剪切破坏判定准则。对于完好 RC 框架柱,已有大量学者对其剪切恢复力模型和剪切破坏准则展开研究并取得了不少成果[23-25]。因此,本节参考已有研究成果,确定了完好 RC 框架柱的剪切恢复力模型和剪切破坏判断准则。

1)剪切骨架曲线

RC 框架柱在发生剪切破坏之前,由于剪切斜裂缝的开展,其抗剪刚度明显减小;当剪力达到峰值剪力后进入剪切破坏阶段,其受剪承载力迅速退化。因此,可以将 RC 框架柱的剪力-剪切变形骨架曲线简化为带有下降段的三折线,如图 5.21 所示。对于完好 RC 框架柱,其剪切骨架曲线上开裂点、峰值点以及丧失轴向承载力点的剪力和剪切变形,国内外学者已开展了大量研究,并取得了一定的成果,因此,结合已有研究成果[23],本节给出各特征点的剪力及剪切变形的计算公式见式(5-12)~式(5-17)。

$$V_{s,cr} = v_b A_e + 0.167hN/a \tag{5-12a}$$

$$v_b = (0.067 + 10\rho_s)\sqrt{f_c} \leqslant 0.2\sqrt{f_c} \tag{5-12b}$$

$$\Delta_{s,cr} = 3V_{s,cr}L/E_cA_e \tag{5-13}$$

$$V_{s,c} = \frac{1.75}{\lambda + 1}f_t bh_0 + \frac{A_{sv}f_{yv}h_0}{s} + 0.07N \tag{5-14}$$

$$\Delta_{s,c} = \frac{V_s L}{bh_0}\left(\frac{1}{\rho_{sv}E_s} + \frac{4}{E_c}\right) \tag{5-15}$$

$$V_s = \frac{A_{sv}f_{yv}h_0}{s} \tag{5-16}$$

$$\Delta_{s,f} = V_{s,c}/k_{det} + \Delta_{s,c} \tag{5-17a}$$

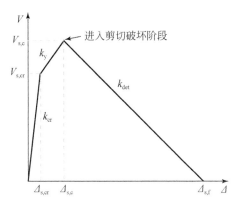

图 5.21　剪切滞回模型骨架曲线

$$k_{\text{det}} = \left(\frac{1}{k_{\text{det}}^{t}} - \frac{1}{k_{\text{unload}}} \right) - 1 \tag{5-17b}$$

$$k_{\text{det}}^{t} = -4.5N \left(4.6 \frac{A_{\text{sv}} f_{\text{yv}} h_0}{Ns} + 1 \right)^2 / L \tag{5-17c}$$

式中,$V_{\text{s,cr}}$、$V_{\text{s,c}}$分别为骨架曲线中的开裂剪力和峰值剪力;$\Delta_{\text{s,cr}}$、$\Delta_{\text{s,c}}$、$\Delta_{\text{s,f}}$分别为开裂剪切变形、峰值剪切变形以及丧失轴向承载力时的剪切变形;N 为柱轴向压力;b、h、h_0分别为柱截面宽度、沿加载方向截面高度及有效截面高度;a 为柱剪跨段长度,对于悬臂柱可取其柱高 L,对于框架柱可近似取柱高的 $1/2$;A_{e}、A_{g}、A_{sv}分别为柱截面有效面积、总截面面积以及同一截面内全部箍筋的截面面积,取 $A_{\text{e}}=0.8A_{\text{g}}$;$\rho_{\text{s}}$ 为纵向受拉钢筋配筋率;ρ_{sv}、s 分别为柱配箍率及箍筋间距;f_{c}、f_{t}、f_{yv}分别为混凝土轴心抗压强度、抗拉强度及箍筋屈服强度,可近似取 $f_{\text{t}}=0.1 f_{\text{c}}$;$E_{\text{c}}$、$E_{\text{s}}$分别为混凝土和箍筋的弹性模量;$k_{\text{det}}$为剪切骨架曲线中的退化斜率(图 5.18);$k_{\text{det}}^{t}$ 为试件整体骨架曲线的退化斜率;k_{unload}为试件整体滞回曲线的卸载刚度,悬臂柱可取其初始弯曲刚度,即 $k_{\text{unload}}=3E_{\text{c}}I/L^3$,框架柱则取其抗侧刚度,即 $K_{\text{unload}}=12E_{\text{c}}I/L^3$。

2)剪切破坏判定准则

随着往复荷载的不断增加,RC 框架柱的抗剪性能不断劣化,当构件位移达到某一幅值时,构件的抗剪能力低于其实际承受的剪力,构件随即发生剪切破坏。为准确捕捉 RC 框架柱剪切极限点,本节采用 Elwood[23] 提出的剪切极限曲线作为 RC 框架柱剪切破坏的判定准则。该极限曲线反映了 RC 框架柱抗剪承载力 V 与柱顶水平位移 Δ 的关系,当柱顶水平位移达到某一幅值时,剪切极限曲线与未考虑抗剪性能影响时柱的骨架曲线相交(图 5.22),柱进入剪切破坏阶段,其受力性能由剪切恢复力模型主导。对于完好的 RC 框架柱,剪切极限曲线可由 Elwood[23] 建议的式(5-18)确定。

$$\frac{\Delta}{L} = \frac{3}{100} + 4\rho_{sv} - \frac{1}{40}\frac{v}{\sqrt{f_c}} - \frac{1}{40}\frac{N}{A_g f_c} \tag{5-18}$$

式中,Δ 为柱顶水平位移;L 为构件高度,对于 RC 框架柱可取柱反弯点到柱底的距离;ρ_{sv} 为柱底塑性铰区配箍率;v 为名义剪应力,$v = V/bh$,其中 b、h 分别为柱截面宽度和高度,V 为柱顶水平位移 Δ 时柱抗剪承载力;f_c 为混凝土抗压强度;N 为柱顶轴力;A_g 为柱截面面积。

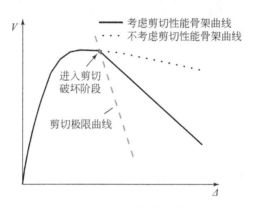

图 5.22　剪切极限曲线

需要指出的是,Elwood[23]建立的剪切极限曲线公式是基于 50 个弯剪型破坏柱试验结果经统计分析建立的经验公式,Setzler 和 Sezen[25]采用 Elwood 等建议的剪切极限曲线公式对不同破坏模式的 RC 框架柱进行模拟,表明该公式对弯剪型破坏柱的模拟效果较好,但并不适用于弯曲型破坏柱。因此,在使用式(5-18)考虑柱剪切破坏影响时,应先判断柱的破坏模式。

Setzler 和 Sezen[25]根据构件抗弯承载力和抗剪承载力的相对关系,将框架柱的破坏模式进行了分类,并指出:当 $V_n/V_{pc} > 1.05$ 时,构件基本发生弯曲型破坏,其中,V_n 为构件的抗剪承载力,可根据式(5-14)计算;V_{pc} 为构件的抗弯承载力,可按式(5-19)计算。因此,本节在对 RC 框架柱进行数值模拟时,首先根据 Setzler 和 Sezen[25]建议的分类方法,判断构件的破坏模式,进而对弯剪型破坏或剪切型破坏 RC 框架柱采用式(5-19)捕捉剪切极限点,而对于弯曲型破坏柱则认为剪切破坏不会发生,不捕捉其剪切极限点。

$$V_{pc} = (M_c - N\theta_c L)/L \tag{5-19}$$

式中,M_c、θ_c 分别为柱端塑性铰的峰值弯矩和峰值转角,可由式(5-8)和式(5-9)计算得到。

3)滞回规则

Elwood[23]将所建立的剪切极限曲线引入有限元分析软件 OpenSees 中,开发了极限状态材料(limit state material)模型,该模型在骨架曲线以及滞回规则等方面均与 Hysteretic 模型相同,唯一不同之处是在 Hysteretic 模型的基础上,加入了考虑剪切破坏准则的剪切极限曲线(shear limit curve),以捕捉剪切极限点。采用该模型模拟剪切型和弯剪型破坏的 RC 框架柱剪切变形;而对弯曲型破坏柱,则采用 Hysteretic 模型模拟剪切变形,即不捕捉其剪切极限点。

　　Hysteretic 模型是一种能够反映构件加载过程中强度退化、卸载刚度退化以及捏拢效应的理想三折线模型,其输入参数中包括 6 个骨架曲线控制参数和五个滞回规则控制参数。其中,骨架曲线的控制参数为屈服剪力 F_y、屈服剪切变形 γ_y、峰值剪力 F_c、峰值剪切变形 γ_c、极限剪力 F_u 和极限剪切变形 γ_u,根据上述六个参数,可以确定该滞回模型的骨架曲线如图 5.23 所示。此外,该模型的滞回规则控制参数为基于延性的强度退化控制参数 \$Damage1、基于能量耗散的强度退化控制参数 \$Damage2、卸载刚度退化控制参数 β、变形捏拢参数 p_x 以及力捏拢参数 p_y,现分别对上述各滞回特性的控制规则予以叙述。

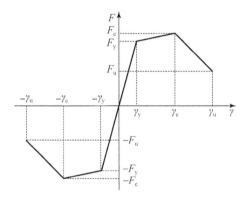

图 5.23　滞回模型的骨架曲线示意图

(1)强度退化。

　　该模型中的强度退化特性可以通过基于延性和基于能量耗散的两种模式分别进行考虑,其中,基于延性的强度退化模式通过参数 \$Damage1 按式(5-20)进行控制;基于能量耗散的强度退化模式通过参数 \$Damage2 按式(5-21)进行控制。

$$F_i = \$Damage1 \cdot mu^{-1} \cdot F_{i-1} \tag{5-20}$$

$$F_i = \$Damage2 \cdot \frac{E_{i-1}}{E_{ult}} \cdot F_{i-1} \tag{5-21}$$

式中,F_i、F_{i-1} 分别为第 i、$i-1$ 个循环下的强度;\$Damage1、\$Damage2 分别为基于延性和基于能量耗散的强度退化控制参数;$mu = \gamma_i / \gamma_y$ 为最大位移与屈服变形之比,其中 γ_i 为第 i 个加载循环下的最大位移,γ_y 为构件的屈服位移;E_{i-1} 为第 $i-1$ 个循环下的滞回耗能;E_{ult} 为总耗能能力,可以由骨架曲线包围的面积确定。

(2)卸载刚度退化。

该模型中的卸载刚度退化特性可以通过参数 β 控制,具体控制规则可以按照式(5-22)确定。其中,K_i、K_e 分别为第 i 个循环下的卸载刚度和初始刚度。

$$K_i = K_e \cdot \mathrm{mu}^{-\beta} \tag{5-22}$$

(3)捏拢效应。

该模型中可以通过参数 p_x 和 p_y 控制试件加载过程的捏拢效应,其示意图如图5.24所示。其中,p_x 为变形捏拢参数,用以控制再加载曲线的拐点的横坐标(控制方程见式(5-23));p_y 为力捏拢参数,用以控制再加载曲线的拐点的纵坐标(控制方程见式(5-24))。

$$F_L = p_y F_{pi} \tag{5-23}$$
$$\gamma_L = p_x(\gamma_N - \gamma_Q) + \gamma_Q \tag{5-24}$$

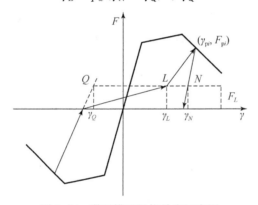

图5.24　滞回模型捏拢效应示意图

极限状态材料模型和 Hysteretic 模型具有相同的滞回规则,Jeon 等[26]通过对试验数据进行统计分析,给出了通过极限状态材料模型模拟剪切变形时的捏拢效应控制参数取值:$p_x = 0.40$；$p_y = 0.35$；对于强度退化和刚度退化控制参数,本节则建议取 \$Damag1=0.0、\$Damag2=0.2、$\beta=0.5$,以考虑往复加载过程中剪切滞回曲线的强度和刚度退化特性。

5.5.2　冻融损伤 RC 框架柱恢复力模型

1. RC 框架柱弯曲恢复力模型

1)骨架曲线

由冻融大气环境下剪跨比为 5 的 RC 框架柱试验结果可以发现,轴压比 n 和冻融损伤程度(采用动弹性模量损失率 D 表示,具体计算方法见第 4 章)均对试件

的弯曲性能产生不同程度的影响,因此,本节选取轴压比和冻融损伤程度为参数,
对完好 RC 框架柱弯曲恢复力模型的骨架曲线各特征点进行修正,公式如下:

$$M_{id} = f_i(n, D)M_i \tag{5-25}$$

$$\theta_{id} = g_i(n, D)\theta_i \tag{5-26}$$

式中,M_{id}、θ_{id} 分别为考虑冻融影响试件的特征点 i 的柱端塑性铰区弯矩和转角;
M_i、θ_i 分别为未冻融试件特征点 i 柱端塑性铰区弯矩和转角;$f_i(n, D)$、$g_i(n, D)$ 分
别为特征点 i 考虑冻融影响的弯曲承载力和转角修正函数。

由试验结果知,轴压比相同时,随着冻融损伤程度的增大,冻融试件各特征点
的弯曲承载力修正函数 $f_i(n, D)$ 呈下降趋势,屈服转角修正函数呈现上升趋势,且
近似呈线性变化趋势,而峰值转角与极限转角修正函数则呈现先增大后减小的趋
势;冻融损伤程度相近时,随着轴压比的增大,屈服、峰值和极限弯曲承载力修正函
数均呈先上升随后下降的趋势,而各特征点转角则与轴压比参数无明显相关性,故
在随后的转角修正函数中不再考虑这一因素。鉴于此,并考虑边界条件,本节将弯
曲承载力修正函数 $f_i(n, D)$ 确定为式(5-27)的形式,屈服转角修正函数确定为式
(5-28)的形式,峰值转角和极限转角修正函数确定为式(5-29)的形式,具体如下
所示:

$$f_i(n, D) = aD^2 n^2 + bDn + cD + 1 \tag{5-27}$$

$$g_y(D) = kD + 1 \tag{5-28}$$

$$g_i(D) = a'D^2 + b'D + 1 \tag{5-29}$$

式中,a、b、c 和 k 均为拟合参数。其中,对于极限弯曲承载力,根据普遍接受的准
则,取为水平力下降至峰值荷载的 85% 对应的点,考虑 P-Δ 效应后,根据本试验研
究结果,并参考文献[27],取 $M_{ud} = 0.95M_{pd}$。通过 1stopt 软件对各特征点弯曲承
载力和转角修正系数进行参数拟合,得到冻融 RC 框架柱塑性铰区弯曲恢复力模
型骨架曲线中各特征点计算公式如下。

(1)屈服弯矩和屈服转角:

$$M_{yd} = (-7.55D^2 n^2 + 2.54Dn - 1.87D + 1)M_y \tag{5-30}$$

$$\theta_{yd} = (0.496D + 1)\theta_y \tag{5-31}$$

(2)峰值弯矩和峰值转角:

$$M_{cd} = (26.61D^2 n^2 + 5.62Dn - 2.58D + 1)M_c \tag{5-32}$$

$$\theta_{cd} = (-7.83D^2 + 1.32D + 1)\theta_c \tag{5-33}$$

(3)极限弯矩和极限转角:

$$M_{ud} = 0.95M_{cd} \tag{5-34}$$

$$\theta_{ud} = (-9.03D^2 + 1.84D + 1)\theta_u \tag{5-35}$$

式中,n 为构件的轴压比;D 为冻融损伤试件的动弹性模量损失率,$D =$

$1-E_{c,d}^{dyn}/E_c^{dyn}$，其中 $E_{c,d}^{dyn}=(f_{c,d}-12.5)\times10^4/7$，$E_{c,d}=1.25E_{c,d}^{dyn}-1.9\times10^4$；$M_i$、$\theta_i$ 分别为未冻融试件特征点 i 的柱端塑性铰区弯矩和转角，按式(5-8)和式(5-9)计算；M_{id}、θ_{id} 分别为考虑冻融损伤影响的特征点 i 的柱端塑性铰区弯矩和转角。

2)滞回规则

与完好 RC 框架柱一致，本节采用修正 I-K 模型建立冻融大气环境 RC 框架柱塑性铰区弯曲恢复力模型，其滞回规则控制参数取值方法与完好 RC 框架柱相同（见 5.5.1 节）。但其中涉及的参数塑性转动能力 $\theta_{cap,pl}$ 应根据式(5-31)和式(5-33)所得的 θ_{yd} 和 θ_{cd} 计算确定，即 $\theta_{cap,pl}=\theta_{cd}-\theta_{yd}$。同理，按照完好 RC 框架柱的塑性转动能力公式(5-11)计算冻融环境下 RC 框架柱的滞回规则控制参数 Λ，实质上是通过冻融损伤构件的塑性转动能力 $\theta_{cap,pl}$ 来间接考虑混凝土冻融损伤的影响。

2. RC 框架柱剪切恢复力模型

1)骨架曲线

RC 框架柱抗剪性能主要受剪压区混凝土以及与斜裂缝相交的箍筋抗剪性能影响。在冻融循环作用下，RC 框架柱中混凝土的抗压强度退化显著，而钢材性能则较为稳定，这说明冻融循环作用对 RC 框架柱抗剪性能的影响主要体现为对剪压区混凝土抗剪性能的影响。鉴于此，本节在建立冻融 RC 框架柱剪切恢复力模型的骨架曲线时，仍采用式(5-12)~式(5-17)计算，并考虑混凝土的冻融损伤对柱斜截面抗剪性能的影响，即采用冻融损伤后的混凝土抗压强度 f_c^d、抗拉强度 f_t^d 和弹性模量 E_c^d 等参数计算剪切恢复力模型骨架曲线上各特征点的特征参数。其中，f_c^d 的取值见 2.3.3 节，f_t^d 按照文献[28]所提出的式(5-36)进行计算，而 $E_c^d=P_iE_c$（其中，P_i 计算方法见 2.3.3 节）。

$$f_t^d=0.027\,(f_c^d)^{1.2} \tag{5-36}$$

将所得的 f_c^d、f_t^d 和 E_c^d 代入式(5-17)~式(5-26)，并替换公式中的 f_c、f_t 和 E_c，即可得到考虑冻融损伤的 RC 框架柱剪切恢复力模型的骨架曲线。

2)剪切破坏判定准则

对于冻融 RC 框架柱剪切极限点捕捉方法，由于已有研究成果较少，本节仍按照 Elwood[23]建立的剪切极限曲线对其进行捕捉，并考虑混凝土冻融对其影响，采用冻融混凝土强度 f_c^d 确定剪切极限曲线。

考虑到 Elwood[23]建立的剪切极限曲线并不适用于弯曲型破坏柱的事实，在建立冻融 RC 框架柱的剪切恢复力模型时，仍需首先判断冻融 RC 框架柱的破坏模式。鉴于目前对冻融 RC 框架柱破坏模式判断方法的研究并未见报道，本节仍参考 Setzler 和 Sezen[25]建议的完好 RC 框架柱破坏模式判定标准对冻融 RC 框架柱的破坏模式进行判定，具体判定方法见 5.5.1 节所述。需要指出的是，判定公式

中的抗剪承载力 V_n、抗弯承载力 V_{pc}、峰值弯矩 M_c 以及峰值转角 θ_c 均应取为考虑混凝土冻融作用影响的相关值,即采用 5.5.1 节所述相关公式及方法计算上述各参数。

3) 滞回规则

与完好 RC 框架柱一致,本节仍采用极限状态材料和 Hysteretic 模型建立冻融大气环境下冻融损伤 RC 框架柱的剪切恢复力模型,其中极限状态材料模型用已建立的弯剪型或剪切型破坏柱的剪切恢复力模型,而 Hysteretic 模型用已建立的弯曲破坏柱的恢复力模型。对于其滞回规则控制参数的取值,鉴于目前相关研究成果较少,本节将其取为与完好 RC 框架柱相同的值,即取 $p_x=0.40$、$p_y=0.35$、\$Damag1$=0.0$、\$Damag2$=0.2$、$\beta=0.5$,并通过与试验结果对比,验证了上述取值的合理性。

5.5.3　恢复力模型验证

采用 5.5.2 节所建立的冻融环境下损伤 RC 框架柱的弯曲和剪切恢复力模型,按照 5.5.1 节所述方法建立 RC 框架柱的数值模型并对其进行模拟分析,将分析结果与试验结果对比,以验证所建立的恢复力模型的准确性,验证结果如图 5.25 所示。

可以看出,采用上述模型模拟所得试件的滞回曲线与试验滞回曲线在承载能力、变形能力、刚度退化、强度退化和耗能等方面均符合较好,说明本节所建立的冻融 RC 框架柱恢复力模型,能够较准确地反映冻融 RC 框架柱的力学性能及抗震性能,故可用于冻融环境下多龄期 RC 结构数值建模与分析。

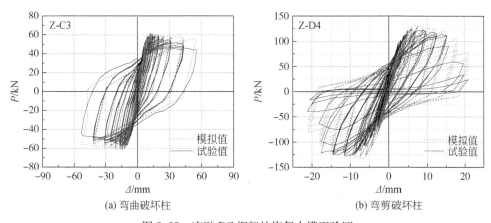

(a) 弯曲破坏柱　　　　　　　　　　　(b) 弯剪破坏柱

图 5.25　冻融 RC 框架柱恢复力模型验证

5.6　本章小结

　　为揭示冻融环境下 RC 框架柱的抗震性能劣化规律,本章基于人工气候试验技术,对不同变化参数 RC 框架柱构件依次进行了加速冻融试验和拟静力试验,研究了不同冻融循环次数、混凝土强度以及轴压比对 RC 框架柱抗震性能的影响,并结合试验研究结果和理论分析方法建立了冻融 RC 框架柱的恢复力模型。主要结论如下:

　　(1)在人工气候实验室环境下,RC 框架柱试件经冻融循环后,表面均出现较为明显的冻胀裂缝,且随着冻融损伤程度的增加,裂缝由纵向分布发展至网状分布,且多发生于柱端部区域。

　　(2)剪跨比为 5.0 的 RC 框架柱试件均呈现弯曲破坏;剪跨比为 2.5 的 RC 框架柱试件基本呈现以剪切变形为主的弯剪破坏,但随着冻融损伤程度的加剧,其破坏形态逐步由弯剪破坏向剪弯破坏转变。

　　(3)随着冻融循环次数的增加,各试件的承载能力,变形能力和耗能能力均呈现出不同程度的退化,强度退化和刚度退化速率不断加快;相同冻融循环次数下,随着轴压比的增大,RC 框架柱试件逐渐由大偏心受压破坏转变为小偏心受压破坏,其承载力和耗能能力先增大后减小,而变形能力则逐渐减小,刚度退化速率不断加快;相同冻融循环次数下,随着混凝土强度的增大,试件的承载力和耗能能力增大,延性减小。

　　(4)采用所建立的冻融 RC 框架柱恢复力模型,基于 OpenSees 有限元分析软件对两种剪跨比的冻融 RC 框架柱拟静力试验进行了数值模拟,并与试验结果进行对比分析,模拟所得的滞回曲线、骨架曲线以及耗能能力均与试验数据符合较好,表明所建立的冻融 RC 框架柱恢复力模型能够较准确地反映冻融损伤对 RC 框架柱力学性能和抗震性能的影响,可用于冻融环境下在役 RC 结构抗震性能分析与评估。

参 考 文 献

[1] 钱稼茹,冯宝锐. 不同抗震等级钢筋混凝土柱抗震性能试验研究[J]. 建筑结构学报,2014,35(7):105-114.

[2] Meda A,Mostosi S,Rinaldi Z,et al. Experimental evaluation of the corrosion influence on the cyclic behaviour of RC columns [J]. Engineering Structures,2014,76:112-123.

[3] Xu S H,Li A B,Ji Z Y,et al. Seismic performance of reinforced concrete columns after freeze-thaw cycles[J]. Construction and Building Materials,2016,102:861-871.

[4] 中华人民共和国住房和城乡建设部. 建筑抗震试验规程(JGJ/T 101—2015)[S]. 北京:中国

建筑工业出版社,2015.

[5] 中华人民共和国住房和城乡建设部. 混凝土结构设计规范(2016 年版)(GB 50010—2010) [S]. 北京:中国建筑工业出版社,2016.

[6] 中华人民共和国住房和城乡建设部,中华人民共和国国家质量监督检验检疫总局.建筑抗震 设计规范(2016 年版)(GB 50011—2010)[S]. 北京:中国建筑工业出版社,2016.

[7] 中华人民共和国国家质量监督检验检疫总局,中国国家标准化管理委员会.金属材料 拉伸 试验 第 1 部分:室温试验方法(GB/T 228.1—2010)[S]. 北京:中国标准出版社,2010.

[8] Fagerlund G. A service life model for internal frost damage in concrete [R]. Lund: Lund Institute of Technology, Sweden Report TVBM-3119, 2004.

[9] Hanjari K Z, Utgenannt P, Lundgren K. Experimental study of the material and bond properties of frost-damaged concrete [J]. Cement and Concrete Research. 2011, 41 (3): 244-254.

[10] Mahin S A, Bertero V V. Problems in establishing and predicting ductility in aseismic design [C]. Proceedings of the International Symposium on Earthquake Structural Engineering, St. Louis, 1976: 613-628.

[11] 商怀帅. 引气混凝土冻融循环后多轴强度的试验研究[D]. 大连:大连理工大学,2006.

[12] 郭子雄,吕西林. 高轴压比框架柱恢复力模型试验研究[J]. 土木工程学报,2004,37(5): 32-38.

[13] Zhang L X, Wu P C, Ni G H. Study on moment-curvature hysteretic model of steel reinforced concrete column[J]. Advanced Materials Research, 2011, 250-253: 2749-2753.

[14] Haselton C B, Deierlein G G. Assessing Seismic Collapse Safety of Modern Reinforced Concrete Frame Buildings [R]. Stanford: Stanford University, Blume Earthquake Engineering Center Technical Report No. 156, 2007.

[15] Lignos D G, Krawinkler H. Development and utilization of structural component databases for performance-based earthquake engineering[J]. Journal of Structural Engineering ASCE, 2013, 139(8): 1382-1394.

[16] 艾庆华,王东升,李宏男,等. 基于塑性铰模型的钢筋混凝土桥墩地震损伤评价[J]. 工程力 学,2009,26(4):158-166.

[17] 仇建磊,张艳青,贡金鑫. 钢筋混凝土柱等效塑性铰长度计算研究[J]. 大连理工大学学报, 2017(6):38-45.

[18] Paulay T, Priestley M J N. Seismic Design of Reinforced Concrete and Masonry Buildings [M]. Wiley, 1992.

[19] 梁兴文,赵花静,邓明科. 考虑边缘约束构件影响的高强混凝土剪力墙弯矩-曲率骨架曲线 参数研究[J]. 建筑结构学报,2009,(s2):62-67.

[20] 周基岳,刘南科. 钢筋混凝土框架非线性分析中的截面弯矩-曲率关系[J]. 土木建筑与环 境工程,1984,(2):23-38.

[21] Mander J B, Priestley M J N, Park R. Theoretical stress-strain model for confined concrete [J]. Journal of Structural Engineering ASCE, 1988, 114(8): 1804-1826.

[22] Maekawa K, Dhakal R P. Modeling for postyield buckling of reinforcement[J]. Journal of Structural Engineering, 2002, 128(9): 1139-1147.

[23] Elwood K J. Modeling failures in existing reinforced concrete columns[J]. Canadian Journal of Civil Engineering, 2004, 31(5): 846-859.

[24] Sezen H, Chowdhury T. Hysteretic model for reinforced concrete columns including the effect of shear and axial load failure[J]. Journal of Structural Engineering, 2009, 135(2): 139-146.

[25] Setzler E J, Sezen H. Model for the lateral behavior of reinforced concrete columns including shear deformations[J]. Earthquake Spectra, 2008, 24(2): 493-511.

[26] Jeon J S, Lowes L N, Desroches R, et al. Fragility curves for non-ductile reinforced concrete frames that exhibit different component response mechanisms[J]. Engineering Structures, 2015, 85: 127-143.

[27] 冯宝锐. 钢筋混凝土柱抗震性能点转角研究[D]. 北京:清华大学, 2014.

[28] Hanjari K Z, Kettil P, Lundgren K. Modelling the structural behaviour of frost-damaged reinforced concrete structures[J]. Structure and Infrastructure Engineering, 2013, 9(5): 416-431.

第6章 冻融RC框架梁柱节点抗震性能试验研究

6.1 引 言

节点是 RC 框架结构中受力较为复杂的部位,冻融循环作用不仅对混凝土材料的力学性能产生影响,也会使钢筋与混凝土之间的黏结性能发生明显劣化[1-2],而梁纵筋同节点核心区混凝土之间的黏结性能将直接决定节点桁架机构和斜压杆机构各自传递的水平剪力在节点总水平剪力中所占的比例,从而影响节点的最终破坏形态[3]。因此,简单地认为冻融损伤导致混凝土材料力学性能退化而使节点抗震性能劣化并不合理。鉴于此,本章以冻融循环次数、轴压比和剪压比作为试验设计变量,共设计制作 20 榀 RC 框架节点试件,先后对其进行人工气候环境加速冻融试验与低周反复荷载试验,从试件破坏模式、承载力、变形能力、耗能能力等抗震性能指标变化出发,研究各试验设计变量对冻融 RC 框架节点抗震性能退化规律的影响,进而建立考虑冻融损伤的 RC 框架节点恢复力模型,以期为冻融环境中的 RC 框架结构弹塑性地震反应分析奠定理论基础。

6.2 试 验 方 案

6.2.1 试件设计

RC 框架梁柱节点试件设计时,若设计参数位于坐标系 $V_{jh}/(f_cb_jh_j)$-$\rho_{sh}f_{yv}/f_c$ 中的 V 区[3](其中,$V_{jh}/(f_cb_jh_j)$ 为剪压比,V_{jh} 为节点核心区受剪承载力,f_c 为混凝土轴心抗压强度,b_j、h_j 分别为节点核心区有效宽度和高度;$\rho_{sh}f_{yv}/f_c$ 为节点核心区配箍特征值,ρ_{sh} 为核心区体积配箍率,f_{yv} 为箍筋屈服强度),则试件破坏特征是:梁端先屈服,梁端屈服之后,节点核心区随着水平荷载的增加,最终发生斜压破坏。本研究节点梁柱组合体试件参数设计满足文献[3] V 区要求。考虑到试件需放入人工气候实验室中进行冻融循环试验,取试件缩尺比例为 1:2,共设计制作 20 榀 RC 框架节点梁柱组合体试件。为考察冻融节点组合体试件的抗震性能,改变试件冻融循环次数、轴压比和剪压比,其余设计参数保持不变,其中剪压比通过改变混凝土设计强度等级控制,各试件参数见表 6.1。本试验中组合体试件梁截面尺寸均为 130mm

×200mm,柱截面尺寸为200mm×200mm,核心区箍筋均为φ6@60,而加载端则采用箍筋加密防止混凝土被局部压碎,详细配筋如图6.1所示。

表 6.1　试件设计参数

试件编号	轴压比 $N/f_c b_c h_c$	剪压比 $V_{jh}/f_c b_j h_j$	配箍量	配箍特征值 $\rho_{sv} f_{yv}/f_c$	冻融循环次数
JD-1	0.196	0.359	2φ6	0.052	300
JD-2	0.191	0.208	2φ6	0.030	300
JD-3	0.193	0.285	2φ6	0.041	300
JD-4	0.051	0.208	2φ6	0.030	300
JD-5	0.332	0.208	2φ6	0.030	300
JD-6	0.191	0.208	2φ6	0.030	0
JD-7	0.191	0.208	2φ6	0.030	100
JD-8	0.191	0.208	2φ6	0.030	200
JD-9	0.332	0.208	2φ6	0.030	0
JD-10	0.332	0.208	2φ6	0.030	100
JD-11	0.332	0.208	2φ6	0.030	200
JD-12	0.193	0.285	2φ6	0.041	0
JD-13	0.193	0.285	2φ6	0.041	100
JD-14	0.193	0.285	2φ6	0.041	200
JD-15	0.051	0.208	2φ6	0.030	0
JD-16	0.051	0.208	2φ6	0.030	100
JD-17	0.051	0.208	2φ6	0.030	200
JD-18	0.196	0.359	2φ6	0.052	0
JD-19	0.196	0.359	2φ6	0.052	100
JD-20	0.196	0.359	2φ6	0.052	200

试件混凝土设计强度等级分别为C30、C40和C50,其实测立方体抗压强度详见表2.2。试件箍筋采用HPB300级钢筋,纵筋采用HRB400级钢筋,其实测强度和弹性模量见表6.2。

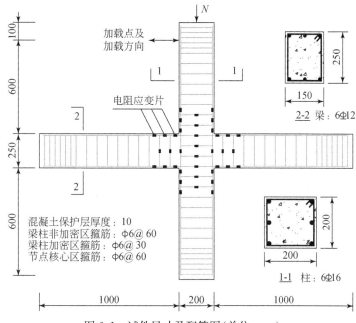

图 6.1　试件尺寸及配筋图(单位:mm)

表 6.2　钢筋实测强度和弹性模量

钢筋类别	实测屈服强度 f_y/MPa	实测极限强度 f_u/MPa	弹性模量 E_s/MPa
Φ 6	270	470	2.1×10^5
Φ 12	409	494	2.0×10^5
Φ 16	370	504	2.0×10^5

6.2.2　冻融循环试验方案

冻融循环试验在西安建筑科技大学人工气候实验室进行,具体冻融环境参数设置及冻融过程控制方案详见第 2 章。为实现较好的冻融效果,使试件处于饱和水状态下,具体实施方案为:试件冻融前一周,将试件从养护地点取出,进行外观检查,然后在温度为 15~20℃ 的水中浸泡一周,浸泡时水面至少高出试件表面20mm,且冻融循环开始前向试件表面喷水至构件表面混凝土不再吸收水分为止。

6.2.3　拟静力加载与量测方案

1. 加载方案

试验加载在西安建筑科技大学结构工程与抗震教育部重点实验室完成,加载装置如图 6.2 所示。首先施加柱顶轴压力至设定轴压比,并使轴向力 N 在试验过程中保持不变,然后在柱顶施加水平往复荷载 P,采用荷载、位移混合加载制度,试件屈服以前,采用荷载控制并分级加载,荷载增量为 ±5kN,每级控制荷载往复循环 1 次;加载至梁纵筋屈服后,以屈服位移为级差进行位移控制加载,每级控制位移循环 3 次;当荷载下降至峰值荷载的 85% 之后或试件破坏明显时停止加载,加载制度见图 6.3。

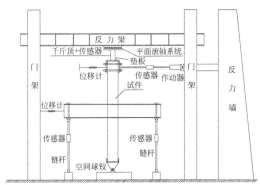

图 6.2　RC 梁柱节点试件加载示意与装置

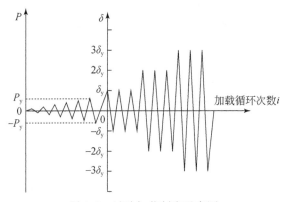

图 6.3　试验加载制度示意图

2. 量测方案

本试验过程中具体量测及观测内容如下:

(1)柱顶轴向压力及左右梁端竖向拉压荷载值,由荷载传感器量测。

(2)靠近节点核心区梁、柱端部一定范围内纵筋和平行于截面剪力方向箍筋应变,节点核心区内平行于剪力方向和垂直于剪力方向的箍筋应变,应变测点的布置如图 6.4(a)所示。

(3)节点核心区的剪切变形,柱顶、柱底位移,梁端位移以及梁柱相对转角,位移计的布置如图 6.4(b)所示。

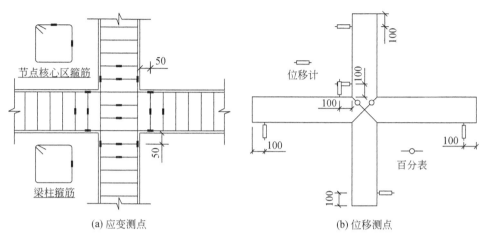

(a) 应变测点　　　　　　　　　　　　　(b) 位移测点

图 6.4　应变和位移测点布置(单位:mm)

6.3　试验现象与分析

6.3.1　试件冻融损伤形态

人工气候加速冻融试验完成后,不同冻融程度 RC 梁柱节点试件的表观形态如图 6.5 所示。可以看出,随着冻融循环次数的增加,混凝土冻融损伤逐步加重,试件表面不再光滑,微裂纹增多,宽度变大,表皮变酥,局部出现缺角、掉皮,粗细骨料外露;当冻融循环次数达到 300 次时,梁柱端部表面混凝土裂缝发展相对严重,节点核心区混凝土表面裂缝发展则较轻,只有少量微裂缝产生。这是由于梁柱端部混凝土处于三面受冻状态,而节点核心区只有单面受冻。

值得注意的是,本试验中混凝土冻融损伤没有出现严重的表面剥蚀现象,这同传统的“水冻水融”混凝土损伤现象存在差别。文献[4]中提到冻融剥蚀主要发生在局部浸湿或者虽然在空气中受冻,但表面附有水层的条件下,而本试验中试件在冻融循环过程中混凝土表面相对干燥,与文献[4]中剥蚀需具备的条件存在一定的差异。文献[4]中剥蚀现象可以解释为,在混凝土表面水层受冻后形成冰层,包裹在冰层下混凝土中的毛细水将对冰层产生巨大的静水压力,冰层所附着的表面混凝土随即产生表面拉力,该拉力将导致表面混凝土的开裂。

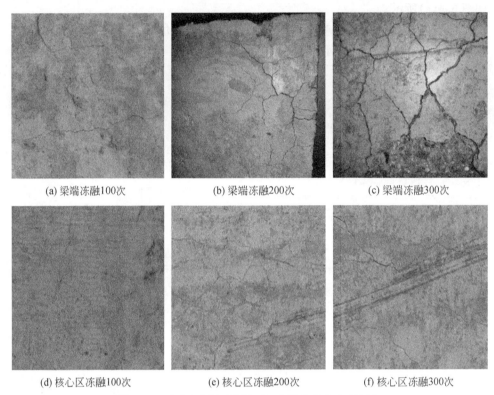

<table>
<tr><td>(a) 梁端冻融100次</td><td>(b) 梁端冻融200次</td><td>(c) 梁端冻融300次</td></tr>
<tr><td>(d) 核心区冻融100次</td><td>(e) 核心区冻融200次</td><td>(f) 核心区冻融300次</td></tr>
</table>

图 6.5　不同冻融循环次数下 RC 梁柱节点表观形态

6.3.2　试件受力破坏过程与特征

一般情况下,节点核心区剪切破坏或失效模式主要有三类[3]:一类是核心区混凝土在斜向交替拉压过程中达到其抗压强度而斜向压溃,由此引起的节点丧失抗剪能力可统称为"斜压型剪切破坏",这一类破坏模式主要由混凝土抗压强度决定。第二类是节点核心区配置的箍筋过少,使得节点交叉斜裂缝在组合体交替变形增大过程中不断加宽,节点抗剪刚度和受剪承载力严重退化。这一类节点在破坏时核心区混凝土未出现压溃,主要由箍筋性能决定,故称为"斜拉型剪切失效"。第三类则是节点核心区不发生剪切破坏,但梁纵筋在其贯穿的节点段内发生严重的黏结退化,导致节点抗剪刚度严重退化从而引起抗震性能劣化。考虑到 RC 结构中冻融将主要通过对混凝土材料产生影响使得构件抗震性能出现劣化,故本章主要研究冻融对由混凝土材料力学性能控制的"斜压型剪切破坏"模式的影响规律。

　　各试件均按预期设计发生节点核心区剪切破坏,破坏过程相似,均经历了弹性、弹塑性、破坏三个受力阶段,具体为:①梁端出现裂缝。加载初期,结构处于弹性工作状态,当柱顶水平荷载增加到 15～20kN 时,梁端靠近节点核心区处首先出现弯曲裂缝。②节点核心区出现裂缝。随着荷载的继续增大,梁端裂缝数量增加并延伸,节点核心区出现交叉斜裂缝,此时柱顶水平荷载在 25～35kN 范围(随轴压比增大而提高)。③节点核心区剪切破坏。随着荷载的进一步增大,箍筋相继屈服,节点核心区斜裂缝不断增多,并将核心区分割为数个棱形小块体,当荷载接近峰值荷载时,节点核心区保护层混凝土开始大量脱落。此时,梁端部分纵筋屈服并在其贯穿的节点段内发生一定程度的黏结滑移现象。随着柱顶水平位移的进一步增加,节点核心区棱形小块体压溃并脱落,试件水平承载力明显下降,当荷载下降至峰值荷载的约 80% 时,试件因不能继续承受竖向荷载而破坏。各试件最终破坏形态及裂缝分布如图 6.6 所示。

　　试验发现:①轴压比的增大将推迟节点核心区交叉斜裂缝的出现并适当减缓斜裂缝的发展速度,同时节点核心区斜裂缝有向上下柱内端发展的趋势;②冻融循环次数越多,试件水平承载力越小,节点核心区破坏形成的碎状物形状更小,混凝土表现得更"酥",如图 6.6(e) 所示的试件 JD-5,同时冻融循环次数的增加使得峰值荷载减小,但下降段却显得较为平缓;③低剪压比试件在加载过程中,节点核心区的裂缝发展不充分,延性较低,而梁端的受力及裂缝发展较为充分。

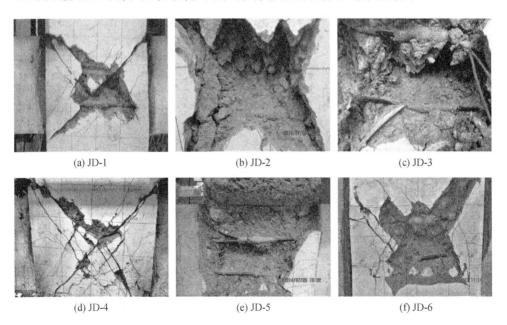

(a) JD-1　　　　　　　　　(b) JD-2　　　　　　　　　(c) JD-3

(d) JD-4　　　　　　　　　(e) JD-5　　　　　　　　　(f) JD-6

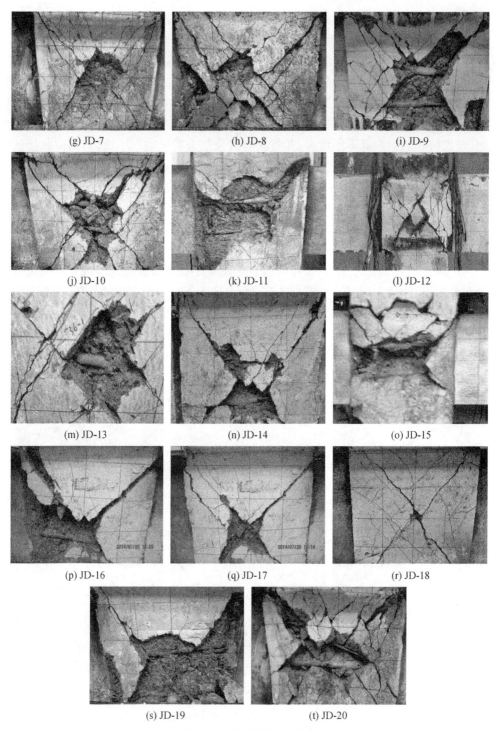

(g) JD-7　　　　　　　　　(h) JD-8　　　　　　　　　(i) JD-9

(j) JD-10　　　　　　　　(k) JD-11　　　　　　　　(l) JD-12

(m) JD-13　　　　　　　　(n) JD-14　　　　　　　　(o) JD-15

(p) JD-16　　　　　　　　(q) JD-17　　　　　　　　(r) JD-18

(s) JD-19　　　　　　　　(t) JD-20

图 6.6　试件最终破坏形态

6.4　试验结果与分析

6.4.1　节点冻融损伤模型

为便于后期应用,本章 RC 框架梁柱节点冻融损伤模型以节点核心区为基础,应用第 3 章相关理论建立冻融损伤模型如下:

$$D=\frac{V_{\rm d}}{V}\left\{1-\left\{1-0.014Nf_{\rm cu}^{-0.804}\left[\frac{\eta}{K}\times U_{\rm max}\times\frac{{\rm d}\theta}{{\rm d}t}\times\phi(\bar{L})\right]^{1.205}\right\}^{\frac{1}{2.205}}\right\}\quad(6\text{-}1)$$

式中,各参数意义详见 3.4 节。

本试验节点所处的外部冻融环境同第 3 章验证试验试块 S-1 及 S-2 完全相同,故冻融对节点实际影响深度也在 2.5cm 范围内,平均降温速率 ${\rm d}\theta/{\rm d}t=8.3\times10^{-4}{\rm ℃/s}$,根据几何关系,可求得以节点核心区为基础的损伤模型参数 $V_{\rm d}/V=0.375$;同样利用直线导线法,测得平均孔隙半径 $r_{\rm b}$ 及平均气孔间隔系数 $\bar{L}$ 分别为 $509\mu{\rm m}$ 和 $96\mu{\rm m}$;由混凝土试块测得毛细孔空隙率为 $\varepsilon=0.1907$。依据以上数据,并结合式(6-1)、式(2.14)、式(2.15)和式(2.20),推导得出

$$D=0.375[1-(1-0.00309N)^{\frac{1}{2.205}}]\quad(6\text{-}2)$$

将冻融循环次数 $N=100$、200 以及 300 分别代入式(6-2),得到节点核心区相对动弹性模量损失率,见表 6.3,表中同时列出受影响区域相对动弹性模量损失率。可以看出,虽然在冻融循环达到 300 次时,节点核心区相对动弹性模量损失率并不高,但实际上受冻融影响区域的动弹性模量损失率已经达到 0.69,远超过规范[5]规定的安全值 0.4。从图 6.6(b)也可看出,此时核心区受影响区域混凝土破坏后成粉末状,说明在加载前材料"脆化"严重,已经出现了大量的内部微裂纹,力学性能退化明显。

表 6.3　相对动弹性模量损失率

冻融循环次数	核心区相对动弹性模量损失率	受影响区域相对动弹性模量损失率
0	0.0000	0.0000
100	0.0578	0.1541
200	0.1324	0.3531
300	0.2598	0.6927

6.4.2 梁纵筋黏结性能退化

取节点上部脱离体如图 6.7(图中:V_c 为柱端截面剪力,V_{jh} 为节点核心区剪力,C_{cl} 为梁端受压区混凝土所受压力)所示,文献[3]和[5]测量结果表明,梁端纵筋在贯穿节点段内的应变呈线性分布,可近似认为贯穿节点梁端纵筋与混凝土之间的黏结应力是均匀分布的。因此,各阶段贯穿节点梁端纵筋表面的平均黏结应力 τ_b 为

$$\tau_b = \frac{T_{br} - C_{sl}}{s_b l_c} \tag{6-3}$$

式中,T_{br}、C_{sl} 分别为节点两侧梁端纵筋所受的拉力和压力(拉为正,压为负);s_b 为钢筋截面周长;l_c 为贯穿段长度。式(6-3)可转换为

$$\tau_b = \frac{E_s A_s (\varepsilon_{br} - \varepsilon_{sl})}{s_b l_c} \tag{6-4}$$

式中,ε_{br}、ε_{sl} 分别为节点两侧梁端纵筋应变;E_s 为钢筋弹性模量;A_s 为钢筋截面面积。

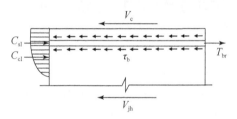

图 6.7 节点上部脱离体

傅剑平[3]在已有研究基础上对 RC 框架节点传力机制进行过系统研究:梁端与柱端两侧受压区混凝土传入节点核心区的压力共同作用使节点核心区形成"斜压杆机构";而梁端与柱端纵筋传入节点核心区的总黏结应力共同作用则使节点核心区形成"桁架机构"。因此,梁端纵筋与混凝土之间黏结性能的退化将导致节点核心区传力机制与失效模式发生变化,严重黏结退化时将出现 6.2 节中提到的节点破坏模式由斜压型剪切破坏向第三类破坏模式转变。故由式(6-1)和式(6-2)便可定性获知节点核心区传力机制与破坏模式的转变趋势。

本试验测得的节点两侧梁端纵筋应变差与柱顶水平位移关系如图 6.8 所示。可以看出,虽然梁端纵筋应变测试结果存在一定的离散性,但总体趋势明显:随着冻融循环次数增加,梁端纵筋黏结性能在柱顶水平位移较小时便开始发生退化,所能达到的峰值黏结应力较低,而最终的残余黏结应力却随着冻融循环次数增加而增大。表明随着冻融循环次数增加,由节点核心区斜压杆机构传入节点核心区的剪力所占比例越来越大。

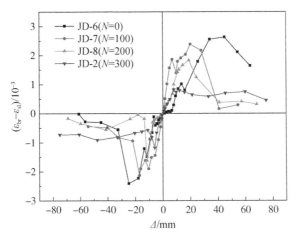

图 6.8　梁端纵筋应变差与柱顶水平位移关系曲线

6.4.3　滞回性能

各节点试件柱顶水平荷载-位移滞回曲线如图 6.9 所示。可以看出,在整个加载过程中,各试件滞回性能基本相同:钢筋屈服前,滞回曲线几乎为直线,刚度基本无退化;钢筋屈服后,塑性变形累积增大,加载曲线斜率随着荷载增加而减小,卸载刚度退化明显;达峰值荷载后,残余变形逐步增大,滞回环开始变得不稳定,形状向"反弓形"发展。但由于冻融循环次数、轴压比和混凝土强度不同,各试件又表现出以下不同滞回性能。

比较图 6.9(b)、(f)、(g)、(h)可以发现,试件每级加载下的荷载-位移曲线包围的面积及饱满程度随冻融循环次数增加而减小,所能到达的峰值荷载减小,且滞回曲线后期"反弓形"更为明显。另外,由图 6.9(b)可知,冻融 300 次后,在较大位移下,组合体滞回曲线虽捏拢严重,但承载力下降缓慢,刚度仍能部分恢复,其原因为冻融循环次数的增加导致梁纵筋与混凝土之间黏结性能提前发生退化,且峰值黏结强度退化严重,而后期残余黏结强度偏大。

比较图 6.9(b)、(f)、(g)、(h)可以发现,轴压比的增加能改善贯穿节点梁纵筋黏结条件,使节点前期黏结退化进程减缓,刚度增大。本试验观察到的节点极限承载力并未随着轴压比的增加而明显增大。当轴压比处于中等水平和较低水平时,节点极限承载力相近,较低水平轴压比的节点延性则较好;但在较高水平的轴压比下,节点承载力有所降低、延性变差。文献[3]通过试验发现,在中等偏大剪压比(0.197~0.267)下,轴压比的增加并不能明显提高节点承载力,基于本研究试验结果得到的结论与文献[3]相符。

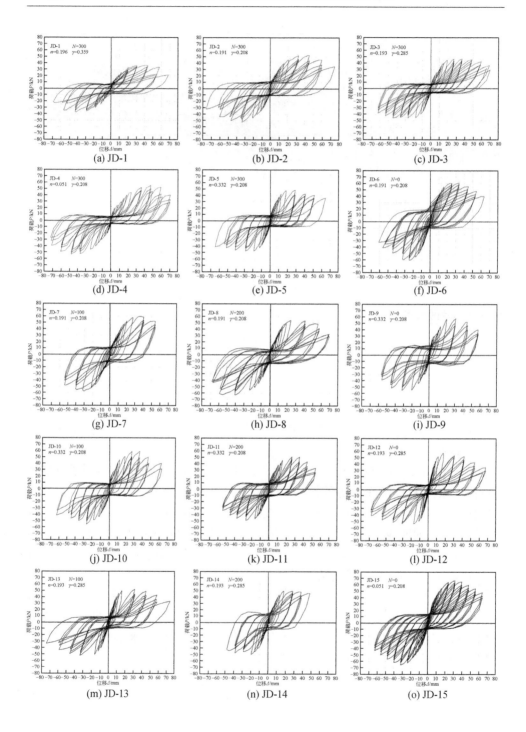

(a) JD-1　　　　(b) JD-2　　　　(c) JD-3

(d) JD-4　　　　(e) JD-5　　　　(f) JD-6

(g) JD-7　　　　(h) JD-8　　　　(i) JD-9

(j) JD-10　　　　(k) JD-11　　　　(l) JD-12

(m) JD-13　　　　(n) JD-14　　　　(o) JD-15

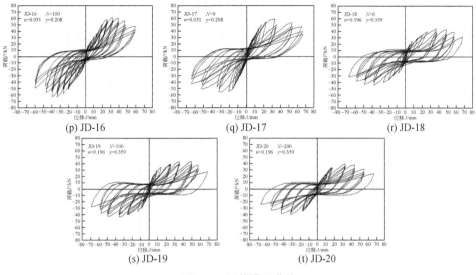

图 6.9　试件滞回曲线

6.4.4　骨架曲线

　　各试件骨架曲线对比如图 6.10 所示,其中开裂荷载、屈服荷载和峰值荷载特征值列于表 6.4。

　　由图 6.10 和表 6.4 可知,冻融循环后,节点试件的开裂荷载、屈服荷载及峰值荷载均低于未冻融试件,且随着冻融循环次数的增大,其退化速率加快,当冻融循环次数达到 300 次时,节点峰值承载力下降已接近 20%;当荷载较小时,各试件刚度相差不大,而当荷载超过开裂荷载后,冻融试件刚度及承载力发生明显下降,当加载超过峰值荷载后,节点承载力下降趋势随着冻融循环次数增加反而变得平缓。这主要是因为冻融循环造成钢筋与混凝土之间的黏结性能提前开始退化,故相对未冻融试件,各冻融试件承载力均有不同程度降低;而当超过峰值荷载后,由于钢筋与混凝土间的黏结性能降低引起的试件承载力退化速率远小于加载过程中损伤累积引起的承载力退化速率,故表现出试件承载力的下降速率并不随冻融循环次数的增长而加快。

　　对比冻融循环次数相同而轴压比不同的试件可发现,试件的初始刚度随轴压比的增大而增大,但试件延性变差;既有节点试验研究结果表明[6-8],轴压比对构件承载力有明显的提高作用,而本研究冻融节点承载力并未随轴压比的增加而明显增大,表现为当轴压比处于中等水平和较低水平时,各节点承载力相近,而在较高水平的轴压比下,节点的承载力反而有所降低,即与既有节点试验研究结果并不一

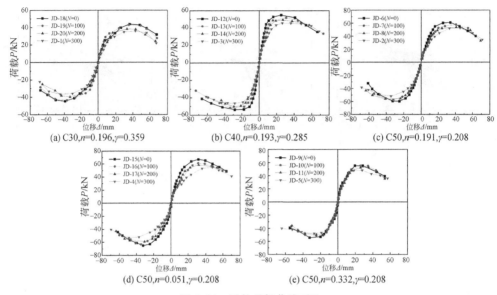

(a) C30,n=0.196,γ=0.359　　(b) C40,n=0.193,γ=0.285　　(c) C50,n=0.191,γ=0.208

(d) C50,n=0.051,γ=0.208　　(e) C50,n=0.332,γ=0.208

图 6.10　试件骨架曲线对比

致,其原因可归结为本试验设计的节点梁截面高度较小,剪压比处于中等偏高水平,在该水平范围内的梁柱节点中作用的剪力较高,使斜压杆机构中形成较大的压力,而较大的轴压比又进一步增加斜压杆中的压力,致使节点核心区混凝土提前压溃,从而呈现出承载力随着轴压比的增加而降低的趋势。

对比冻融循环次数相同而剪压比不同的试件可发现,较高剪压比试件承载力受冻融循环作用影响更为明显,主要原因为高剪压比对应的混凝土强度等级较低,水灰比较大,混凝土抗冻性能较差,故相应试件的冻融损伤程度相对严重,承载力下降。

6.4.5　变形能力

延性是指结构或构件屈服后,具有承载力不明显降低、有足够塑性变形能力的一种性能,是评价结构构件非弹性变形能力、综合衡量其抗震性能的重要指标之一。故本研究采用位移延性系数定量表征构件的延性。其中,屈服点位置采用能量等效法确定,极限点为荷载-变形曲线上荷载值下降至峰值荷载85%时对应的点,位移延性系数 μ 的计算式为

$$\mu=\frac{\Delta_u}{\Delta_y} \tag{6-5}$$

式中,Δ_u 和 Δ_y 分别为极限状态和屈服状态下节点试件顶部水平位移。

不同受力状态下节点试件顶部位移及位移延性系数如表 6.4 所示。可以看

出,虽然随着冻融循环次数的增加,混凝土材料强度减小、脆性增加,但试件位移延性系数 μ 却并未呈现明显减小趋势。对比发现,经 300 次冻融循环后的平均位移延性系数 μ 为 6.11,而未冻融试件平均位移延性系数 μ 为 4.52,试件延性系数经冻融后反而稍有增加。原因如下:冻融循环使钢筋与混凝土之间的黏结应力提前退化,但最终残余黏结应力却随着冻融循环次数增加而增大,致使节点在加载前期破坏形态就由斜压破坏向第三类破坏即通常所说的"拉风箱"式破坏转化,承载力在大变形下能够部分恢复;另外,在加载后期,残余黏结力相对较大致使"桁架机构"传入节点核心区的剪力偏大,"斜压杆机构"传入节点核心区的剪力偏小,使得核心区混凝土所受到的斜向压应力偏小,"斜压型"破坏推迟,极限位移和屈服位移之间的差值增加,延性系数随之略微增大。

表 6.4　试件骨架曲线特征参数

节点编号	N	n	开裂点 P_{cr}/kN	屈服点		峰值点		极限点 Δ_u/mm	位移延性系数 μ
				P_y/kN	Δ_y/mm	P_c/kN	Δ_c/mm		
JD-1	300	0.196	20	27.81	13.17	36.16	43.50	60.08	4.56
JD-2	300	0.191	25	38.22	14.3	51.99	33.77	59.1	4.13
JD-3	300	0.193	20	30.72	8.74	46.18	26.99	64.1	7.33
JD-4	300	0.051	25	40.4	16.56	54.76	47.69	61.03	3.69
JD-5	300	0.332	30	34.33	8.68	48.11	27.44	50.64	6.83
JD-6	0	0.191	35	46.27	12.05	60.23	33.32	51.32	4.26
JD-7	100	0.191	25	41.97	12.78	56.59	40.50	57.76	4.52
JD-8	200	0.191	30	41.66	12.47	54.80	41.02	59.49	4.77
JD-9	0	0.332	30	34.66	8.66	56.19	30.69	42.96	4.96
JD-10	100	0.332	30	34.87	8.21	52.68	24.29	42.38	6.16
JD-11	200	0.332	25	34.78	9.49	48.62	16.01	46.08	4.75
JD-12	0	0.193	35	46.74	9.42	54.52	26.64	51.81	6.50
JD-13	100	0.193	30	41.36	9.96	47.63	46.25	53.15	6.34
JD-14	200	0.193	30	37.9	10.51	49.98	28.53	49.1	4.67
JD-15	0	0.051	30	47.26	12.62	66.05	31.97	50.39	3.99
JD-16	100	0.051	25	36.15	13.14	62.18	33.25	52.57	4.00
JD-17	200	0.051	30	44.2	13.87	59.08	31.51	53.11	3.83
JD-18	0	0.196	25	30.02	16.01	44.29	37.77	58.71	3.91
JD-19	100	0.196	25	34.74	13.74	43.21	36.84	59.3	4.32
JD-20	200	0.196	25	30.75	14.53	39.53	32.53	52.08	3.58

6.4.6 耗能能力

1. 累积耗能

累积耗能是指加载过程中加载循环所累积的能量值,可表示为 $\sum_{i=1}^{N} E_i$,其中,N 为冻融循环次数,按其计算得到各试件特征点处累积耗能关系如图 6.11 所示。

可以看出,随着冻融循环次数的增加,冻融节点试件峰值点和极限点处的累积耗能减小,但其退化速率逐步降低;冻融循环次数相同时,随着轴压比的增加,节点试件开裂点和屈服点处累积耗能增大,而峰值点和极限点的总耗能则稍有减小,这是由于轴压比增大抑制了节点核心区初期裂缝的发展,同时导致了试件延性的降低,使得加载后期总耗能偏小;冻融循环次数相同时,随着剪压比的增加,试件累积耗能减小。

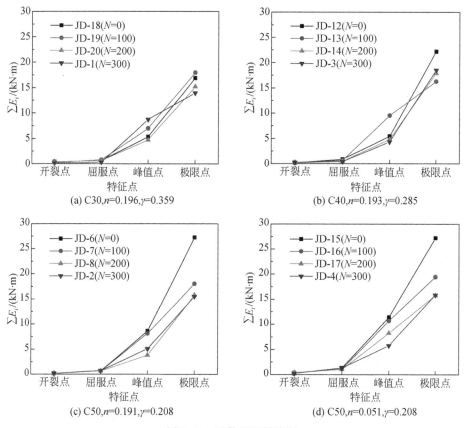

图 6.11　试件累积耗能图

2. 能量耗散系数

试件在一次循环加载过程中,由于非弹性变形产生的能量耗散一般以滞回曲线所包围的面积表示(图 6.12)。本节以能量耗散系数 ξ 从另一个角度评价结构的耗能能力。其计算公式为

$$\xi = 2\pi h_e = \frac{S_{ABCD}}{S_{OBE} + S_{ODF}} \tag{6-6}$$

式中,S_{ABCD} 为一个滞回环所包围的面积;S_{OBE}、S_{ODF} 分别为图 6.12 中三角形 OBE 及 ODF 的面积。

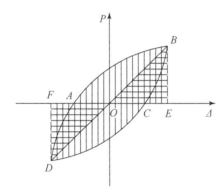

图 6.12　黏滞阻尼系数计算简图

按式(6-6)分别计算得到各节点试件峰值点和极限点处能量耗散系数,如图 6.13 所示。由图可知,构件能量耗散系数随冻融循环次数的增加而缓慢减小,表明冻融后构件耗能能力变差;随着轴压比的增加,峰值点与极限点的能量耗散系数均有一定程度的增大;随着剪压比的增加,峰值点与极限点的能量耗散系数均有一定程度的减小。

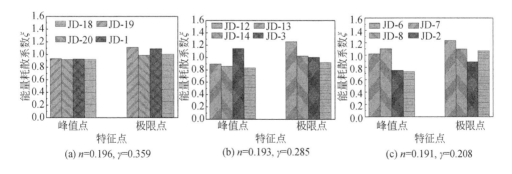

(a) $n=0.196$, $\gamma=0.359$　　　(b) $n=0.193$, $\gamma=0.285$　　　(c) $n=0.191$, $\gamma=0.208$

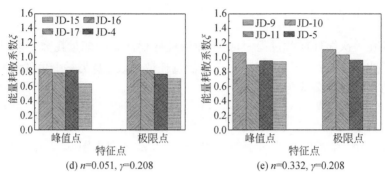

(d) $n=0.051$, $\gamma=0.208$　　　　　　(e) $n=0.332$, $\gamma=0.208$

图 6.13　能量耗散系数图

6.4.7　节点核心区剪切变形

　　框架结构梁柱节点核心区受梁、柱传来的轴力、弯矩及剪力作用,主要发生剪切破坏。为研究冻融条件下梁柱节点核心区变形性能及其对于整个组合体变形性能的影响,本试验通过测量核心区对角线长度变化(图 6.14),利用式(6-7)计算得到节点核心区的剪应变,并对其进行分析。

$$\gamma = \alpha_1 + \alpha_2 = \frac{\sqrt{b^2 + h^2}}{bh} \bar{X} \tag{6-7}$$

式中,$\bar{X}$ 为对角线方向的平均变位,

$$\bar{X} = \frac{\delta_1 + \delta_1' + \delta_2 + \delta_2'}{2} \tag{6-8}$$

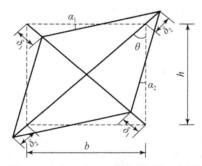

图 6.14　节点核心区剪切变形示意图

　　按照式(6-7)分别计算得到典型节点核心区剪力-剪应变滞回曲线和部分节点试件核心区在各受力阶段剪应变,如图 6.15 和图 6.16 所示。

　　假定 $\alpha_1 = \alpha_2$,则节点核心区剪切变形引起的层间位移 Δ_{pz} 可按式(6-9)计算:

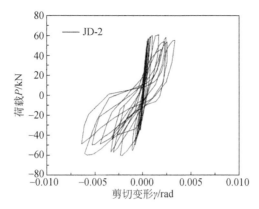

图 6.15　典型节点核心区剪力-剪应变滞回曲线

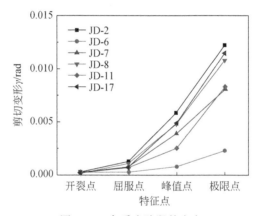

图 6.16　各受力阶段剪应变

$$\Delta_{\mathrm{pz}} = 0.5H\left[\gamma_1\left(\frac{L-b_\mathrm{j}}{L}\right) + \gamma_2\left(\frac{H-h_\mathrm{j}}{H}\right)\right] = 0.5\gamma\left(2 - \frac{b_\mathrm{j}}{L} - \frac{h_\mathrm{j}}{H}\right)H \qquad (6\text{-}9)$$

式中，H 为节点试件高度；L 为节点试件宽度；b_j、h_j 分别为节点核心区宽度和高度。将所得各特征点处的剪应变代入式(6-9)，即可得到不同受力阶段节点核心区剪切变形所产生的柱顶侧移，将其与柱顶总侧移进行比较，得到核心区剪切变形所产生的柱顶侧移在总柱顶侧移中所占的比例，其结果见表 6.5。

　　不同冻融循环和轴压比下框架梁柱节点在各受力阶段的剪切变形对比，如图 6.17 和图 6.18 所示。从图 6.17 可以看出，虽然节点核心区处于梁柱包围中，冻融循环对其产生的损伤较小，但随着冻融损伤程度的增加，节点核心区剪切变形所产生的柱顶侧移在总柱顶侧移中所占比例仍呈增大趋势，说明节点核心区和梁柱的受力及破坏模式存在差别，节点核心区的剪压破坏相对于梁柱的弯曲破坏对混凝土依赖性更大;分析图6.18可知,随着轴压比的增加,节点核心区剪切变形所引起的柱顶侧移在总柱顶侧移中所占比例明显增大,JD-11($n=0.332$)在破坏时,柱顶侧移比甚至超过0.7,这一结果与文献[3]、[9]和[10]得到的结果基本吻合。

表6.5　节点核心区剪切变形分析

节点编号	开裂点		屈服点		峰值点		极限点	
	$\gamma/(10^{-2}\mathrm{rad})$	$\Delta_{\mathrm{pz}}/\Delta$	$\gamma/(10^{-2}\mathrm{rad})$	$\Delta_{\mathrm{pz}}/\Delta$	$\gamma/(10^{-2}\mathrm{rad})$	$\Delta_{\mathrm{pz}}/\Delta$	$\gamma/(10^{-2}\mathrm{rad})$	$\Delta_{\mathrm{pz}}/\Delta$
JD-2	0.026	0.057	0.124	0.114	0.590	0.181	1.233	0.219
JD-6	0.026	0.043	0.058	0.063	0.161	0.064	0.448	0.115
JD-7	0.031	0.053	0.087	0.090	0.388	0.126	0.815	0.186
JD-8	0.024	0.050	0.107	0.113	0.492	0.158	1.084	0.240
JD-11	0.019	0.044	0.066	0.129	0.313	0.257	0.997	0.290
JD-17	0.026	0.044	0.073	0.088	0.494	0.206	1.149	0.285

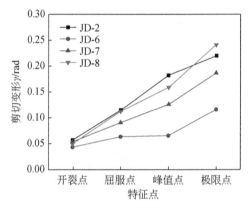

图6.17　冻融损伤对剪切变形影响

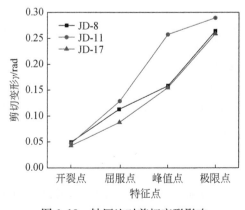

图6.18　轴压比对剪切变形影响

6.4.8　节点核心区水平剪力

假定地震作用下 RC 框架结构梁柱反弯点处于构件的中点,将组合体左右梁端作用以在梁端施加的弯矩及剪力表示,可得到图 6.19 所示的"柱脱离体"。其中,V_c 为柱端截面剪力,由平衡关系可知 $V_c = P$(柱顶水平荷载);T_{br}、T_{bl} 为梁端受拉侧纵筋拉力;C_{cl}、C_{sl}、C_{cr}、C_{sr} 分别为梁端受压侧混凝土和纵筋所受压力。为进一步简化,近似认为梁端受压区混凝土合力作用点与梁端受压钢筋合力作用点在同一位置。

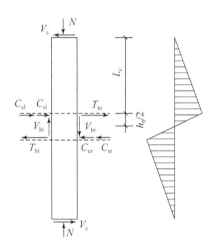

图 6.19　节点受力分析简图

由图 6.19 弯矩平衡(考虑 $P\text{-}\Delta$ 效应)条件得

$$2V_c L_c + N\Delta = (T_{br} + T_{bl})h_0 \tag{6-10}$$

根据图 6.7 所示节点上部隔离体的整体平衡关系,有

$$V_{jh} = T_{br} + C_{sl} + C_{cl} - V_c \tag{6-11}$$

由梁截面平衡关系可知,截面受压侧合力和受拉侧钢筋所受拉力相等,则

$$T_{bl} = C_{sl} + C_{cl} \tag{6-12}$$

联立式(6-10)～式(6-12)可得

$$V_{jh} = \frac{2V_c L_c + N\Delta}{h_0} - V_c \tag{6-13}$$

根据式(6-13)分别计算不同受力状态下节点核心区水平剪力,见表 6.6。

对比试件 JD-2、JD-6、JD-7 和 JD-8 在不同受力状态下节点核心区的水平剪力,可知随着冻融循环次数的增加,节点核心区抗剪承载力呈下降趋势,且随着冻融损伤程度的增加,其下降速率增大。

表 6.6　不同受力状态下节点核心区水平剪力

节点编号	开裂荷载/kN	屈服荷载/kN	峰值荷载/kN
JD-2	127.84	208.03	316.77
JD-6	178.04	239.37	358.15
JD-7	131.91	221.51	353.86
JD-8	151.62	219.36	346.94
JD-11	137.20	197.57	287.50
JD-17	141.68	190.14	289.10

　　对比试件 JD-8、JD-11 和 JD-17 在不同受力状态下节点核心区的水平剪力可知,轴压比最大的试件 JD-11 在峰值荷载下核心区水平剪力并不比中等轴压比下 JD-8 的大,这是由于在大轴压比下,节点顶部轴向荷载增大,但其在峰值荷载时的位移却明显变小,使得 P-Δ 效应产生的核心区剪力呈减小趋势;此外,在小轴压比下,JD-17 试件柱顶轴向荷载较小,且峰值荷载时位移未明显增大,故 P-Δ 效应产生的核心区水平剪力值相对其他节点试件的小。

　　图 6.20 为不同受力状态下由 P-Δ 效应产生的节点核心区水平剪力占核心区总水平剪力的百分比。可以看出,由 P-Δ 效应引起的水平剪力所占百分比同冻融损伤程度没有明显的相关性;此外,峰值荷载下各节点试件由 P-Δ 效应引起的核心区水平剪力所占比值在中等及较大轴压比下均超过 20%,所占比例较大,故在计算节点抗剪能力时,应考虑轴压比的影响。

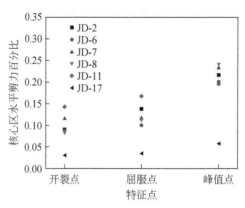

图 6.20　P-Δ 效应所产生水平剪力百分比

6.5　冻融环境下 RC 框架梁柱节点恢复力模型的建立

恢复力模型描述结构构件受到干扰产生变形时试图恢复原有状态的能力即抗力与变形之间的关系[11]。理想的恢复力模型不仅可以较为准确地反映结构构件的主要滞回特征(如强度衰减和刚度退化等),亦能综合概括结构构件在耗能和延性等方面的力学特性[12]。有关 RC 梁柱节点恢复力模型的研究较多[13-17],但大多基于完好 RC 节点试验结果得到,并未考虑由环境因素引起的耐久性退化对结构构件性能的影响,从而难以客观地分析与评估存在耐久性问题的既有 RC 结构抗震性能。

鉴于此,本章基于前文冻融 RC 框架梁柱节点抗震性能试验结果,综合考虑冻融损伤作用、轴压比及混凝土强度等因素,建立考虑冻融损伤影响的 RC 框架梁柱节点恢复力模型,以期为冻融 RC 框架结构弹塑性地震反应分析奠定基础。

6.5.1　未冻融节点构件骨架曲线参数确定

根据 RC 框架节点的受力特点,本节采用 Hysteretic 三折线形模型建立节点的剪切恢复力模型,其骨架曲线如图 6.21 所示,相应特征参数的标定方法如下:

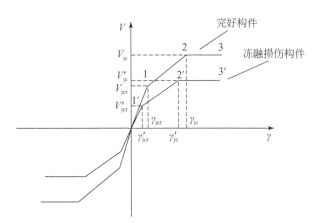

图 6.21　冻融试件与未冻融试件骨架曲线关系示意图

由图 6.21 可知,未冻融节点试件骨架曲线的特征参数有 5 个,分别为开裂剪力 V_{jcr}、峰值剪力 V_{jc}、剪切刚度 K_1、K_2 和 K_3,具体确定方法如下。

1. 开裂剪力 V_{jcr}[18-20]

当节点核心区开裂时,核心区混凝土达到其抗拉强度。取节点核心区一个微元体 A 为研究对象,其应力状态如图 6.22 所示,按照弹性体在双向受力作用下斜截面上的主拉应力公式,求得节点的最大剪应力为

$$\tau_{\max}=\sqrt{f_t^2+f_t(\sigma_b+\sigma_c)+\sigma_b\sigma_c} \tag{6-14}$$

式中,f_t 为混凝土抗拉强度;$\sigma_c=N/b_c h_c$ 为柱传递给节点的轴向应力,N 为作用于柱端的实际轴压力,b_c、h_c 分别为柱截面的宽度和高度;σ_b 为节点核心区箍筋约束作用对节点产生的应力(压为正);$\tau_{\max}$ 为节点最大剪应力。

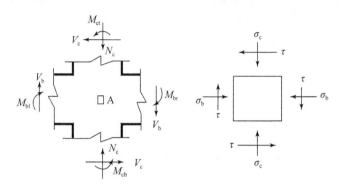

图 6.22　节点核心区及其微元体受力简图

当节点核心区开裂时,其平均剪应力为

$$\tau_{\max}=V_{jcr}/b_j h_j \tag{6-15}$$

式中,V_{jcr} 为节点开裂剪力;b_j、h_j 分别为节点核心区截面的有效宽度和高度。

考虑到节点剪力由梁传入的部分是通过梁纵筋与混凝土的黏结作用,且这种黏结应力分布是不均匀的,故引入一个综合影响系数 η,用于考虑上述黏结应力的不均匀性以及节点核心区箍筋及垂直钢筋的约束等;由于节点两侧的正交梁会对节点的开裂起到一定的约束作用,此处以约束系数 ψ_c 来考虑该影响。因此,节点的开裂承载力可表达如下:

$$V_{jcr}=\eta\psi_c b_j h_j\sqrt{f_t^2+f_t(\sigma_b+\sigma_c)+\sigma_b\sigma_c} \tag{6-16}$$

对于非预应力梁,梁轴力可忽略不计。在节点开裂之前,节点核心区对混凝土的约束作用很小,故 σ_b 等于零。于是,上述公式可简化为

$$V_{jcr}=\eta\psi_c b_j h_j f_t\sqrt{1+\sigma_c/f_t} \tag{6-17}$$

式中,当 $\sigma_c \geqslant 0.5f_c$ 时,取 $\sigma_c=0.5f_c$,f_c 为节点混凝土的抗压强度;η 为综合影响系数,参考文献[21],其值取为 0.67;ψ_c 为梁对节点的约束系数,对于没有正交梁的节点,取 $\psi_c=1.0$。

上述计算节点开裂剪力的公式是基于节点核心区配箍率很小的情况,此时箍筋所承担的剪力较小,故在公式中忽略,而当配箍率较大时,便不可忽略。因此,当

节点核心区的配箍率大于 1% 时,应当同时考虑柱传来的轴压力的影响,此时节点的开裂剪力为

$$V_{jcr} = \eta \psi_c b_j h_j f_t \sqrt{1 + \sigma_c/f_t} + \varepsilon f_{yv} A_{svj} (h_{b0} - a'_s)/s \tag{6-18}$$

式中,ε 为节点内箍筋应力发展系数,取 0.1;f_{yv} 为节点内箍筋的屈服强度;A_{svj} 为同一截面所有箍筋的截面面积;s 为节点内箍筋的间距;h_{b0} 为梁截面的有效高度;a'_s 为梁受拉钢筋合力中心至最近截面边缘的距离。

2. 峰值剪力 V_{jc}

参考现行规范[22],按式(6-19)确定节点峰值剪力 V_{jc}:

$$V_{jc} = \frac{1}{\gamma_{RE}} \left(1.1 \eta_j f_t b_j h_j + 0.05 \eta_j N \frac{b_j}{b_c} + f_{yv} A_{svj} \frac{h_{b0} - a'_s}{s} \right) \tag{6-19}$$

式中,当 $\sigma_c \geq 0.5 f_c$ 时,取 $\sigma_c = 0.5 f_c$,且要满足条件 $V_{jc} < 0.3 \eta f_c b_j h_j$;$\gamma_{RE}$、$\eta_j$ 分别为承载力抗震调整系数和正交梁对节点的约束系数,其值可参考规范[23]选取。

3. 不同受力阶段下剪切刚度的确定

1)弹性阶段剪切刚度 K_1

依据材料力学知识可得

$$K_1 = GA \tag{6-20}$$

式中,G 为节点的弹性剪切模量,取 $G = E_c/[2(1+\mu)]$,E_c 为节点混凝土的弹性模量,按文献[23]取 $E_c = 10^5/[2.2 + (33/f_{cu})]$;$A$ 为节点核心区的抗剪面积;μ 为泊松比,对于混凝土材料取 0.2。

2)弹塑性阶段剪切刚度 K_2

节点处于弹塑性状态,其刚度发生退化,剪切刚度为

$$K_2 = \alpha K_1 \tag{6-21}$$

其中,α 为节点刚度退化系数,依据文献[18]试验研究结果,

$$\alpha = \frac{1}{4[1 + 10(\lambda - 0.2)\sqrt{n}]} \tag{6-22}$$

式中,λ 为节点的剪压比,取 $\lambda = V/f_c b_j h_j$;n 为柱的轴压比,取 $\lambda = N/f_c b_c h_c$。

3)理想弹塑性阶段剪切刚度 K_3

文献[24]指出,节点的极限抗剪承载力大约是节点通裂承载力的 1.2 倍。考虑到节点对结构的重要性,同时实际结构中节点多后于梁柱破坏,故保守地认为节点在达到通裂之后,进入理想弹塑性状态,故取

$$K_3 = 0 \tag{6-23}$$

此外,开裂剪力和峰值剪力对应的剪切变形 γ_{jcr} 及 γ_{jc} 值可由上述剪力和刚度计算公式计算得到。

6.5.2 冻融节点构件骨架曲线参数确定

冻融节点试件骨架曲线特征点可根据试验数据回归分析得到,其中骨架曲线中各特征点的水平剪力及剪切角见表 6.5。

6.3 节和 6.4 节试验结果分析表明,经过冻融循环 200 次之后,RC 节点并未出现"节点承载力随轴压比的增加而增大"的结果,反而呈现出"中等轴压比($n=$ 0.191)节点承载力最大,高轴压比节点($n=0.332$)承载力最小"的趋势。故认为冻融损伤对节点承载力的折减作用和轴压比相关而非相互独立,且在相同冻融条件下,轴压比越大,冻融损伤造成的承载力下降越明显。因此,在建立冻融 RC 框架节点骨架曲线特征点的修正函数时应当考虑冻融循环与轴压比之间的耦合作用。

基于上述分析,设轴压比和冻融损伤造成的承载力折减函数为 $f(D,n)$,根据式(6-19)可知,未冻融节点的承载力随轴压比呈线性增加趋势,而本研究试验结果表明,在相同冻融条件下,轴压比为 0.332 的节点试件 JD-11 承载力较小,而轴压比为 0.191 的试件 JD-8 承载力较大。可以推论,轴压比对冻融节点试件承载力折减系数的变化率 $\partial^2 f(D,n)/\partial n^2 \geqslant 0$;而在未冻融损伤时,无论轴压比为多大,折减系数为 $f(D,n)=1$。

基于以上推论,同时考虑相对动弹性模量损失率与开裂剪力和峰值剪力之间的关系,并较少地引入其他系数,假定

$$\frac{V}{V'}=f(D,n)=1-D\exp(An+B) \tag{6-24}$$

上述公式同时适用于峰值荷载和屈服荷载的折减,其中 V 和 V' 分别代表未冻融构件和冻融构件的剪力值,D 为相对动弹性模量损失率,n 为轴压比。开裂和峰值剪力折减系数 $f(D,n)$ 与 D 和 n 之间的拟合公式见式(6-25)和式(6-26),相关系数分别为 0.977 和 0.975,图 6.23 和图 6.24 为其拟合曲面。

$$\frac{V_{jcr}}{V'_{jcr}}=1-D\exp(11.6029n-2.8106) \tag{6-25}$$

$$\frac{V_{jc}}{V'_{jc}}=1-D\exp(10.1292n-2.8404) \tag{6-26}$$

式中,V_{jcr} 和 V'_{jcr} 分别为冻融前和冻融后开裂剪力;V_{jc} 和 V'_{jc} 分别为冻融前和冻融后的峰值剪力。

根据前文试验结果,冻融节点试件的开裂剪力和峰值剪力对应的位移随着轴压比的增加而减小,这一结论与未冻融节点的试验结果基本一致,因此在随后的冻融节点骨架曲线特征点位移修正函数中不再考虑轴压比的影响,而仅需考虑相对动弹性模量损失率的影响。假设开裂剪力和峰值剪力对应的位移随着冻融损伤程

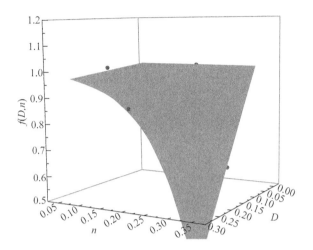

图 6.23　开裂剪力比与相对动弹性模量损失率的关系

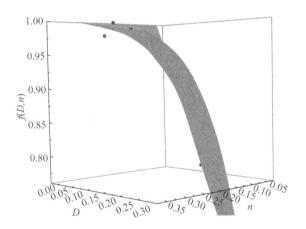

图 6.24　峰值剪力比与相对动弹性模量损失率的关系

度的增加而增大,其增大系数为 g,如图 6.25 和图 6.26 所示。

由于当 $D=0$ 时,$\dfrac{\Delta}{\Delta'}=1$,且从图 6.25 和图 6.26 可知曲线$\dfrac{\mathrm{d}g}{\mathrm{d}D}\geqslant0$,$\dfrac{\mathrm{d}^2g}{\mathrm{d}D^2}\leqslant0$,故 g 可表征为

$$g=(g_0+1)-g_0\exp(AD) \tag{6-27}$$

其中,g_0 为初始增大系数,且 $g_0>0$;同时取待定系数 $A<0$。

则得到拟合关系,见式(6-28)和式(6-29),其相关系数分别为 0.999 和 0.987。

$$\frac{\Delta_{\mathrm{jcr}}}{\Delta'_{\mathrm{jcr}}}=2.2637-1.2637\exp(-8.4595D) \tag{6-28}$$

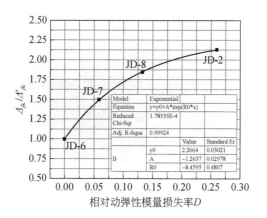

图 6.25　开裂剪力对应的剪切变形比与相对动弹性模量损失率关系

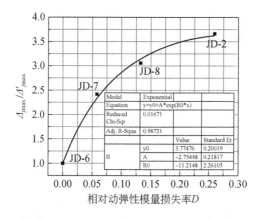

图 6.26　峰值剪力对应的剪切变形比与相对动弹性模量损失率关系

$$\frac{\Delta_{jc}}{\Delta'_{jc}}=3.7545-2.7545\exp(-11.2148D) \tag{6-29}$$

式中，Δ_{jcr} 和 Δ'_{jcr} 分别为冻融前和冻融后开裂剪力对应的剪切变形；Δ_{jc} 和 Δ'_{jc} 分别为冻融前和冻融后峰值剪力对应的剪切变形。

　　利用以上公式，可计算得到未冻融与冻融节点试件骨架曲线特征点。将计算结果与前文试验结果进行对比，其结果见表 6.7 和表 6.8。

　　从表 6.7 和表 6.8 可以看出，试件骨架曲线特征点剪力和位移计算值与试验值相对误差（相对误差＝（计算值－试验值）/试验值）均不超过 20%，本节所提冻融节点骨架曲线特征点计算方法的计算误差均在可接受范围。

表 6.7　骨架曲线开裂点水平剪力和变形计算值与试验值对比

试件编号	开裂剪力			开裂剪力对应的剪切变形		
	试验值/kN	计算值/kN	相对误差	试验值/(10^{-2}rad)	计算值/(10^{-2}rad)	相对误差
JD-2	208.030	218.616	0.051	0.124	0.115	−0.073
JD-6	239.370	260.970	0.090	0.058	0.054	−0.069
JD-7	221.510	252.646	0.141	0.087	0.081	−0.069
JD-8	219.360	241.902	0.103	0.107	0.100	−0.065
JD-11	197.570	197.426	−0.001	0.066	0.076	0.152
JD-17	190.140	187.807	−0.012	0.073	0.072	−0.014

表 6.8　骨架曲线峰值点水平剪力和变形计算值与试验值对比

试件编号	峰值剪力			峰值剪力对应的剪切变形		
	试验值/kN	计算值/kN	相对误差	试验值/(10^{-2}rad)	计算值/(10^{-2}rad)	相对误差
JD-2	316.770	317.705	0.003	0.590	0.485	−0.178
JD-6	358.150	354.990	−0.009	0.161	0.135	−0.161
JD-7	353.860	346.692	−0.020	0.388	0.311	−0.198
JD-8	346.940	335.988	−0.032	0.492	0.421	−0.144
JD-11	287.500	287.798	0.001	0.313	0.372	0.188
JD-17	289.100	313.487	0.084	0.494	0.453	−0.083

6.5.3　冻融 RC 梁柱节点滞回规则

本节建立的冻融 RC 框架梁柱节点恢复力模型的滞回规则采用 Hysteretic 滞回模型中提出的相应滞回规则,第 5 章已对 Hysteretic 模型的滞回规则做了详细论述,在此不再赘述。本节只需确定控制冻融 RC 框架节点强度退化、卸载刚度退化和捏拢效应的参数即可。

基于 Hysteretic 模型模拟节点剪力-剪切变形恢复力时,本节采用 Altoontash 建议的捏拢参数[25]取值,将捏拢点的剪力和剪切变形取值分别定义为最大历史剪力的 25% 和最大历史剪切变形的 25%,即取 $p_x=0.25$,$p_y=0.25$。对于强度退化参数和卸载刚度退化参数则基于试验研究结果,分别取 \$Damage1＝0, \$Damage2＝0.02,$\beta=0.4$。

6.5.4　恢复力模型验证

基于有限元分析软件 OpenSees,按照图 6.27 所示的简化力学模型建立 RC 框架节点组合体的数值模型,其中梁柱单元采用基于力法的非线性梁柱单元(nonlinear beam column element)进行模拟,节点采用 Joint2D 单元进行模拟。Joint2D 单元中通过一个节点转动弹簧模拟节点的剪切变形,节点转动弹簧的弯矩-转角恢复力模型可根据前面所建立的节点剪力-剪切恢复力模型按照式(6-30)进行变换得到,即

$$M_i = \frac{V_i}{(1-h_c/L_b)/jd_b-1/L_c}, \quad \theta_i = \gamma_i \qquad (6\text{-}30)$$

式中,M_i、θ_i 分别为不同受力状态下节点转动弹簧的弯矩和转角;V_i、γ_i 分别为节点各受力状态下的剪力及剪应变;h_c 为柱截面高度;L_c 为上下柱的总高度;d_b 为梁截面高度;L_b 为左右梁的总长度;j 为内力距系数,通常取为 0.875。

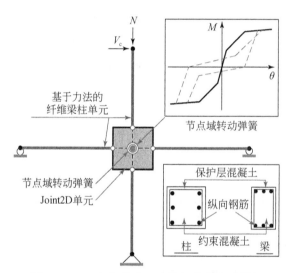

图 6.27　RC 框架节点组合体的简化力学模型

采用上述模型,对本节冻融 RC 框架节点试件进行数值建模分析,其结果与试验结果对比,如图 6.28 所示,模拟所得累积耗能与试验值的对比结果如图 6.29 所示。可以看出,本节建立的节点恢复力模型在模拟冻融环境下 RC 框架梁柱节点的滞回性能时有较高精度,计算滞回曲线与试验滞回曲线在承载力、变形能力、刚度退化和强度衰减等方面均符合较好,模拟所得累积滞回耗能随水平位移的变化曲线与试验曲线基本重合,表明本节所建立的冻融 RC 框架节点恢复力模型能够较准确地反映冻融环境下 RC 框架节点的力学性能及抗震性能,可用于冻融环境下多龄期 RC 结构数值建模与分析。

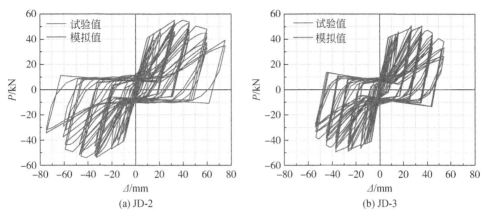

图 6.28　冻融 RC 节点恢复力模型验证

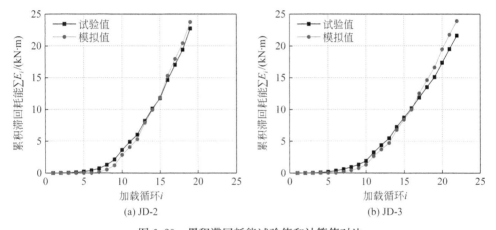

图 6.29　累积滞回耗能试验值和计算值对比

6.6　本章小结

为揭示冻融环境下 RC 框架梁柱节点的抗震性能劣化规律,本章基于人工气候试验技术,对 20 榀 RC 框架梁柱节点试件进行快速冻融循环试验,进而进行拟静力加载试验,研究了不同冻融循环次数、轴压比和剪压比对 RC 框架梁柱节点抗震性能的影响,进而基于试验结果并结合既有研究成果建立了冻融 RC 梁柱节点剪切恢复力模型。主要结论如下:

(1)水平地震作用下,冻融 RC 框架梁柱节点核心区均发生剪切破坏,且随着冻融循环次数的增加,节点承载力降低,耗能能力下降,延性稍有增加。此外,受冻融损伤影响,由节点核心区剪切变形引起的柱顶水平位移在总柱顶水平位移中所占的比例增大,故对处于冻融环境下的在役 RC 框架结构进行抗震性能分析时,不能忽略节点核心区剪切变形对整体结构水平位移的影响。

(2)轴压比的增加将使冻融节点试件的承载力、延性和耗能能力均发生不同程度的降低;剪压比的增加(即混凝土强度降低)将使冻融节点试件的承载力和耗能能力降低,延性稍有增加。

(3)综合考虑轴压比和相对动弹性模量损失率对节点核心区抗剪承载力与变形能力的影响,建立了冻融 RC 梁柱节点剪切恢复力模型,其模拟所得各试件的滞回曲线、骨架曲线以及耗能能力均与试验结果符合较好,表明所建立的冻融 RC 梁柱节点恢复力模型能够客观地反映冻融 RC 梁柱节点的力学与抗震性能变化规律,可用于冻融环境中 RC 结构数值建模与分析。

参 考 文 献

[1] 冀晓东. 冻融后混凝土力学性能及钢筋混凝土粘结性能的研究[D]. 大连:大连理工大学,2007.

[2] Petersen L. Influence of material deterioration processes on mechanical behavior of reinforced concrete structures[D]. Hannover:University of Hannover,2004.

[3] 傅剑平. 钢筋混凝土框架节点抗震性能与设计方法研究[D]. 重庆:重庆大学,2002.

[4] 郭成举. 混凝土的冻害机制[J]. 混凝土与水泥制品,1982,(3):9-19.

[5] 中华人民共和国住房和城乡建设部. 普通混凝土长期性能和耐久性能试验方法标准(GB/T 50082—2009)[S]. 北京:中国建筑工业出版社,2009.

[6] 傅剑平,张川,陈滔,等. 钢筋混凝土抗震框架节点受力机理及轴压比影响的试验研究[J]. 建筑结构学报,2006,27(3):67-77.

[7] 傅剑平,绍良. 考虑轴压比影响的钢筋混凝土框架内节点抗震性能试验研究[J]. 土木建筑与环境工程,2000,22(z1):64-70.

[8] 程浩德,房贞政,周翔. 考虑轴压比影响的预应力混凝土扁梁框架内节点抗震性能试验研究[J]. 地震工程与工程振动,2005,25(4):99-104.

[9] 曾磊. 型钢高强高性能混凝土框架节点抗震性能及设计计算理论研究[D]. 西安:西安建筑科技大学,2008.

[10] 王再峰. 钢管约束混凝土柱——钢筋混凝土梁节点滞回性能试验研究[D]. 福州:福州大学,2006.

[11] 胡聿贤. 地震工程学[M]. 北京:地震出版社,2006.

[12] 郭子雄,杨勇. 恢复力模型研究现状及存在问题[J]. 世界地震工程,2004,20(4):47-51.

[13] 陈宏,李兆凡,石永久,等. 钢框架梁柱节点恢复力模型的研究[J]. 工业建筑,2002,32(6):64-66.

[14] 贺广民. 高强砼梁——柱节点恢复力性能研究[D]. 北京:清华大学,1988.

[15] 王玮. 型钢混凝土异形柱框架节点恢复力特性试验研究[D]. 西安:西安建筑科技大

学,2010.

[16] Clough R W. Effect of Stiffness Degradation on Earthquake Ductility Requirements[R]. Berkeley:University of California,1966.

[17] 张新培. 钢筋混凝土抗震结构非线性分析[M]. 北京:科学出版社,2003.

[18] 和西良. 考虑节点剪切变形影响的钢筋混凝土框架地震反应分析[D]. 西安:长安大学,2011.

[19] 王华明. 考虑节点变形的钢筋混凝土平面框架弹塑性抗震分析[D]. 天津:天津大学,2007.

[20] 邢国华,吴涛,刘伯权. 钢筋混凝土框架节点抗裂承载力研究[J]. 工程力学,2011,28(3): 163-169.

[21] 赵鸿铁. 钢筋砼梁柱节点的抗裂性[J]. 建筑结构学报,1990,11(6):38-48.

[22] 中华人民共和国住房和城乡建设部. 混凝土结构设计规范(2016 年版)(GB 50010—2010) [S]. 北京:中国建筑工业出版社,2010.

[23] Abrams D P,Elnashai A S,Beavers A P. A new engineering paradigm:Consequence-based engineering[R]. http://mae. cee. illinois. edu/documents/cbepaper. pdf,2014-8-26.

[24] 唐九如,冯纪寅,庞同和. 钢筋混凝土框架梁柱节点核心区抗剪强度试验研究[J]. 东南大学学报(自然科学版),1985,15(4):61-74.

[25] Altoontash A. Simulaiton and damage models for performance assessement of reinforced concrete beam-column joints [D]. Stanford:Stanford University,2004.

第 7 章　冻融 RC 剪力墙抗震性能试验研究

7.1　引　　言

RC 剪力墙作为剪力墙和框架剪力墙结构抗侧力体系的主要组成部分,广泛应用于多、高层建筑中,其抗震性能的优劣会直接影响整体结构的抗震性能。目前,国内外学者对剪力墙构件的抗震性能已进行了一些研究[1-10],基本揭示了其在地震作用下的破坏模式与机制,但这些研究成果均是基于未冻融试件得到的,未能给出经历冻融循环作用后剪力墙构件抗震性能的劣化规律,亦未建立相应的恢复力模型。已有研究表明,冻融循环将使混凝土材料力学性能及其与钢筋间的黏结性能发生不同程度的退化[11-13],进而严重影响 RC 构件与结构的力学性能和抗震性能。

鉴于此,本节以剪跨比分别为 1.14、2.14 的一字形 RC 剪力墙为研究对象,利用人工气候试验技术模拟实际冻融环境,对所设计的 16 榀 RC 剪力墙试件进行快速冻融循环试验,继而进行拟静力加载试验,探讨冻融循环次数、混凝土强度以及轴压比变化对冻融损伤 RC 剪力墙试件破坏形态、承载能力、变形能力以及耗能能力等抗震性能指标的影响;基于拟静力试验数据,结合理论分析与既有研究成果,建立冻融 RC 剪力墙试件的宏观恢复力模型。研究成果将为寒冷地区在役 RC 剪力墙和框架剪力墙结构的抗震性能评估奠定理论基础。

7.2　试　验　方　案

7.2.1　试件设计

参考《混凝土结构设计规范(2016 年版)》(GB 50010—2010)[14]、《建筑抗震设计规范(2016 年版)》(GB 50011—2010)[15]、《建筑抗震试验方法规程》(JGJ/T 101—2015)[16]、《高层建筑混凝土结构技术规程》(JGJ 3—2010)[17],以冻融循环次数、混凝土强度等级和轴压比为变化参数,共设计制作了 16 榀截面与配筋均相同的剪跨比分别为 1.14 与 2.14 的一字形 RC 剪力墙试件。试件截面尺寸均为 700mm×100mm,墙体高度分别为 700mm 和 1400mm;墙体两侧设置边缘暗柱以模拟实际结构中主筋集中配置在墙体两侧的情况；混凝土保护层厚度均为 10mm，暗柱纵筋与墙板纵向分布筋均采用 HRB335 钢筋，其余配筋均为 HPB300 钢筋，试件具体设计参数与编号见表 7.1，试件几何尺寸与配筋如图 7.1 所示。

表 7.1　RC 剪力墙试件参数

试件编号	混凝土强度等级	轴压比	冻融循环次数	横向分布钢筋	纵向分布钢筋	暗柱纵筋	暗柱箍筋
SW-1	C50	0.2	0	Φ6@200/0.28%	Φ6@150/0.38%	4Φ12/4.52%	Φ6@150
SW-2	C50	0.2	100	Φ6@200/0.28%	Φ6@150/0.38%	4Φ12/4.52%	Φ6@150
SW-3	C30	0.2	200	Φ6@200/0.28%	Φ6@150/0.38%	4Φ12/4.52%	Φ6@150
SW-4	C40	0.2	200	Φ6@200/0.28%	Φ6@150/0.38%	4Φ12/4.52%	Φ6@150
SW-5	C50	0.1	200	Φ6@200/0.28%	Φ6@150/0.38%	4Φ12/4.52%	Φ6@150
SW-6	C50	0.2	200	Φ6@200/0.28%	Φ6@150/0.38%	4Φ12/4.52%	Φ6@150
SW-7	C50	0.3	200	Φ6@200/0.28%	Φ6@150/0.38%	4Φ12/4.52%	Φ6@150
SW-8	C50	0.2	300	Φ6@200/0.28%	Φ6@150/0.38%	4Φ12/4.52%	Φ6@150
SW-9	C50	0.2	0	Φ6@200/0.28%	Φ6@150/0.38%	4Φ12/4.52%	Φ6@150
SW-10	C30	0.2	100	Φ6@200/0.28%	Φ6@150/0.38%	4Φ12/4.52%	Φ6@150
SW-11	C40	0.2	100	Φ6@200/0.28%	Φ6@150/0.38%	4Φ12/4.52%	Φ6@150
SW-12	C50	0.2	100	Φ6@200/0.28%	Φ6@150/0.38%	4Φ12/4.52%	Φ6@150
SW-13	C50	0.1	200	Φ6@200/0.28%	Φ6@150/0.38%	4Φ12/4.52%	Φ6@150
SW-14	C50	0.2	200	Φ6@200/0.28%	Φ6@150/0.38%	4Φ12/4.52%	Φ6@150
SW-15	C50	0.3	200	Φ6@200/0.28%	Φ6@150/0.38%	4Φ12/4.52%	Φ6@150
SW-16	C50	0.2	300	Φ6@200/0.28%	Φ6@150/0.38%	4Φ12/4.52%	Φ6@150

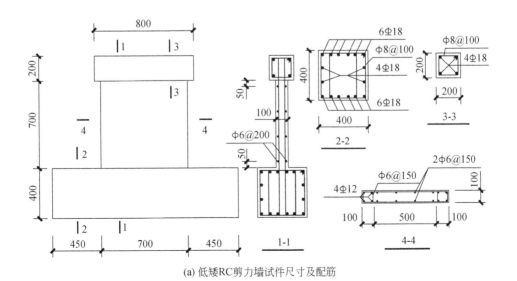

(a) 低矮 RC 剪力墙试件尺寸及配筋

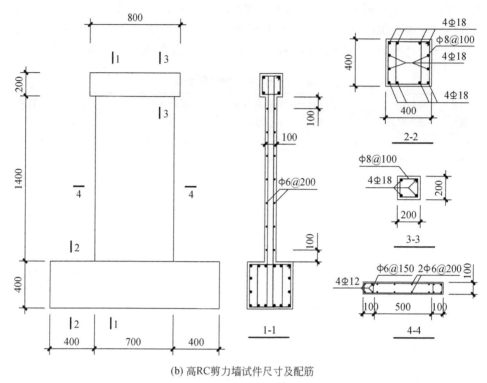

(b) 高RC剪力墙试件尺寸及配筋

图 7.1　RC 剪力墙试件尺寸及配筋(单位:mm)

此外,在剪力墙构件的上下两端分别设置了顶梁与底梁。其中,顶梁用于模拟实际结构中现浇楼板对剪力墙的约束作用,同时担任水平荷载与竖向荷载的加载单元,其尺寸为 800mm×200mm×200mm;底梁则用于模拟刚性基础的嵌固条件,其尺寸为 1600mm×400mm×400mm;且顶梁与底梁设置了足够的钢筋以防止试验中其先于剪力墙发生破坏。

7.2.2　试件制作与试验流程

本试验所涉及的 RC 剪力墙试件在实施拟静力加载之前需对其进行不同程度的冻融循环试验,具体冻融试验方案详见第 2 章。为防止顶梁和底梁因冻融循环影响墙板的破坏形态,故采用墙板与顶梁、底梁分离的两次浇筑施工方法,即先浇筑墙板并预留伸入顶梁和底梁的纵向分布钢筋,养护 28d 后置于水槽中浸泡 4d,后置于人工气候实验室对其进行冻融循环试验,待墙板达到设计冻融循环次数后,再将墙板与顶梁、底梁浇筑为一体,养护 42d 后移送西安建筑科技大学结构抗震试验室进行拟静力加载试验。RC 剪力墙试件制作及试验流程如图 7.2 所示。

墙板浇筑　　　　　水槽养护　　　　　冻融循环　　　　　　穿孔凿毛

加载破坏　　　刷白打格　　　浇筑成型　　　支模浇筑　　　　　绑扎钢筋

图 7.2　试件制作与试验流程图

7.2.3　拟静力加载与量测方案

1. 加载装置

为尽可能真实反映 RC 剪力墙构件在地震作用下的实际受力状况,同时考虑试验加载设备与加载条件,采用悬臂柱式加载方式对各 RC 剪力墙试件进行拟静力加载。加载过程中,试件竖向恒定荷载通过固定于反力架上的 500kN 液压千斤顶施加,且通过安装滚轴使千斤顶能随试件变形而在水平向自由移动;试件顶端自由(可以发生水平位移和转角),底端固定,并采用 500kN 电液伺服作动器施加水平往复荷载,试验数据由 1000 通道 7V08 数据采集仪采集,试验全过程由 MTS 电液伺服结构试验系统及计算机控制。剪力墙试件加载装置见图 7.3。

2. 加载方案

根据《建筑抗震试验方法规程》(JGJ/T 101—2015)[16]的规定,正式加载前,为检验、校准加载装置及量测仪表并消除试件内部的不均匀性,取开裂荷载[18]的 30% 对各试件进行两次预加往复荷载,随后对试件进行正式低周反复加载,具体加载制度如下:

试验中采用荷载、位移混合加载制度。加载时,首先在剪力墙试件顶部施加轴压力至设定轴压比,并使试件顶部轴向力在试验过程中保持不变,然后在试件上端施加水平往复荷载,试件屈服以前,采用荷载控制并分级加载,荷载增量为 20kN,每级控制荷载往复循环 1 次;加载至试件底部纵向钢筋屈服后,以纵向钢筋屈服时

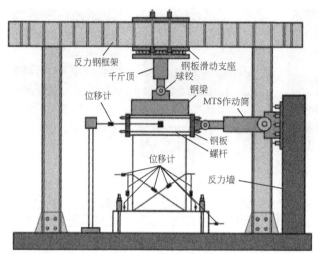

图 7.3　RC 剪力墙试件加载示意与装置

对应的试件顶部位移为级差进行位移控制加载,每级控制位移循环 3 次;当加载到试件明显失效或试件破坏明显时停止加载,试验加载制度如图 7.4 所示。

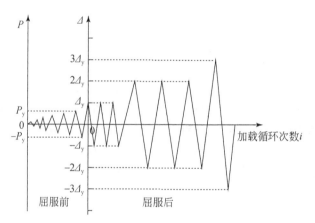

图 7.4　试验加载制度示意图

3. 测点布置及测试内容

试验量测内容根据试验目的预先确定。布置的应变片、应变仪、位移计等不但要满足精度的要求,还应保证足够的量程,确保满足构件进入非线性阶段量测大变形的要求。本次试验量测内容主要包括墙顶轴向压力 N 与水平推拉力 P、墙顶总水平位移与墙体剪切变形、墙体裂缝特征(裂缝的位置、宽度、倾斜角度等)及开展情况。测点布置与具体量测方法如下：

　　1）荷载量测

　　墙顶轴向压力 N 采用液压千斤顶进行加载，全程监测并控制其至设计轴向压力保持不变。水平荷载通过 MTS 电液伺服作动器中的荷载传感器实时采集记录。

　　2）变形量测

　　通过设置位移计和百分表量测墙体的水平位移和剪切变形，相应的测量仪表布置如图 7.3 所示。其中，墙体水平位移由设置在顶梁和底梁端部中心处的位移计所测位移之差得到；墙体剪切变形由布置在距墙底 700mm 高度处交叉位移计的读数计算得到，其计算示意图如图 7.5 所示，相应计算公式见式(7-1)、式(7-2)。

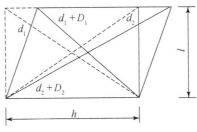

图 7.5　剪切变形计算示意图

$$\Delta_{\mathrm{s}}=\frac{1}{2}\left[\sqrt{(d_1+D_1)^2-h^2}-\sqrt{(d_2+D_2)^2-h^2}\right] \tag{7-1}$$

$$\gamma=\frac{\Delta_{\mathrm{s}}}{l} \tag{7-2}$$

式中，Δ_{s} 为各剪力墙试件的剪切变形；d_1 和 d_2 分别为两个交叉位移计的原始长度；D_1 和 D_2 分别为两个交叉位移计量测到的变形；l 为剪切位移计布置高度。

　　3）裂缝观测

　　为确定水平往复荷载作用下冻融 RC 剪力墙试件裂缝发展规律，需精确记录裂缝出现时间与裂缝类型，同时在试件表面涂抹一层白漆并打上参考格线(5cm×5cm)，以观测裂缝分布规律。

7.3　试验现象与分析

7.3.1　试件冻融损伤形态

　　人工气候加速冻融试验完成后，不同冻融程度 RC 剪力墙试件的表观形态如图 7.6 所示。由图可见，相比未冻融试件 SW-1，冻融循环 100 次的试件 SW-2 沿暗柱纵筋方向混凝土保护层表面出现较多不同程度的冻胀裂缝，且裂缝主要集中于墙体边缘,主要由于该部分混凝土三面受冻,冻融损伤程度较为严重;冻融循环200 次的试件 SW-6,裂缝数量相对增多,主要集中于墙体四周,暗柱边缘裂缝变宽,并向墙板中部延伸,墙体棱角处有少量骨料露出;冻融循环 300 次的试件 SW-8,裂缝数量继续增多,暗柱边缘冻胀裂缝变宽,并进一步向墙板中部延伸,同时墙体角部混凝土变酥,部分骨料和砂浆发生脱落。

对比试件 SW-1、SW-2、SW-6 以及 SW-8 表面冻胀裂缝数量与分布可发现,随冻融循环次数的增加,试件表面冻胀裂缝数量、宽度以及覆盖面积增大,裂缝分布由墙板四周向中部延伸,表面破损趋于严重。产生上述现象的原因可归结于经多次冻融循环后,混凝土内部孔隙增大,同时静水压和渗透压所产生的压应力超过混凝土的抗拉强度,导致混凝土内部微裂缝数量增多,进而致使孔隙及微裂缝扩展并互相连通。

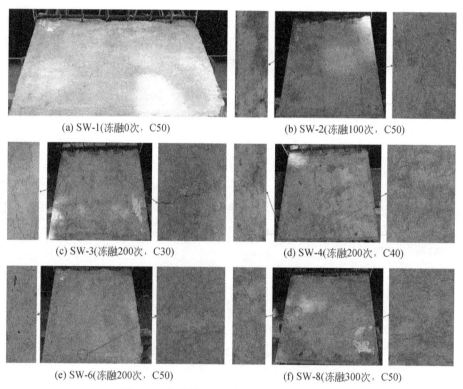

(a) SW-1(冻融0次,C50)　(b) SW-2(冻融100次,C50)
(c) SW-3(冻融200次,C30)　(d) SW-4(冻融200次,C40)
(e) SW-6(冻融200次,C50)　(f) SW-8(冻融300次,C50)

图 7.6　冻融循环 RC 剪力墙试件表观形态

对比试件 SW-3、SW-4 和 SW-6 表面冻胀裂缝数量与分布可以发现,随着混凝土强度等级的提高,试件表面冻胀裂缝数量及宽度均减小,裂缝分布由墙板中部向四周延伸,表面破损程度降低。产生上述现象的原因可归结于较高强度等级混凝土其内部微孔总含量较小,密实性较强(见图 2.3 和图 2.4 中不同强度混凝土的扫描电镜照片)。

此外,从裂缝在墙体各部位出现的先后顺序可见,暗柱箍筋和墙体水平分布筋对冻胀裂缝的开展具有一定的抑制作用,即暗柱箍筋和墙体水平分布筋可降低冻融循环对 RC 剪力墙试件造成的冻融损伤。

7.3.2　试件受力破坏过程与特征

1. 低矮 RC 剪力墙受力破坏过程

各低矮 RC 剪力墙试件的受力破坏过程相似,均经历了弹性、弹塑性和破坏三个阶段。现以试件 SW-1 为例,对低矮 RC 剪力墙试件的受力破坏过程予以描述:初始加载时,墙体处于弹性阶段。当墙顶水平荷载达 168.9kN(墙顶水平位移为 1.27mm,位移角 $\delta=1/630$)时,墙体暗柱受拉区出现初始水平裂缝。随水平往复荷载的增大,墙体端部暗柱部位新增多条水平短裂缝,原有水平裂缝由端部向腹板底部斜向开展、延伸,且宽度不断增加。当墙顶水平荷载达 277.8kN(墙顶水平位移为 3.25mm,位移角 $\delta=1/246$)时,墙体出现多条沿 45°方向延伸的剪切斜裂缝,墙顶水平位移发展较快,试件开始屈服并进入弹塑性发展阶段,此时水平加载制度由荷载控制改为位移控制。随墙顶水平位移的增加,原有剪切斜裂缝继续延长、加宽并相互交叉呈网状分布,进而将墙体分割成块状。当墙顶水平位移达 6.86mm(位移角 $\delta=1/137$)时,第一次循环加载,交叉剪切斜裂缝宽度达到 1mm,第三次循环反向加载,剪切斜裂缝宽度迅速增大,试件开始进入破坏阶段。随墙顶水平位移的继续增加,主斜裂缝下方墙脚混凝土局部被压碎,试件最终因截面削弱较多,抗剪能力降低,发生剪切破坏。各试件最终裂缝分布与破坏形态及局部破坏情况如图 7.7 和图 7.8 所示。此外,由于试验设计参数的变化,各试件的受力破坏过程又表现出明显的差异性,具体如下。

(1)其余设计参数相同时,随冻融循环次数的增加,低矮 RC 剪力墙试件初始水平裂缝、剪切斜裂缝及受压区混凝土竖向黏结滑移裂缝的出现提前(图 7.8(a)),保护层外鼓现象趋于明显;开裂后墙底水平裂缝数量减少,而裂缝的间距与宽度增大,这主要是由于冻融循环削弱了钢筋与混凝土间的黏结性能,使得钢筋中应力通过黏结应力传递给混凝土时所需传力长度增加,从而导致水平裂缝间距增大,进而裂缝宽度增加;最终破坏时试件损坏程度增加,墙脚部压碎混凝土呈颗粒状,即冻融后混凝土趋于疏松,这与前述冻融混凝土材料力学性能试验结果一致。经 300 次冻融循环的试件(SW-8)墙体脚部混凝土损伤情况如图 7.8(b)所示。试验后移除酥碎的混凝土发现,墙体内部混凝土出现较为明显的分层现象,如图 7.8(c)所

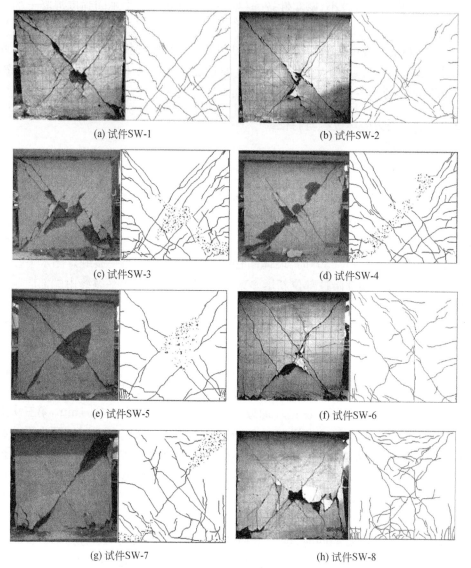

(a) 试件SW-1

(b) 试件SW-2

(c) 试件SW-3

(d) 试件SW-4

(e) 试件SW-5

(f) 试件SW-6

(g) 试件SW-7

(h) 试件SW-8

图 7.7　低矮 RC 剪力墙裂缝分布与破坏状态图

示。观察剥落的混凝土块体发现,其表层区域混凝土呈土黄色,且向内部区域逐步变淡,直至消失,如图 7.8(d)所示。

(2)其余设计参数相同时,随着混凝土强度等级的提高,低矮 RC 剪力墙试件初始水平裂缝与剪切斜裂缝的出现逐渐推迟;墙底水平裂缝的宽度逐渐减小;最终破坏时墙体混凝土压碎剥落面积逐渐减小,而破坏过程突然,脆性特征显著。

(3)其余设计参数相同时,随着轴压比的增加,试件初始水平裂缝、交叉斜裂缝的出现时间逐渐推迟,且水平裂缝、斜裂缝的发展速率逐渐降低,表明轴压力能够推迟试件水平裂缝与斜裂缝的产生并在一定程度减缓水平裂缝与斜裂缝的开展;墙底水平裂缝的宽度与最终破坏时剪切主裂缝宽度均逐渐减小。

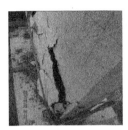

(a) 保护层外鼓　　　　(b) 混凝土酥碎　　　　(c) 内部混凝土分层　　　　(d) 剥落部分

图 7.8　低矮 RC 剪力墙局部破坏图

2. 高 RC 剪力墙受力破坏过程

各高 RC 剪力墙试件的受力破坏过程相似,均经历了弹性、弹塑性和破坏三个阶段。现以试件 SW-9 为例,对高 RC 剪力墙试件的受力破坏过程予以描述:初始加载时,墙体处于弹性阶段,当墙顶水平荷载达到 119.6kN 时(墙顶水平位移为 2.76mm,位移角 $\delta=1/543$),墙体暗柱底部受拉区出现初始水平裂缝。随水平往复荷载的增大,暗柱底部新增多条水平裂缝,原有水平裂缝由端部向斜下方延伸,且宽度不断增加,当墙顶水平荷载达 179.4kN 时(墙顶水平位移为 7.31mm,位移角 $\delta=1/205$),墙体暗柱底部受拉纵筋屈服,此时加载方式由力控制改为位移控制。随着墙顶水平位移的增加,暗柱底部水平裂缝向腹板底部斜向延伸,原有斜裂缝继续延长且不断加宽,并在靠近腹板中间处形成交叉的弯剪斜裂缝。当墙顶水平位移达 12.97mm 时(墙顶水平荷载为 200.6kN,位移角 $\delta=1/116$),墙体暗柱底部保护层混凝土剥落,形成较为明显的塑性铰(塑性铰高度 $l_\mathrm{p}=220$mm)。当墙顶水平位移达 16.39mm 时(墙顶水平荷载为 214.6kN,位移角 $\delta=1/97$),试件达到峰值荷载,与斜裂缝相交的水平分布筋屈服,试件开始进入破坏阶段。随墙顶水平位移的继续增加,已有斜裂缝迅速发展,宽度继续增加,同时墙体底部受压区混凝土破碎面积增加。最终,因墙体脚部混凝土压碎掉落,暗柱纵筋压曲(图 7.10(a)),截面削弱较多,墙顶水平荷载迅速下降,试件宣告破坏。各试件最终裂缝分布与破坏形态及局部破坏情况如图 7.9 和图 7.10 所示。此外,由于设计试验变量不同,各试件在加载破坏过程中又表现出不同的特征,具体表现如下。

(1)其余设计参数相同时,随冻融循环次数的增加,高 RC 剪力墙试件初始水平裂缝的出现逐渐提前;最终破坏时试件弯剪主裂缝宽度与墙体破坏程度逐渐增加。其中,冻融 300 次的高剪力墙试件(SW-16)加载至墙顶水平位移达 10.76mm

时,墙体底部暗柱纵筋及竖向分布筋全部受压屈曲(图 7.10(b)),墙体端部混凝土被压碎,呈酥碎的颗粒状(图 7.10(c)),试件丧失水平承载力,破坏时脆性特征显著。移除酥碎的混凝土发现,墙体内部混凝土出现与低矮 RC 剪力墙试件 SW-8 一致的冻融分层现象(图 7.10(d))。

（2）其余设计参数相同时,随混凝土强度等级的提高,高 RC 剪力墙试件初始水平裂缝的出现推迟;墙底水平裂缝数量与宽度逐渐减小;最终破坏时墙体混凝土压碎脱落面积逐渐减小。

（3）其余设计参数相同时,随着轴压比的增加,高 RC 剪力墙试件水平裂缝、斜裂缝的出现时间逐渐推迟,开裂后水平裂缝的发展速率较慢;墙底水平裂缝宽度减小;破坏时墙体塑性铰高度先增大后减小。其中轴压比大的试件破坏时脆性特征显著,纵筋明显屈曲,核心区混凝土被压碎。

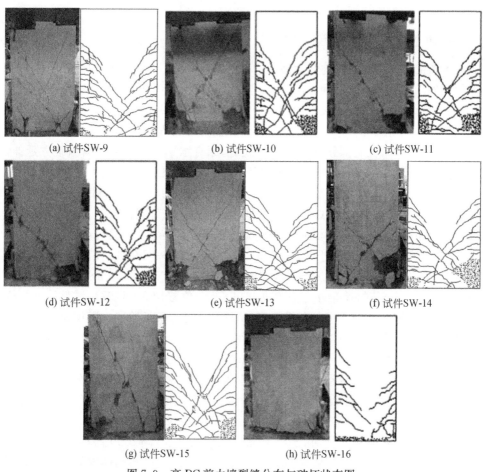

(a) 试件SW-9　　　　　　　(b) 试件SW-10　　　　　　　(c) 试件SW-11

(d) 试件SW-12　　　　　　　(e) 试件SW-13　　　　　　　(f) 试件SW-14

(g) 试件SW-15　　　　　　　(h) 试件SW-16

图 7.9　高 RC 剪力墙裂缝分布与破坏状态图

(a) 墙脚纵筋屈曲　　　(b) 截面纵筋屈曲　　　(c) 混凝土酥碎　　　(d) 混凝土分层

图 7.10　高 RC 剪力墙局部破坏图

7.4　试验结果与分析

7.4.1　滞回性能

滞回曲线是指结构或构件在低周反复荷载作用下的荷载-位移曲线,可反映试件不同受力状态下的承载力与变形特性,以及刚度、强度退化和耗能能力等特性,是反映结构或构件抗震性能优劣的重要指标。图 7.11 和图 7.12 分别为冻融低矮($\lambda=1.14$)、高($\lambda=2.14$)RC 剪力墙试件的滞回曲线。

1. 低矮 RC 剪力墙试件

对比图 7.11 试件的滞回曲线可见,在整个加载过程中,各试件的滞回性能相似。开裂前,试件处于弹性工作阶段,其滞回曲线近似呈一条直线,卸载后无残余变形。开裂后,随墙顶水平荷载的增加,滞回曲线向位移轴略微倾斜,滞回环包围的面积逐渐增大,卸载后出现残余变形。屈服后,随墙顶水平位移的增加,滞回环包围的面积继续增大,卸载后残余变形增大,加卸载刚度降低,且滞回曲线出现了一定程度的捏拢。水平荷载达到峰值后,随墙顶水平位移的继续增加,墙顶荷载、加卸载刚度以及滞回环包围的面积均迅速下降。冻融的不均匀性[19]以及初始加载的方向性等使得同一加载幅值下墙体两侧墙脚破坏程度不同,进而致使正负向滞回曲线呈现出较为明显的不对称分布。此外,由于试验设计变量的不同,各试件又表现出不同的滞回特性,具体表现如下。

(1)其余设计参数相同时,随冻融循环次数的增加,墙顶峰值荷载降低,相同墙顶水平位移下加卸载刚度退化,剪切滑移现象逐渐明显(主要是冻融作用导致钢筋与混凝土间的黏结性能退化[20]),卸载后的残余变形增大;最终破坏时墙顶水平位移和滞回曲线包围的总面积呈增大趋势。

(2)其余设计参数相同时,随混凝土强度的提高,墙顶峰值荷载及卸载后的残余变形均增大;滞回环的捏拢现象减弱,滞回环包围的面积逐渐增加;最终破坏时墙顶水平位移与滞回曲线包围的总面积均增大,表明提高混凝土强度可提高冻融低矮 RC 剪力墙试件的耗能能力。

　　(3)其余设计参数相同时,随轴压比的增大,相同墙顶水平位移下滞回环的丰满程度及卸载后的残余变形均增大,墙顶峰值荷载呈增加趋势;最终破坏时墙顶水平位移先增大后减小,滞回曲线包围的总面积增加,表明增大轴压比可提高冻融低矮 RC 剪力墙试件的耗能能力。

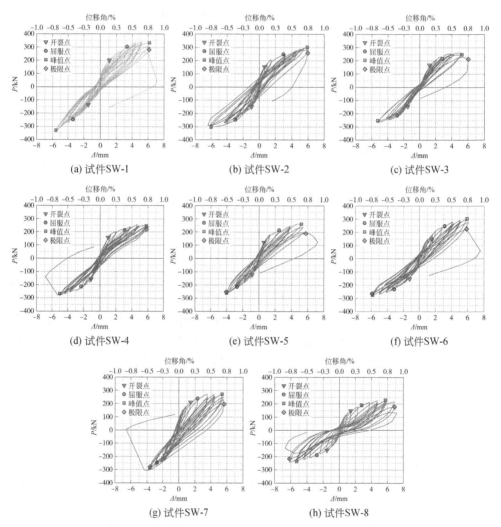

图 7.11　冻融低矮 RC 剪力墙试件荷载-位移滞回曲线

2. 高 RC 剪力墙试件

对比图 7.12 试件的滞回曲线可见,在整个加载过程中,各试件的滞回性能相似。加载初期,试件处于弹性工作阶段,各试件的滞回曲线基本呈直线,卸载后基本无残余变形,滞回环包围的面积近似为零。开裂后,随墙顶水平往复荷载的增加,滞回曲线向位移轴略微倾斜,滞回环包围的面积增大,卸载后逐步出现残余变形。墙脚暗柱受拉纵筋屈服后,随着墙顶水平位移的增加,塑性变形累积增大,滞回环包围的面积及卸载后残余变形增大,加卸载刚度降低,滞回曲线逐步出现捏拢

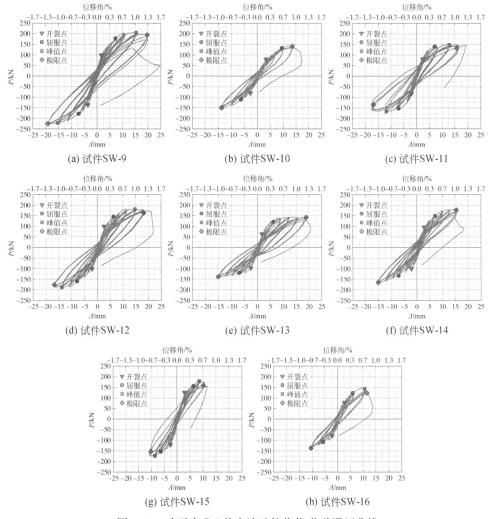

(a) 试件 SW-9　　　　　　(b) 试件 SW-10　　　　　　(c) 试件 SW-11

(d) 试件 SW-12　　　　　　(e) 试件 SW-13　　　　　　(f) 试件 SW-14

(g) 试件 SW-15　　　　　　(h) 试件 SW-16

图 7.12　冻融高 RC 剪力墙试件荷载-位移滞回曲线

现象。峰值后,随墙顶水平位移的继续增加,滞回环面积继续增大但曲线不再稳定,试件加卸载刚度退化更加显著,卸载后残余变形进一步增大,试件正负向滞回曲线呈现出较明显的不对称分布。此外,由于试验设计变量的不同,各试件滞回特性表现出明显的差异,具体如下。

(1)其余设计参数相同时,随着冻融循环次数的增加,墙顶峰值荷载和峰值位移降低,相同墙顶水平位移下加卸载刚度退化,滞回环的丰满程度及面积减小,剪切滑移现象逐步明显,卸载后残余变形增大;峰值荷载后墙顶水平荷载的下降速率加快,滞回曲线的屈服平台变短;最终破坏时滞回曲线包围的总面积及墙顶水平位移均减小,表明冻融损伤将致使高剪力墙的耗能能力与变形能力变差。

(2)其余设计参数相同时,随着混凝土强度的提高,墙顶峰值荷载增大,相同墙顶水平位移下加卸载刚度增加,滞回环的丰满程度以及卸载后的残余变形增大;峰值荷载后墙顶水平荷载的下降速率降低,滞回曲线的屈服平台略有延长;最终破坏时滞回曲线包围的总面积及墙顶水平位移均增大,表明冻融损伤程度相同时,随混凝土强度的增加,高剪力墙的耗能能力和变形能力逐渐增强。

(3)其余设计参数相同时,随轴压比的增大,墙顶峰值荷载提高,相同墙顶水平位移下加卸载刚度增加,峰值位移、相同墙顶水平位移下滞回环的丰满程度以及卸载后的残余变形均降低;峰值荷载后墙顶水平荷载的下降速率加快,滞回曲线的屈服平台变短;最终破坏时滞回曲线包围的总面积与墙顶水平位移均减小,表明冻融损伤程度相同时,随轴压比的增大,高剪力墙的耗能能力与变形能力逐渐减弱。

7.4.2　骨架曲线及特征点参数

将 RC 剪力墙试件顶部水平荷载-位移滞回曲线各循环峰值点相连即可得到试件的骨架曲线,如图 7.13 与图 7.14 所示。冻融的不均匀性[19]以及初始加载的方向性等原因使得正负向骨架曲线呈现出较为明显的不对称性,因此取同一循环下正负向荷载与位移的平均值得到试件的平均骨架曲线,并根据平均骨架曲线给出各试件骨架曲线特征点参数值列于表 7.2 和表 7.3。同时,采用位移延性系数 μ 指标衡量试件的塑性变形能力,其计算式如下:

$$\mu = \frac{\Delta_u}{\Delta_y} \tag{7-3}$$

式中,Δ_y、Δ_u 分别为屈服状态和极限状态所对应的墙顶水平位移。其中,屈服位移由能量等值法[21]确定;极限位移取荷载下降至 85% 峰值荷载时对应的墙顶水平位移。

1. 低矮 RC 剪力墙试件

(1)由图 7.13(a)和表 7.2 可见,其余设计参数相同时,冻融损伤试件的初始刚度均低于未冻融试件 SW-1 的初始刚度,随冻融循环次数的增加,试件初始刚度降低,刚度退化速率增大,原因为冻融循环降低了混凝土弹性模量,且使试件内部微裂缝的数量增多、发展速率增大;冻融损伤试件的开裂荷载、屈服荷载和峰值荷载均低于未冻融试件 SW-1,其中冻融循环 300 次的试件 SW-8 的峰值荷载较未冻融试件 SW-1 下降了 29.9%,试件各荷载特征值随冻融损伤程度的增加呈降低趋势,其主要是由于冻融循环降低了混凝土的力学性能(抗拉强度、抗压强度等)及其与钢筋间的黏结性能[20,22,23]。

(2)由图 7.13(b)和表 7.2 可见,其余设计参数相同时,混凝土强度较高的剪力墙试件初始刚度和刚度退化速率较大;随着混凝土强度的增加,试件屈服状态和峰值状态下的墙顶水平荷载均增大,峰值位移增大,极限位移与位移延性系数减小,其中混凝土强度等级为 C50 的试件 SW-6 较混凝土强度等级 C30 的试件 SW-3 峰值荷载增加了 16.4%,表明随着混凝土强度的提高,冻融低矮 RC 剪力墙的承载能力增加,塑性变形能力降低,这与文献[24]中未冻融剪力墙的试验结果具有一致性。

(3)由图 7.13(c)和表 7.2 可见,其余设计参数相同时,随着轴压比增大,开裂荷载、开裂位移及屈服荷载均增大;而峰值状态下墙顶水平荷载并未随轴压比的增加而增大,其中轴压比最大的试件 SW-7 峰值荷载略低于试件 SW-6 的,原因可归结为:试件 SW-7 的轴压比较大,其破坏形态已属于小偏心受压破坏,试件大部分截面受压,承载能力降低。随着轴压比的增大,试件位移延性系数逐渐减小,表明轴压比的增大削弱了低矮 RC 剪力墙的塑性变形能力[24]。

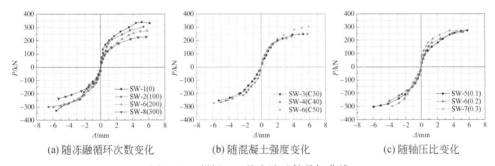

(a) 随冻融循环次数变化　　　　(b) 随混凝土强度变化　　　　(c) 随轴压比变化

图 7.13　低矮 RC 剪力墙试件骨架曲线

表 7.2　低矮 RC 剪力墙试件骨架曲线特征参数与耗能特性

| 试件编号 | 开裂点 | | 屈服点 | | 峰值点 | | 极限点 | 位移 |
	荷载/kN	位移/mm	荷载/kN	位移/mm	荷载/kN	位移/mm	位移/mm	延性系数
SW-1	168.89	1.27	275.27	3.35	330.35	5.86	6.12	1.83

续表

试件编号	开裂点		屈服点		峰值点		极限点位移/mm	位移延性系数
	荷载/kN	位移/mm	荷载/kN	位移/mm	荷载/kN	位移/mm		
SW-2	179.41	1.25	248.41	2.97	302.92	5.97	5.97	2.01
SW-3	156.71	1.35	213.01	2.84	250.03	5.25	6.04	2.13
SW-4	156.80	1.04	214.55	2.91	256.60	5.41	5.84	2.00
SW-5	121.61	0.72	214.03	2.57	260.91	4.61	4.89	1.90
SW-6	151.37	1.38	238.63	3.14	288.50	5.89	5.89	1.87
SW-7	209.74	1.58	242.07	2.51	279.05	4.54	4.63	1.81
SW-8	149.31	1.47	188.75	2.77	231.60	5.51	6.51	2.35

2. 高 RC 剪力墙试件

由图 7.14(a)和表 7.3 可见,其余设计参数相同时,冻融损伤试件的初始刚度较未冻融试件 SW-9 低,屈服后刚度退化速率增加;冻融损伤试件的骨架曲线基本被未冻融试件所包含,即冻融损伤试件不同受力状态下的墙顶水平荷载与位移均低于未冻融试件;随着冻融循环次数的增加,试件各荷载特征值和最终破坏时的墙顶水平位移及位移延性系数逐渐降低,其中冻融损伤程度较大的试件 SW-16 峰值荷载、极限位移较未冻融试件 SW-9 分别下降了 34.0% 和 46.5%,表明高 RC 剪力墙承载能力和变形能力随冻融损伤程度的增加逐渐降低。

由图 7.14(b)和表 7.3 可见,其余设计参数相同时,混凝土强度较高的剪力墙试件初始刚度及不同受力状态下的墙顶水平荷载均较大,其中试件 SW-12(C50)较试件 SW-10(C30)其峰值荷载提高了 27.4%,表明随着混凝土强度的提高,高 RC 剪力墙承载能力逐渐增强。

由图 7.14(c)和表 7.3 可见,其余设计参数相同时,较大轴压比试件的初始刚度较大;随着轴压比的增加,不同受力状态下墙顶水平荷载逐渐增加,峰值位移、极限位移及位移延性系数逐渐下降,表明高 RC 剪力墙随着轴压比的增加,其承载能力逐渐增强,而变形能力逐渐变差。其中,试件 SW-6($n=0.2$)相对试件 SW-5($n=0.1$)其峰值荷载增加 22.1%,极限位移减小 9.7%;试件 SW-7($n=0.3$)相对试件 SW-6 其峰值荷载增加 2.9%,极限位移减小 37.5%。对比可见,随着轴压比的增加,剪力墙峰值荷载的提高幅度降低,极限位移的下降幅度增大,这主要是由于大轴压比剪力墙的相对受压区高度较大,其破坏形态由延性较好的大偏心受压破坏逐步向脆性明显的小偏心受压破坏发展所致。

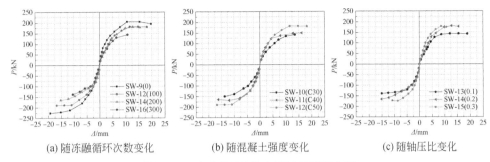

(a) 随冻融循环次数变化　　　(b) 随混凝土强度变化　　　(c) 随轴压比变化

图 7.14　冻融高 RC 剪力墙试件骨架曲线

表 7.3　冻融高 RC 剪力墙试件的骨架曲线特征参数

试件编号	开裂点		屈服点		峰值点		极限点位移/mm	位移延性系数
	荷载/kN	位移/mm	荷载/kN	位移/mm	荷载/kN	位移/mm		
SW-9	120.16	2.64	178.47	7.26	213.45	15.37	19.49	2.69
SW-10	80.36	2.76	121.80	7.93	145.52	13.68	13.68	1.73
SW-11	80.87	2.41	132.46	5.97	157.65	12.40	16.23	2.72
SW-12	99.88	2.34	152.73	7.06	185.37	14.34	17.50	2.48
SW-13	80.82	2.03	120.65	6.65	140.32	16.98	16.98	2.55
SW-14	99.31	2.33	142.37	7.07	171.30	15.34	15.34	2.17
SW-15	129.49	2.78	150.59	6.50	176.27	8.65	9.74	1.50
SW-16	78.36	2.46	116.33	5.86	140.79	10.62	10.62	1.81

7.4.3　强度衰减

低周反复荷载作用下,RC 剪力墙的承载能力将发生一定的退化,其中强度衰减是反映这一现象的宏观物理量之一,其退化速率越快,表明结构构件抵抗外载作用的能力丧失越快。为研究不同设计参数对冻融 RC 剪力墙强度衰减的影响,依据冻融 RC 剪力墙拟静力加载试验结果,得到不同设计参数下试件强度衰减关系曲线对比,分别如图 7.15 和图 7.16 所示。图中,$P_{j\max}$ 为 j 倍屈服位移幅值下的最大墙顶水平荷载;P_{ij} 为 j 倍屈服位移幅值下第 i 次循环墙顶水平荷载($i=1,2,3$);j 为试件屈服位移的倍数($j=1,2,3,\cdots$)。由于滞回曲线不对称,P_{ij} 和 $P_{j\max}$ 分别取同一加载位移幅值下正反向墙顶水平荷载的平均值。

可以看出,不同设计参数下各 RC 剪力墙试件的强度衰减曲线具有一定的相似性,即水平位移为一倍屈服位移倍数时,RC 剪力墙的强度衰减幅度较小,其原因为剪力墙裂缝发展不明显,损伤较轻。随着屈服位移倍数的增加,墙体底部受压区混凝土破碎面积增加,剪力墙有效受力面积减小,从而致使试件强度衰减幅度增大。此外,由于试验设计参数的不同,各试件的强度衰减规律又表现出一定的差异性。

1. 低矮 RC 剪力墙试件

由图 7.15 可见,其余设计参数相同时,相对未冻融试件 SW-1,同级加载位移下,冻融损伤试件的强度衰减幅度较大;随冻融循环次数的增加,强度衰减幅度增加,其主要是由于冻融循环降低了混凝土的力学性能及其与钢筋间的黏结性能[20,22],并使试件内部微裂缝以及表面冻胀裂缝数量增多,从而致使试件损伤累积速率加快。其余设计参数相同时,随混凝土强度等级的增加,同级加载位移下,RC 剪力墙试件强度衰减幅度增加;随着轴压比的增加,同级加载位移下,较小屈服位移倍数下 RC 剪力墙试件强度衰减幅度先减小后增大,而较大屈服位移倍数下试件强度衰减幅度呈增大趋势。

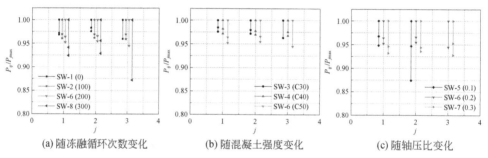

(a) 随冻融循环次数变化　　　(b) 随混凝土强度变化　　　(c) 随轴压比变化

图 7.15　冻融低矮 RC 剪力墙试件强度退化

2. 高 RC 剪力墙试件

由图 7.16 可见,其余设计参数相同时,相对于未冻融试件 SW-9,同级加载位移下,冻融损伤试件的强度衰减幅度较大,且随冻融循环次数的增加,强度衰减幅度增加。其余设计参数相同时,随混凝土强度的增加,同级加载位移下,RC 剪力墙

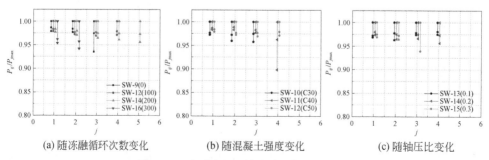

(a) 随冻融循环次数变化　　　(b) 随混凝土强度变化　　　(c) 随轴压比变化

图 7.16　冻融高 RC 剪力墙试件强度退化

试件强度衰减幅度呈减小趋势,这主要是由于较高强度的混凝土水灰比较低,密实度较高,导致其内部冻融损伤发展较慢;随着轴压比的增加,同级加载位移下,大轴压比试件的强度衰减幅度较大,主要由 $P\text{-}\Delta$ 效应增强所致。

7.4.4　刚度退化

为揭示冻融 RC 剪力墙的刚度退化规律,取各试件每级往复荷载作用下正反方向荷载绝对值之和除以相应的正反方向位移绝对值之和作为该试件每级循环加载的等效刚度 K_i,其计算公式如下:

$$K_i = \frac{|+P_i| + |-P_i|}{|+\Delta_i| + |-\Delta_i|} \tag{7-4}$$

式中,P_i 为试件第 i 次加载时的峰值荷载;Δ_i 为试件第 i 次加载时峰值位移。

基于式(7-4),以各试件的加载位移为横坐标,每级循环加载的等效刚度为纵坐标,绘制冻融低矮 RC 剪力墙试件和冻融高 RC 剪力墙试件的刚度退化曲线,如图 7.17 和图 7.18 所示。由图可见,不同设计参数下各 RC 剪力墙试件的刚度退化曲线具有一定的相似性。加载初期,试件处于弹性工作阶段,其刚度较大。随着加载位移的增大,各试件的刚度均不断减小,屈服后试件刚度退化速率降低,峰值后试件刚度退化速率则趋于稳定。此外,由于试验设计参数的不同,各试件的刚度退化规律又表现出一定的差异性。

1. 低矮 RC 剪力墙试件

由图 7.17 可见,其余设计参数相同时,冻融损伤试件的初始刚度均低于未冻融试件 SW-1 的,且随冻融损伤程度的增加,试件初始刚度的退化幅度逐渐增大,其原因为冻融循环降低了混凝土的弹性模量[16,22];随着墙顶水平位移的增加,冻融损伤试件的刚度退化速率较未冻融试件有所加快,最后均趋于平缓。

其余设计参数相同时,随着混凝土强度的增加,试件初始刚度与刚度退化速率增加,表现为混凝土强度较高的剪力墙试件刚度退化曲线与强度较低试件的趋于重合。

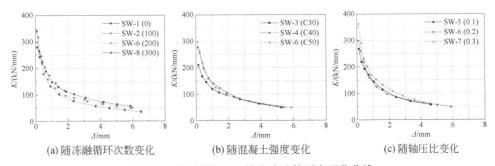

(a) 随冻融循环次数变化　　　　(b) 随混凝土强度变化　　　　(c) 随轴压比变化

图 7.17　冻融低矮 RC 剪力墙试件刚度退化曲线

其余设计参数相同时,随轴压比的增加,试件的初始刚度增大,但刚度退化速率加快,其主要是 P-Δ 效应增强所致的。

2. 高 RC 剪力墙试件

由图 7.18 可见,冻融损伤试件的刚度均低于未冻融试件 SW-1,且随着冻融循环次数的增加,相同加载位移下各试件的刚度逐渐减小。其余设计参数相同时,随混凝土强度及轴压比的增加,相同加载位移下试件刚度增大,刚度退化速率有所加快。

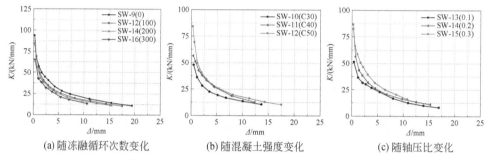

(a) 随冻融循环次数变化　　　　(b) 随混凝土强度变化　　　　(c) 随轴压比变化

图 7.18　冻融高 RC 剪力墙试件刚度退化曲线

7.4.5　耗能能力

构件的耗能能力是指其通过形变消耗外界输入能量的能力,是衡量其抗震性能的重要依据。国内外学者提出了多种结构构件耗能能力评价指标,如功比系数、能量耗散系数、等效黏滞阻尼系数和累积耗能等,本节选取能量耗散系数和累积耗能为指标,对冻融 RC 剪力墙试件在往复荷载作用下的耗能能力进行评估。

1. 能量耗散系数

试件在一次循环加载过程中,由于非弹性变形产生的能量耗散一般以滞回曲线所包围的面积表示。本节采用能量耗散系数 ξ 来评价结构构件的耗能能力,其计算公式为

$$\xi = \frac{S_{ABCDA}}{S_{\triangle ODF} + S_{\triangle OBE}}$$

式中,$S_{\triangle OBE}$、$S_{\triangle ODF}$ 分别为滞回环正向、反向顶点与位移轴连线构成的直角三角形面积;S_{ABCDA} 为一个滞回环所包围的面积,其计算简图如图 7.19 所示。

计算得到的各试件在屈服状态和峰值状态下的能量耗散系数如图 7.20 和图 7.21 所示。

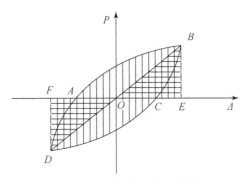

图 7.19　能量耗散系数计算简图

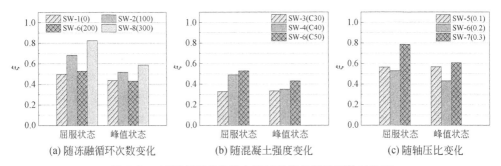

图 7.20　冻融低矮 RC 剪力墙试件能量耗散系数对比图

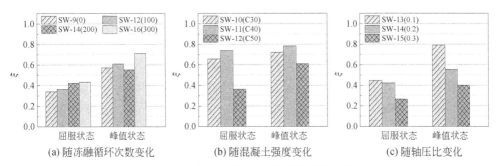

图 7.21　冻融高 RC 剪力墙试件能量耗散系数对比

1)低矮 RC 剪力墙试件

由图 7.20 可见,其余设计参数相同时,随混凝土强度的增加,RC 剪力墙屈服和峰值状态下的能量耗散系数增大,表明混凝土强度较高剪力墙试件在屈服和峰值状态下的耗能能力较强。其余设计参数相同时,随着轴压比的增大,RC 剪力墙屈服和峰值状态下的能量耗散系数减小,其主要是由于较高轴压比的试件受拉钢筋应变较小,而随着轴压比的进一步增大,RC 剪力墙屈服和峰值状态下的能量耗散增大,这主要是由于试件的残余变形增加。

2)高 RC 剪力墙试件

由图 7.21 可见,其余设计参数相同时,冻融损伤试件屈服和峰值状态下的能量耗散系数 ξ 均高于未冻融试件的能量耗散系数,且随着冻融循环次数的增加,试件屈服和峰值状态下的能量耗散系数 ξ 呈增大趋势,这主要是由于冻融损伤造成试件残余变形增加。其余设计参数相同时,随着混凝土强度的增加,试件屈服和峰值状态下的能量耗散系数先增大后减小。其余设计参数相同时,随着轴压比的增大,试件屈服和峰值状态下的能量耗散系数 ξ 减小。

2. 累积耗能

累积耗能为试件加载过程中所累积的耗散能量,可表示为 $E=\sum E_i$。其中,E_i 为每一级加载滞回环的面积。各试件累积耗能与加载循环次数的关系曲线分别如图 7.22 和图 7.23 所示。由图可见,不同设计参数下各 RC 剪力墙试件的累积耗能曲线具有一定的相似性,即加载初期,试件处于线性加卸载阶段,累积耗能近似为零,各试件的累积耗能相差较小,而随着加载循环次数的增大,累积耗能近似呈指数型增长,各试件的累积耗能曲线不再重合。此外,由于试验设计参数的不同,不同剪跨比 RC 剪力墙试件的累积耗能变化规律又表现出一定的差异性。

1)低矮 RC 剪力墙试件

(1)由图 7.22(a)可见,其余设计参数相同时,随着冻融循环次数的增加,RC 剪力墙在相同加载循环下的累积滞回耗能呈减小趋势,但经 200 次和 300 次冻融循环试件之间的累积耗能差异较小。

(2)由图 7.22(b)可见,其余设计参数相同时,随着混凝土强度等级的增加,同一加载循环次数下的累积耗能与最终破坏时的累积耗能均增大。其中,强度等级为 C50 的试件 SW-6 破坏时的累积耗能较强度等级为 C40 的试件 SW-4 破坏时累积耗能增加了 41.4%;强度等级为 C40 的试件 SW-4 破坏时的累积耗能较强度等级为 C30 的试件 SW-10 破坏时的累积耗能增加了 22.5%。

(3)由图 7.22(c)可见,其余设计参数相同时,随着轴压比的增大,相同加载循环次数下各试件的累积耗能近似相等,最终破坏时的累积耗能增大,这与未冻融试件的变化规律不同,原因可归结为:较大的轴压比使得两侧墙脚混凝土被压碎,试件呈斜压破坏发展。其中,轴压比为 0.3 的试件 SW-7 破坏时的累积耗能较轴压比为 0.2 的试件 SW-6 破坏时的累积耗能增加了 39.0%;轴压比为 0.2 的试件 SW-6 破坏时的累积耗能较轴压比为 0.1 的试件 SW-5 破坏时的累积耗能增加了 16.7%;表明随着轴压比的增加,冻融损伤低矮 RC 剪力墙最终破坏时累积耗能的增加幅度减小。

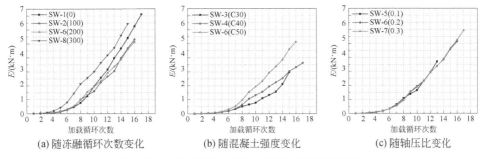

(a) 随冻融循环次数变化　　(b) 随混凝土强度变化　　(c) 随轴压比变化

图 7.22　冻融低矮 RC 剪力墙试件累积耗能曲线

2) 高 RC 剪力墙试件

(1) 由图 7.23(a) 可见,其余设计参数相同时,随着冻融循环次数的增加,RC 剪力墙最终破坏时的累积耗能依次减小了 7.5%、33.8% 和 43.6%,表明冻融循环削弱了 RC 剪力墙的耗能能力。

(2) 由图 7.23(b) 可见,冻融循环次数相同时,强度等级为 C50 的试件 SW-12 累积耗能相对强度等级为 C40 的试件 SW-11 增加了 29.5%,强度等级为 C40 的试件 SW-11 累积耗能较强度等级为 C30 的试件 SW-10 增加了 16.8%,表明增大混凝土强度可增强 RC 剪力墙的耗能能力。

(3) 由图 7.23(c) 可见,冻融循环次数及循环加载次数均相同时,累积耗能随轴压比的增大呈降低趋势;最终破坏时,轴压比为 0.3 的试件 SW-15 累积耗能较轴压比为 0.2 的试件 SW-14 下降了 48.8%,轴压比为 0.2 的试件 SW-14 累积耗能较轴压比为 0.1 的试件 SW-13 下降了 21.5%,表明相同冻融损伤程度时,较大轴压比试件的耗能能力较差。

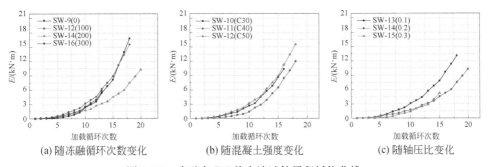

(a) 随冻融循环次数变化　　(b) 随混凝土强度变化　　(c) 随轴压比变化

图 7.23　冻融高 RC 剪力墙试件累积耗能曲线

7.4.6　剪切变形分析

依据设置在剪力墙表面的交叉位移计测试结果,按式(7-1)和式(7-2)计算获得低矮($\lambda=1.14$)和高($\lambda=2.14$)RC 剪力墙试件开裂、屈服和峰值状态下的平均剪应变 γ 及剪切变形占总变形的比值 Δ_s/Δ,如表 7.4 与表 7.5 所示。

1. 低矮 RC 剪力墙试件

(1)在整体受力过程中,冻融损伤低矮 RC 剪力墙剪切变形占总变形的比例呈增大趋势,表明冻融损伤低矮 RC 剪力墙的剪切效应随试件损伤破坏的加剧而更加显著。

(2)其余设计参数相同时,冻融损伤试件不同受力状态下的剪切变形及其占总变形的比例较未冻融试件 SW-1 均呈增大趋势,且随着冻融循环次数的增加,不同受力状态下的剪切变形及其占总变形的比例亦呈增大趋势,其中峰值状态时的剪切变形占总变形的比例由 29.7% 增加至 84.1%,表明冻融循环削弱了试件的抗剪性能,且随冻融损伤程度的增加,抗剪性能的削弱幅度不断增大。

(3)其余设计参数相同时,随着混凝土强度的提高,屈服和峰值状态下的剪切变形及其占总变形的比例均不断增加,其中峰值状态时的剪切变形占总变形的比例由 37.6% 增加至 59.4%,即剪切变形逐步成为主要变形成分。

(4)其余设计参数相同时,随着轴压比的增加,屈服状态下的平均剪应变及屈服和峰值状态下剪切变形占总变形的比例均减小。其中,轴压比为 0.1 的试件 SW-5 剪切变形占总变形的比例已达 67.5%,即剪切变形占主要成分,而轴压比为 0.3 的试件 SW-7 剪切变形占总变形的比例为 50.0%。

表 7.4　不同受力状态下冻融低矮 RC 剪力墙试件的剪切变形及其占总变形的比例

试件编号	开裂点		屈服点		峰值点	
	$\gamma/(10^{-3}\mathrm{rad})$	Δ_s/Δ_{total}	$\gamma/(10^{-3}\mathrm{rad})$	Δ_s/Δ_{total}	$\gamma/(10^{-3}\mathrm{rad})$	Δ_s/Δ_{total}
SW-1	0.38	0.24	1.35	0.33	2.18	0.30
SW-2	0.54	0.34	1.45	0.39	3.12	0.42
SW-3	0.52	0.33	0.96	0.26	2.40	0.37
SW-4	0.29	0.22	1.49	0.44	3.43	0.51
SW-5	0.49	0.54	2.13	0.66	3.89	0.68
SW-6	0.54	0.31	2.04	0.52	4.37	0.59
SW-7	1.01	0.51	1.46	0.51	2.67	0.47
SW-8	1.33	0.72	2.70	0.78	6.79	0.84

2. 高 RC 剪力墙试件

(1)高 RC 剪力墙各试件开裂、屈服状态下的剪切变形明显减小,剪切变形占总变形的比例均未超过 10.0%,且屈服状态下剪切变形占总变形比例低于开裂状态下的占比,这是由于弯剪破坏 RC 剪力墙试件暗柱受拉纵筋屈服前其裂缝发展形式主要以水平裂缝的开展为主,致使墙体以弯曲变形为主,剪切变形相对较小。

(2)其余设计参数相同时,冻融损伤试件不同受力状态下的剪切变形及其占总变形的比例均高于未冻融试件 SW-9,且随冻融循环次数的增加,不同受力状态下的平均剪应变以及剪切变形占总变形的比例逐步增大。

(3)其余设计参数相同时,随着混凝土强度的提高,屈服状态下的剪切变形及其占总变形的比例先减小后增大,峰值状态下的剪切变形及其占总变形的比例略有增加。

(4)其余设计参数相同时,随着轴压比的增大,各试件屈服和峰值状态下的平均剪应变及屈服状态下剪切变形占总变形的比例均不断减小,而峰值状态下剪切变形占总变形的比例增大。其原因为:轴压力抑制了试件剪切斜裂缝的开展,并显著降低了试件的峰值位移,从而在试件剪切变形降低的同时,峰值状态下剪切变形占总变形的比例有所增大。

表 7.5　不同受力状态下冻融高 RC 剪力墙试件的剪切变形及其占总变形的比例

试件编号	开裂点		屈服点		峰值点	
	$\gamma/(10^{-3}\,\mathrm{rad})$	$\Delta_\mathrm{s}/\Delta_\mathrm{total}$	$\gamma/(10^{-3}\,\mathrm{rad})$	$\Delta_\mathrm{s}/\Delta_\mathrm{total}$	$\gamma/(10^{-3}\,\mathrm{rad})$	$\Delta_\mathrm{s}/\Delta_\mathrm{total}$
SW-9	0.19	6.09	0.40	3.85	6.10	23.25
SW-10	0.19	4.89	0.44	4.11	7.19	31.66
SW-11	0.21	6.94	0.39	3.80	7.53	37.86
SW-12	0.20	6.87	0.51	6.03	7.62	37.20
SW-13	0.17	6.99	0.68	7.17	10.16	41.87
SW-14	0.22	7.73	0.65	7.35	9.79	44.67
SW-15	0.27	7.80	0.56	6.99	7.89	56.74
SW-16	0.29	8.20	0.75	8.93	9.95	66.61

7.5　冻融损伤 RC 剪力墙恢复力模型的建立

构件恢复力模型是基于大量试验数据回归和理论分析得到反映构件恢复力-变形之间关系的数学模型,是进行结构弹塑性地震反应分析的基础[25]。合理的恢复力模型应能较好地反映构件受力过程中的性能退化规律,而且能够综合表征构件的耗能能力和变形发展等。目前,针对 RC 剪力墙构件恢复力模型的研究已有较多成果[26-39],但大部分模型是针对未冻融剪力墙构件提出的,鲜有考虑环境因素对剪力墙构件性能劣化的影响。由冻融 RC 剪力墙抗震性能试验结果分析可知,与未冻融剪力墙试件相比,冻融试件各项抗震性能指标均有不同程度的退化,若继续采用未冻融 RC 剪力墙构件的恢复力模型对冻融损伤构件的抗震性能进行分析与评估将使结构存在安全隐患,因此,建立考虑冻融损伤影响的 RC 剪力墙恢复力模型很必要。

　　建立恢复力模型的方法主要有理论方法和试验拟合方法[38]。对于冻融损伤 RC 剪力墙构件,由于其力学与变形性能不仅受混凝土材料力学性能改变的影响,还受到钢筋与混凝土间黏结性能退化等因素的影响,通过理论方法建立其恢复力模型难度较大,而试验拟合方法能够在保证一定精度的条件下,综合考虑各主要因素对冻融 RC 剪力墙力学与抗震性能的影响。鉴于此,本节首先根据已有理论成果分别给出未冻融低矮 RC 剪力墙和高 RC 剪力墙宏观恢复力模型骨架曲线特征点的计算方法,进而依据拟静力试验结果,拟合得到考虑冻融损伤影响的骨架曲线特征点修正函数;同时参考修正 I-K 模型[39]滞回规则参数标定方法,采用两折线模型表示滞回环卸载段刚度变化,从而建立考虑冻融损伤影响的低矮 RC 剪力墙和高 RC 剪力墙宏观恢复力模型,以期为冻融大气环境下在役多龄期高层建筑结构弹塑性地震反应分析与地震风险评估提供理论基础。

7.5.1　冻融低矮 RC 剪力墙恢复力模型

1. 未冻融低矮 RC 剪力墙骨架曲线特征点参数标定方法

　　基于前述各冻融低矮 RC 剪力墙试件拟静力试验数据的统计分析发现,不同试验参数下,各冻融损伤低矮 RC 剪力墙试件的骨架曲线变化规律与未冻融 RC 剪力墙试件基本一致,且均无明显下降段(其中仅试件 SW-8 的骨架曲线稍有下降,但其破坏状态仍为脆性剪切破坏),仅因为冻融循环作用导致其各项力学性能指标发生了不同程度的退化。鉴于此,本节将冻融低矮 RC 剪力墙骨架曲线简化为与未冻融剪力墙试件骨架曲线几何形状相似的无下降段的三折线模型,如图 7.24 所示,其中,$A(A')$ 点为开裂点;$B(B')$ 点为屈服点;$C(C')$ 点为峰值(极限)点。

　　由图 7.24 可知,冻融与未冻融损伤低矮 RC 剪力墙试件骨架曲线需要确定的特征点参数有开裂点的位移与荷载(Δ_{cr},P_{cr})、屈服点的位移与荷载(Δ_y,P_y)以及峰值点的位移与荷载(Δ_c,P_c),其中未冻融试件各特征点荷载与位移的具体计算方法如下。

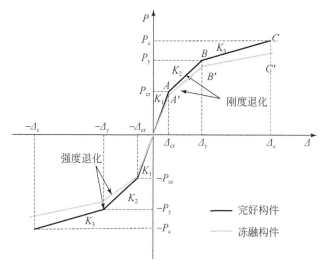

图 7.24 三折线型恢复力模型骨架曲线

1)开裂荷载

臧登科[40]通过对国内 RC 剪力墙试验数据进行统计分析,提出未冻融低矮 RC 剪力墙试件开裂荷载的计算公式如下:

$$P_{cr}=0.53P_c \tag{7-5}$$

式中,P_{cr}为 RC 剪力墙试件的开裂荷载;P_c为 RC 剪力墙试件的峰值荷载。

2)屈服荷载

本节基于 Park 和 Ang[41]提出的公式计算未冻融低矮 RC 剪力墙试件的屈服荷载,即

$$P_y=\frac{P_c}{1.24-0.15\rho_t-0.5n} \tag{7-6a}$$

$$\rho_t=A_tf_y/(A_wf_c') \tag{7-6b}$$

式中,ρ_t为有效受拉钢筋百分率;A_t为受拉钢筋截面面积;A_w为剪力墙截面面积;f_y为受拉钢筋屈服强度;f_c'为圆柱体抗压强度;n为轴压比。

3)峰值荷载 P_c

Cevdet[42]根据 150 榀矩形截面低矮 RC 剪力墙的受剪性能试验数据,提出适用于矩形截面低矮 RC 剪力墙的抗剪承载力计算公式如下:

$$P_c=\frac{1.5\sqrt{f_c'}A_w+0.25F_{sv}+0.20F_{sbe}+0.40N}{\sqrt{H/h_w}} \tag{7-7}$$

式中,F_{sv}、F_{sbe}分别为竖向分布钢筋和暗柱纵筋所承担的力,其计算式为 $F_{sv}=A_{sv}f_{yv}$、$F_{sv}=A_{sv}f_{yv}$;N 为轴压力;H 为剪力墙高度;h_w 为剪力墙截面高度;其余参数意义同前。

4)开裂位移 Δ_c

剪力墙在开裂前处于弹性工作状态,根据材料力学其开裂位移 Δ_cr 可表征为

$$\Delta_\mathrm{cr}=P_\mathrm{cr}\left(\frac{H^3}{3E_\mathrm{c}I_\mathrm{w}}+\mu\frac{H}{G_\mathrm{c}A_\mathrm{w}}\right) \tag{7-8}$$

式中,H 为剪力墙加载点距墙底的距离;E_c 为混凝土的弹性模量;I_w 为剪力墙截面惯性矩;μ 为剪应力分布不均匀系数,对于矩形截面取 $\mu=1.2$;G_c 为混凝土剪切模量,取为 $0.4E_\mathrm{c}$。

5)屈服位移 Δ_y

张松等[43]结合理论分析与拟静力试验数据,综合考虑剪跨比、边缘构件钢筋屈服应变及配箍特征值等因素对 RC 剪力墙变形性能的影响,提出适用于低矮 RC 剪力墙屈服位移计算公式如下:

$$\Delta_\mathrm{y}=(2.90+2.10\lambda_\mathrm{v}-0.59\lambda)\frac{\varepsilon_\mathrm{y}}{h_\mathrm{w}}H^2 \tag{7-9}$$

式中,λ_v 为剪力墙边缘构件配箍特征值;λ 为剪跨比;ε_y 为边缘构件纵筋屈服应变;其余参数意义同前。

6)峰值位移 Δ_c[44]

RC 剪力墙构件峰值位移 Δ_c 可分解为弹性区域变形引起的位移 Δ_e 和塑性铰区域变形引起的位移 Δ_p,即

$$\Delta_\mathrm{c}=\Delta_\mathrm{e}+\Delta_\mathrm{p} \tag{7-10}$$

(1)弹性区域变形引起的位移 Δ_e 为

$$\Delta_\mathrm{e}=\left[1+0.75\left(\frac{h_\mathrm{w}}{l_\mathrm{e}}\right)^2\right]\Delta_\mathrm{eb} \tag{7-11a}$$

$$\Delta_\mathrm{eb}=\frac{1}{3}\varphi_\mathrm{y}l_\mathrm{e}^2 \tag{7-11b}$$

式中,l_e 为剪力墙弹性区域高度,由墙高减去塑性铰高度计算得到;φ_y 为墙体截面屈服曲率,按式 $\varphi_\mathrm{y}=3\varepsilon_\mathrm{y}/h_\mathrm{w}$ 计算确定。

(2)塑性铰区域引起的位移 Δ_p 可分解为弯曲变形引起的位移 Δ_pb 和剪切变形引起的位移 Δ_ps,即

$$\Delta_\mathrm{p}=\Delta_\mathrm{pb}+\Delta_\mathrm{ps} \tag{7-12}$$

弯曲变形引起的位移[45]

$$\Delta_\mathrm{pb}=\frac{1}{2}\varphi_\mathrm{u}l_\mathrm{p}+\varphi_\mathrm{u}l_\mathrm{p}l_\mathrm{e} \tag{7-13a}$$

$$\varphi_\mathrm{u}=\alpha_\mathrm{u}\frac{\varepsilon_\mathrm{u,c}}{1.25\xi_\mathrm{b}h_\mathrm{w}} \tag{7-13b}$$

$$\varepsilon_\mathrm{c,c}=\begin{cases}\varepsilon_\mathrm{c}+2.5\lambda_\mathrm{v}\varepsilon_\mathrm{c}, & \lambda_\mathrm{v}\leqslant0.32\\-6.2\varepsilon_\mathrm{c}+25\lambda_\mathrm{v}\varepsilon_\mathrm{c}, & \lambda_\mathrm{v}>0.32\end{cases} \tag{7-13c}$$

$$\xi_b = \frac{\dfrac{N}{b_w h_w} + \rho_{sv} f_{yv}}{f_c + 2.5 \rho_{sv} f_{yv}} \qquad (7\text{-}13d)$$

式中，φ_u 为墙体截面极限曲率；α_u 为应变协调因子，其取值为 $1.1 \sim 1.3$，本节取 $\alpha_u = 1.1$；$\varepsilon_{u,c}$ 为约束混凝土极限压应变，参考文献[14]取为 $2.5\varepsilon_{c,c}$；$\varepsilon_{c,c}$ 为约束混凝土峰值压应变，采用过镇海和时旭东[46]提出的公式计算确定；ε_c 为普通混凝土峰值压应变；ξ_b 为截面相对受压区高度；ρ_{sv} 为竖向分布筋的配筋率。

剪切变形引起的位移[47]

$$\Delta_{ps} = \frac{P_c}{K_s} l_p \qquad (7\text{-}14a)$$

式中，K_s 为塑性铰区的抗剪刚度，假定腹杆由水平分布钢筋和与其成 $45°$ 相交的混凝土斜压杆组成的比拟桁架模型计算确定，即

$$K_s = \frac{\rho_{sh}}{1 + 4n_s \rho_{sh}} E_s b_w h_w \qquad (7\text{-}14b)$$

式中，ρ_{sh} 为剪力墙水平分布钢筋的配筋率；n_s 为弹性模量比(E_s / E_c)；其余参数意义同前。

2. 冻融低矮 RC 剪力墙骨架曲线特征点参数标定方法

由前文各冻融损伤低矮 RC 剪力墙试件拟静力试验结果可知，随着冻融损伤程度与轴压比的变化，RC 剪力墙试件不同受力状态下的承载力及变形能力均发生不同程度的变化。鉴于此，本节基于所建立的未冻融 RC 剪力墙构件恢复力模型骨架曲线，选取轴压比 n 和冻融损伤参数 D(D 按式(4-22)计算确定)为参数，综合考虑 n 与 D 对 RC 剪力墙力学及变形性能的影响，建立冻融 RC 剪力墙构件恢复力模型骨架曲线特征点计算公式如下：

$$P_i' = f_i(D, n) P_i \qquad (7\text{-}15)$$

$$\Delta_i' = g_i(D, n) \Delta_i \qquad (7\text{-}16)$$

式中，P_i'、Δ_i' 分别为考虑冻融损伤影响的特征点 i 的墙顶水平荷载与位移；P_i、Δ_i 分别为未冻融试件特征点 i 的墙顶水平荷载与位移；$f_i(D, n)$、$g_i(D, n)$ 分别为特征点 i 考虑冻融损伤影响的荷载和位移修正函数，其由 RC 剪力墙试件各特征点试验值归一化处理后的系数，应用 Origin 软件经多参数非线性曲面拟合得到，具体确定方法如下。

将表 7.2 中冻融 RC 剪力墙试件各特征点的荷载与位移分别除以相同轴压比下未冻融试件相应特征点的水平荷载与位移得到其修正系数，进而分别以冻融损伤参数 D 和轴压比 n 为横坐标，修正系数为纵坐标，绘制出各特征点水平荷载和位移修正系数随冻融损伤参数 D 及轴压比 n 的变化规律，如图 7.25 和图 7.26 所示。可以看

出,轴压比相同时,随着冻融损伤参数 D 的增大,剪力墙骨架曲线各特征点水平荷载与位移修正系数均近似呈指数型变化;冻融损伤程度相同时,随着轴压比 n 的增大,剪力墙骨架曲线各特征点水平位移修正系数近似呈线性变化,而水平荷载修正系数则无明显规律。鉴于此,为保证拟合结果具有较高精度,本节将骨架曲线各特征点的水平荷载修正函数 $f_i(D,n)$ 假定为冻融损伤参数 D 的指数函数、轴压比 n 的二次函数;骨架曲线各特征点水平位移修正函数 $g_i(D,n)$ 假定为冻融损伤参数 D 的指数函数、轴压比 n 线性函数,进而考虑边界条件,给出修正函数表达式如下:

$$f_i(D,n)=(an^2+bn+c)D^d+1 \tag{7-17}$$

$$g_i(D,n)=(an+b)D^e+1 \tag{7-18}$$

式中,a、b、c、d、e 均为拟合参数,由 Origin 软件拟合得到。骨架曲线各特征点水平荷载与位移修正函数拟合结果如图 7.27 所述。

综上所述,得到冻融损伤低矮 RC 剪力墙骨架曲线特征点水平荷载与位移计算公式及其拟合优度 R^2 如下。

(1)开裂荷载与开裂位移:

$$P'_{cr}=[(-2.30n^2+2.20n-0.47)D^{0.07}+1]P_{cr}, \quad R^2=0.98 \tag{7-19a}$$

$$\Delta'_{cr}=(1.39\times10^6 n-2.71\times10^5)D^{6.16}\Delta_{cr}, \quad R^2=0.86 \tag{7-19b}$$

(2)屈服荷载与屈服位移:

$$P'_y=[(-360.55n^2+123.82n-16.53)D^{1.83}+1]P_y, \quad R^2=0.81 \tag{7-20a}$$

$$\Delta'_y=(-1.61n+0.06)D^{0.27}\Delta_y, \quad R^2=0.75 \tag{7-20b}$$

(3)峰值荷载与峰值位移:

$$P'_c=[(-5350.55n^2+1945.16n-225.53)D^{3.05}+1]P_c, \quad R^2=0.78 \tag{7-21a}$$

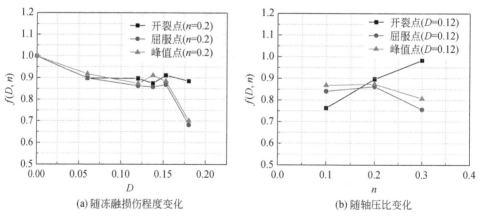

(a)随冻融损伤程度变化　　　　　　　(b)随轴压比变化

图 7.25　各特征点水平荷载修正系数随冻融损伤程度 D 及轴压比 n 变化规律

$$\Delta_c' = (2.07n - 0.61)D^{0.65}\Delta_c, \quad R^2 = 0.84 \tag{7-21b}$$

依据上述公式,计算获得各冻融损伤低矮 RC 剪力墙试件骨架曲线特征点水平荷载与位移,见表 7.6 和表 7.7。由表可见,骨架曲线各特征点水平荷载与位移的计算值与试验值吻合良好,表明所建立的承载力与变形计算模型能较好地反映冻融损伤低矮 RC 剪力墙实际受力与变形性能。

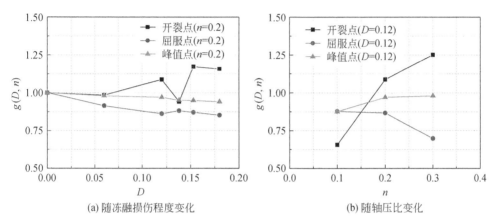

(a) 随冻融损伤程度变化　　　　　　　　　(b) 随轴压比变化

图 7.26　各特征点水平位移修正系数随冻融损伤程度 D 及轴压比 n 变化规律

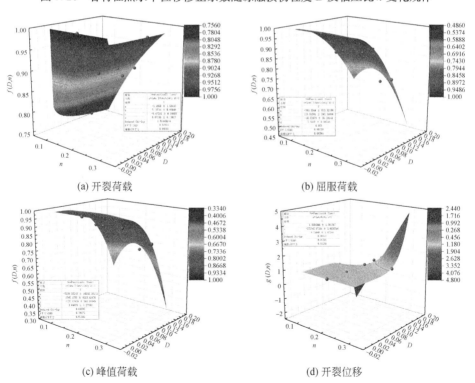

(a) 开裂荷载　　　　　　　　　　　　　(b) 屈服荷载

(c) 峰值荷载　　　　　　　　　　　　　(d) 开裂位移

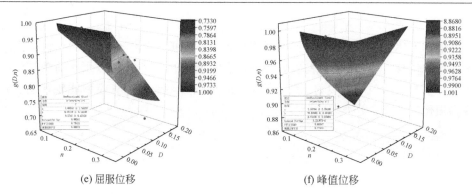

(e) 屈服位移　　　　　　　　　　　　(f) 峰值位移

图 7.27　冻融损伤低矮 RC 剪力墙各特征点水平荷载与位移修正函数拟合结果

表 7.6　骨架曲线特征点水平荷载计算值及其与试验值之比

试件编号	开裂荷载		屈服荷载		峰值荷载	
	计算值/kN	计算值/试验值	计算值/kN	计算值/试验值	计算值/kN	计算值/试验值
SW-1	171.39	1.02	287.11	1.03	323.37	0.98
SW-2	153.88	1.02	276.84	1.11	320.27	1.06
SW-3	156.23	0.98	197.54	0.92	237.33	0.95
SW-4	160.05	1.02	209.00	0.97	247.91	0.97
SW-5	121.61	1.00	214.04	1.00	260.91	1.00
SW-6	152.99	1.01	249.57	1.05	297.78	1.03
SW-7	209.74	1.00	242.08	1.00	279.05	1.00
SW-8	152.45	1.02	209.36	1.11	236.36	1.02

表 7.7　骨架曲线特征点水平位移计算值及其与试验值之比

试件编号	开裂位移		屈服位移		峰值位移	
	计算值/mm	计算值/试验值	计算值/mm	计算值/试验值	计算值/mm	计算值/试验值
SW-1	1.18	0.93	3.12	0.96	4.79	0.82
SW-2	1.18	0.95	2.74	0.92	4.64	0.78
SW-3	1.13	0.91	2.55	0.87	6.21	0.99
SW-4	1.14	1.10	2.59	0.96	4.85	0.90
SW-5	0.79	1.09	2.78	1.07	4.73	1.03
SW-6	1.20	0.87	2.66	0.84	4.55	0.77
SW-7	1.66	1.05	2.52	1.09	4.26	0.94
SW-8	1.39	0.94	2.61	0.94	4.48	0.81

3. 滞回规则

　　传统恢复力模型假定每一循环卸载刚度保持不变,这与本节冻融低矮 RC 剪力墙试验滞回曲线存在一定差异,以试件 SW-5 屈服后单次滞回环为例(图 7.28),其卸载段刚度分别在墙顶水平位移为 −2.55mm、3.51mm 时发生明显改变,故本节采用两折线模型表征滞回环卸载段刚度变化,以此修正传统恢复力模型线性卸载的缺陷。同时,由滞回特性分析可知,冻融低矮 RC 剪力墙试件屈服后滞回曲线出现明显的捏拢现象,在其滞回规则中应予考虑。综上所述,本节参考修正 I-K 滞回模型[39],基于能量耗散原理,引入循环退化指数,考虑强度衰减、刚度退化以及捏拢效应,采用两折线模型表征滞回环卸载段刚度变化,给出适用于冻融损伤低矮 RC 剪力墙的滞回规则,如图 7.29 所示,其滞回参数标定方法如下。

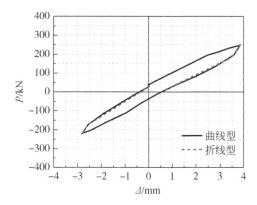

图 7.28　试件 SW-5 屈服后单次滞回曲线

1)循环退化指数 β_i

　　Lignos 和 Krawinkler[39]基于构件在受力过程中的滞回耗能能力恒定且与加载路径无关的假定,给出构件在往复荷载作用下第 i 次循环的循环退化指数 β_i 为

$$\beta_i = \left(\frac{E_i}{E_t - \sum_{j=1}^{i} E_j} \right)^c \tag{7-22}$$

式中,E_i 为第 i 次循环加载时构件的滞回耗能;$\sum_{j=1}^{i} E_j$ 为构件在前 i 次(含 i 次)循环下的累积滞回耗能;c 为用于控制循环退化速率的参数,Lignos 和 Krawinkler[39]建议 c 的合理取值范围为[1,2],其中,$c=1.0$ 表示退化速率相对恒定,$c=2.0$ 表示退化速率随往复次数增加而增大,本节取 1.0;E_t 为构件的理论耗能能力,其计算公式[48]为

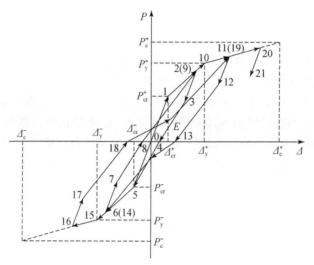

图 7.29　冻融低矮 RC 剪力墙滞回规则示意图

$$E_t = 2.5 I_u (P_y \Delta_y) \qquad (7\text{-}23)$$

式中，P_y 和 Δ_y 分别为试件的屈服荷载和屈服位移；I_u 为低矮 RC 剪力墙试件破坏时的极限功比指数。

2）基本强度退化

构件加载过程中的基本强度退化模式如图 7.30(a)所示，该退化模式用于表征构件屈服后，在往复荷载作用下的屈服强度和强化段刚度退化现象，具体退化规则如下：

$$P_{y,i}^{\pm} = (1-\beta_i) P_{y,i-1}^{\pm} \qquad (7\text{-}24)$$
$$K_{s,i}^{\pm} = (1-\beta_i) K_{s,i-1}^{\pm} \qquad (7\text{-}25)$$

式中，$P_{y,i}^{\pm}$ 和 $K_{s,i}^{\pm}$ 分别为第 i 次循环加载后发生性能退化的屈服荷载和强化刚度；$P_{y,i-1}^{\pm}$ 和 $K_{s,i-1}^{\pm}$ 分别为第 $i-1$ 次循环加载时构件的屈服荷载和强化刚度；"$\pm$"表示加载方向，其中，"+"为正向加载，"−"为反向加载。

3）峰值后强度退化

加载过程中的峰值后强度退化模式如图 7.30(a)所示。该退化模式用于表征构件加载过程中，软化段强度退化现象，其退化规则计算公式如下：

$$P_{c,i}^{\pm} = (1-\beta_i) P_{c,i-1}^{\pm} \qquad (7\text{-}26)$$

式中，$P_{c,i}^{\pm}$ 为第 i 次循环加载后发生性能退化的峰值荷载；$P_{c,i-1}^{\pm}$ 为第 $i-1$ 次循环加载时构件的峰值荷载。

4）卸载刚度退化

与基本强度退化和峰值后强度退化不同的是，卸载刚度在两个加载方向是同步退化的，即任一方向出现卸载时，两个方向的卸载刚度均发生退化；而基本强度退化和峰值后强度退化在两个加载方向的退化互相独立,即每次构件在一个方向卸载至 0 时,只有另一个方向发生退化。为表征冻融 RC 剪力墙试件卸载过程中的刚度退化,本节采用两折线模型表征构件屈服后在往复荷载作用下的卸载刚度减小现象,其刚度退化模式如图 7.30(b)所示,具体退化规则如下:

$$K_{u,i}^{a} = (1-\beta_i)K_{u,i-1}^{a} \qquad (7\text{-}27\text{a})$$

$$K_{u,i}^{b} = (1-\beta_i)K_{u,i-1}^{b} \qquad (7\text{-}27\text{b})$$

式中,$K_{u,i}^{a}$、$K_{u,i}^{b}$ 分别为第 i 次循环加载后发生性能退化的第一卸载刚度(图 7.28(b)点 3 与点 4 之间线段的斜率)与第二卸载刚度(图 7.30(b)点 4 与点 5 之间线段的斜率);$K_{u,i-1}^{a}$、$K_{u,i-1}^{b}$ 分别为第 i 次循环加载前已退化的第一卸载刚度与第二卸载刚度。其中,首次加载超过屈服点后的第一卸载刚度 $K_{u,1}^{a}$ 与第二卸载刚度 $K_{u,1}^{b}$ 分别取弹性刚度 K_1 和本次循环的加载刚度 $K_{rel,i}$。

采用两折线模型表征构件在往复荷载作用下的卸载刚度退化,需要确定卸载转折点的位置(如图 7.30(b)中的点 4 与点 8),而由前述试验滞回特性分析可知,屈服前试件卸载刚度基本不变,屈服后试件卸载刚度开始退化,鉴于此,本节通过定义参数 R_1、R_2 分别用于确定屈服前与屈服后卸载刚度转折点位置,具体标定方法如下。

若第 i 次循环加载的卸载点位于开裂点与屈服点之间,则卸载转折点荷载大小取 $R_1 P_{c,i}^{\pm}$。其中 R_1 为试件开裂荷载 P_{cr} 与峰值荷载 P_c 的比值;$P_{c,i}^{\pm}$ 为第 i 次循环加载时,滞回环正负向顶点所对应的荷载值。

若第 i 次循环加载的卸载点位于屈服点与峰值点之间,则卸载转折点荷载大小取 $R_2 P_{c,i}^{\pm}$。其中 R_2 为试件屈服荷载 P_y 与峰值荷载 P_c 的比值;$P_{c,i}^{\pm}$ 为第 i 次循环加载时,滞回环正负向顶点所对应的荷载。

5)再加载刚度退化

传统的恢复力模型大多为顶点指向型模型,即当构件在某一方向卸载后,再加载曲线指向另一反向的历史最大位移点。这种顶点指向型模型并不能考虑再加载刚度的加速退化现象。为此,本节参考文献[39]的方法,将再加载曲线指向一个放大的目标位移点,如图 7.30(c)所示,该放大的目标位移值可由上一循环中的最大位移值计算得到,具体计算式为

$$\Delta_{t,i}^{\pm} = (1+\beta_i)\Delta_{t,i-1}^{\pm}$$

式中,$\Delta_{t,i}^{\pm}$、$\Delta_{t,i-1}^{\pm}$ 分别为第 i 次与第 $i-1$ 次循环加载时构件的目标位移。

6)捏拢点的确定

考虑捏拢效应的滞回规则与传统顶点指向型滞回规则的不同之处在于:再加载段由两段刚度不同的折线组成,如图 7.31 所示。本节将再加载段的第一段折线刚度定义为 $K_{rel,a}$,第二段折线刚度定义为 $K_{rel,b}$。再加载开始时,加载路径沿着刚

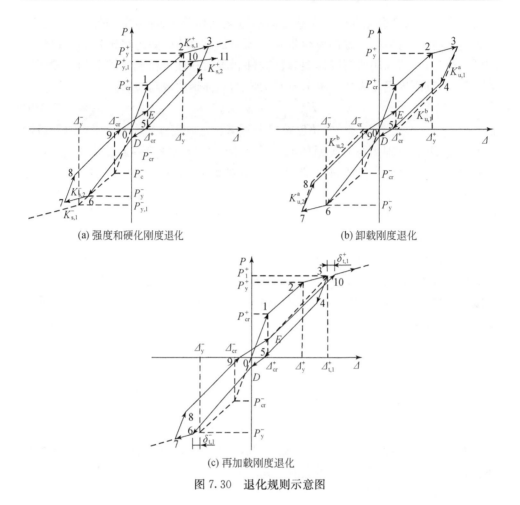

(a) 强度和硬化刚度退化

(b) 卸载刚度退化

(c) 再加载刚度退化

图 7.30　退化规则示意图

度为 $K_{rel,a}$ 的折线段指向捏拢点；通过捏拢点后，加载路径沿刚度为 $K_{rel,b}$ 的折线段指向一个放大的目标位移点。捏拢点的位置可由上一循环的最大残余变形、峰值荷载以及捏拢效应参数 κ_D、κ_F 确定。其中，参数 κ_D 用于确定捏拢点的水平位移，参数 κ_F 用于确定第一段折线的刚度 $K_{rel,a}$，综合 κ_F 和 κ_D 可确定捏拢点的纵坐标值，如图 7.31 所示。参数 κ_D、κ_F 主要通过经验及试验数据确定；κ_F 值越小，表示试件滞回曲线捏拢程度越严重，当 $\kappa_F = 1$ 时，无论 κ_D 为 $[0,1]$ 为何值，均不考虑其捏拢效应。本节参考文献[49]并结合试验数据，统一取 $\kappa_D = 0.4$，$\kappa_F = 0.3$。

4. 恢复力模型验证

为验证本节所提出的冻融损伤低矮 RC 剪力墙恢复力模型的准确性，基于前述冻融损伤骨架曲线特征点参数计算公式与滞回规则计算得到各榀低矮 RC 剪力

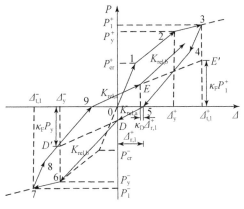

图 7.31　捏拢点计算示意图

墙试件的滞回曲线,与试验结果进行对比,如图 7.32 所示,其中各试件的滞回曲线
计算参数取值见表 7.8。可以看出,采用本节所建立的恢复力模型计算所得冻融
损伤低矮 RC 剪力墙滞回曲线与试验滞回曲线在承载能力、变形能力、强度衰减、
刚度退化等方面均符合较好,表明所建立的冻融损伤恢复力模型能够较准确地反
映寒冷地区受冻融循环影响的低矮 RC 剪力墙力学性能和抗震性能,可为严寒地
区高层建筑结构地震弹塑性分析提供理论基础。

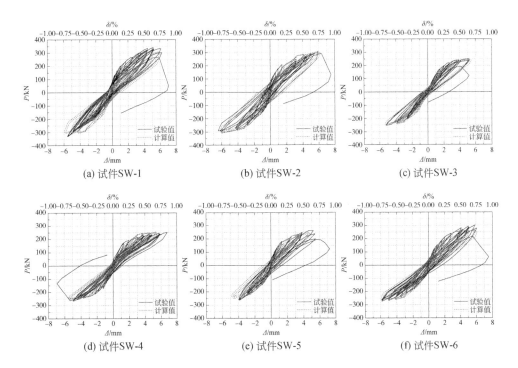

(a) 试件SW-1　　　　(b) 试件SW-2　　　　(c) 试件SW-3

(d) 试件SW-4　　　　(e) 试件SW-5　　　　(f) 试件SW-6

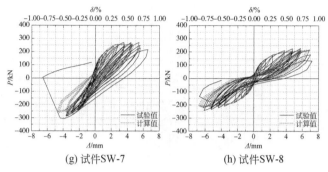

(g) 试件SW-7　　　　　　　(h) 试件SW-8

图 7.32　试验滞回曲线与计算滞回曲线

表 7.8　各试件滞回曲线计算参数

试件编号	各阶段刚度/$(10^3 \mathrm{kN \cdot mm})$			卸载系数	
	K_1	K_2	K_3	R_2	R_2
SW-1	149.95	57.78	17.00	0.6	0.74
SW-2	141.63	53.45	17.27	0.6	0.90
SW-3	122.91	44.67	14.57	0.6	0.90
SW-4	124.90	46.73	14.73	0.6	0.96
SW-5	170.50	53.33	19.67	0.6	0.92
SW-6	129.49	48.11	16.17	0.6	0.83
SW-7	157.83	41.57	12.17	0.6	0.68
SW-8	111.82	37.83	13.46	0.6	0.67

　　滞回耗能与试验结果的接近程度是判别模型结果准确性的重要条件。鉴于此，计算得到各试件累积耗能计算值与试验值的对比结果，如图 7.33 所示。由图可见，各试件的累积滞回耗能试验值和计算值均吻合较好，表明本节所提出的恢复力模型可较好地反映冻融损伤高 RC 剪力墙的滞回特性，从而进一步验证了本节所提出综合考虑冻融损伤与轴压比影响的低矮 RC 剪力墙宏观恢复力模型的准确性。

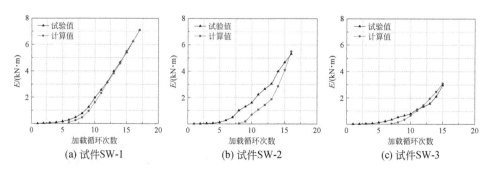

(a) 试件SW-1　　　　　　　(b) 试件SW-2　　　　　　　(c) 试件SW-3

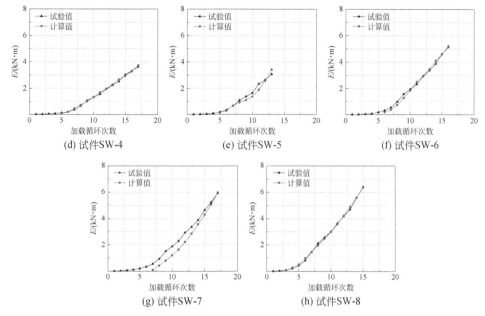

图7.33　累积滞回耗能试验值与计算值对比

7.5.2　冻融高RC剪力墙恢复力模型

1. 未冻融高RC剪力墙骨架曲线特征点参数标定方法

根据前述各榀高RC剪力墙试件拟静力试验结果,将冻融高RC剪力墙骨架曲线简化为与未冻融剪力墙骨架曲线几何形状相似的带有下降段的四折线模型,如图7.34所示。其中,$A(A')$点为开裂点;$B(B')$点为屈服点;$C(C')$点为峰值点;$D(D')$点为破坏(极限)点。

由图7.34可知,未冻融与冻融损伤高RC剪力墙试件骨架曲线需要确定的特征点参数有开裂点的荷载与位移值(Δ_{cr},P_{cr})、屈服点的荷载与位移值(Δ_y,P_y)、峰值点的荷载与位移值(Δ_c,P_c),以及极限点的荷载与位移值(Δ_u,P_u)。其中,未冻融试件开裂荷载与开裂位移采用与低矮RC剪力墙相同的公式进行计算,本节不再赘述。以下仅对其余各特征点荷载与位移计算方法予以叙述。

1)屈服荷载P_y

张松等[34]通过对剪力墙试验数据进行统计分析,并经多元线性拟合得到屈服荷载P_y与峰值荷载P_c的关系式如下:

$$\frac{P_c}{P_y}=2.05-0.31n+0.40\lambda_v-0.34\lambda \qquad (7-28)$$

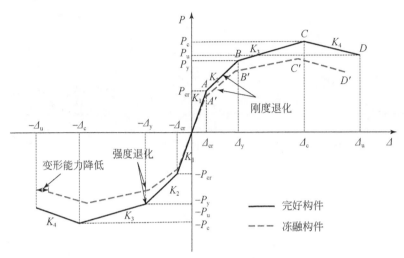

图 7.34 四折线型恢复力模型骨架曲线

式中，n 为轴压比；λ_v 为 RC 剪力墙构件配箍特征值；λ 为剪跨比。

2)峰值荷载 P_c

参考文献[49]，高 RC 剪力墙峰值荷载为

$$P_c = M_c/H \tag{7-29}$$

式中，H 为剪力墙高度；M_c 为剪力墙的峰值弯矩，分以下两种情况计算确定：

当 $x > l_c$ 时，有

$$
\begin{aligned}
M_c = & 0.5ab_wl_cf_{cc}(h_w-l_c)+0.5b_w(x-l_c)f_c(h_w-l_c-x)+ \\
& 0.5b_w(h_{w0}-1.5x)\rho_wf_{yw}(1.5x-a_s)+2f_yA_s(0.5h_w-a_s)
\end{aligned}
\tag{7-30a}
$$

$$x = \frac{N+b_wh_{w0}\rho_wf_{yw}+b_wl_cf_c-ab_wl_cf_{cc}}{1.5b_w\rho_wf_{yw}+b_wf_c} \tag{7-30b}$$

当 $x < l_c$ 时，有

$$
\begin{aligned}
M_c = & 0.5ab_wxf_{cc}(h_w-x)+2f_yA_s(0.5h_w-a_s)+ \\
& 0.5b_w(h_{w0}-1.5x)\rho_wf_{yw}(1.5x-a_s)
\end{aligned}
\tag{7-30c}
$$

$$x = \frac{N+b_wh_{w0}\rho_wf_{yw}}{1.5b_w\rho_wf_{yw}+ab_wf_c} \tag{7-30d}$$

式中，x 为墙体截面受压区高度；l_c 为墙体截面端部边缘构件约束区长度；a 为混凝土受压区等效矩形应力图形系数；b_w 为墙体截面宽度；f_c、f_{cc} 分别为未约束和约束混凝土抗压强度；h_{w0} 为剪力墙截面有效高度；f_{yw}、ρ_w 分别为竖向分布钢筋屈服强度与配筋率；a_s 为受拉钢筋合力点至截面受拉边缘的距离；f_y 为边缘构件纵筋屈服强度；A_s 为边缘构件纵筋面积之和；其余参数意义同前。

3)极限荷载 P_u

极限荷载取为峰值荷载的 85%。

4)屈服位移 Δ_y

高 RC 剪力墙墙顶水平位移主要由弯曲变形与剪切变形组成。边缘构件纵筋屈服前，由于钢筋和混凝土基本均处于弹性阶段，因此试件曲率沿墙体高度方向近似呈线性分布[50]。鉴于此，假定屈服状态曲率分布为墙顶截面曲率为零、底部截面曲率为屈服曲率 φ_y，由此可推出屈服状态下 RC 剪力墙顶点水平位移计算公式如下：

$$\Delta_y = \Delta_{by} + \Delta_{sy} \tag{7-31}$$

$$\Delta_{sy} = 1.2 \frac{P_y H}{G_c A_w} \tag{7-32a}$$

$$\Delta_{by} = \frac{f_y}{E_s' h_w} H^2 \tag{7-32b}$$

式中，Δ_{by}、Δ_{sy} 分别为屈服状态时墙体的弯曲变形与剪切变形；f_y、E_s' 分别为边缘构件纵筋屈服强度与弹性模量；其余参数意义同前。

5)峰值位移 Δ_c

张松等[34]通过对剪力墙试验数据进行统计分析与多元线性拟合得到

$$\frac{\Delta_c - \Delta_y}{\Delta_y} = 4.25 - 2.50n + 7.19\lambda_v - 0.27\lambda - 11.39 r_a \tag{7-33}$$

式中，r_a 为剪力墙边缘构件约束区面积与墙体截面面积之比；其余参数意义同前。

6)极限位移 Δ_u

参考文献[51]的计算方法，高 RC 剪力墙的极限位移为

$$\Delta_u = \frac{2\varepsilon_y H^2}{3h_w} + (0.072 - 2\varepsilon_y) l_p (h_e - 0.5 l_p)/h_w \tag{7-34}$$

式中，ε_y 为边缘构件纵筋屈服应变；l_p 为剪力墙塑性铰长度；h_e 为墙体有效高度，取 $h_e = 2/3H$。

2. 冻融高 RC 剪力墙骨架曲线特征点参数标定方法

采用与低矮 RC 剪力墙相同的方法选取 n 和 D 为参数，对未冻融高 RC 剪力墙构件恢复力模型骨架曲线各特征点参数进行修正，建立冻融高 RC 剪力墙构件恢复力模型骨架曲线各特征点计算公式如下：

$$P_i' = f_i(D, n) P_i \tag{7-35}$$

$$\Delta_i' = g_i(D, n) \Delta_i \tag{7-36}$$

式中，P_i'、Δ_i' 分别为考虑冻融损伤影响特征点 i 的墙顶水平荷载与位移；P_i、Δ_i 分别为未冻融试件特征点 i 的墙顶水平荷载与位移；$f_i(D, n)$、$g_i(D, n)$ 分别为特征点 i

考虑冻融损伤影响的荷载和位移修正函数,其由 RC 剪力墙试件各特征点试验值归一化处理后的系数,应用 Origin 软件经多参数非线性曲面拟合得到,具体确定方法如下。

将表 7.3 中冻融高 RC 剪力墙试件各特征点的荷载与位移分别除以相同轴压比下未冻融试件相应特征点的水平荷载与位移得到其修正系数,进而分别以冻融损伤参数 D 和轴压比 n 为横坐标,修正系数为纵坐标,绘制出各特征点水平荷载和位移修正系数随冻融损伤参数 D 及轴压比 n 的变化规律,如图 7.35 和图 7.36 所示。可以看出,轴压比相同时,随着冻融损伤参数 D 的增大,剪力墙骨架曲线各特征点水平荷载修正系数及开裂和屈服状态下的位移修正系数近似呈折线形变化,峰值状态和极限状态下的位移修正系数均近似呈线性变化;冻融损伤程度相同时,随轴压比 n 的增大,剪力墙骨架曲线各特征点水平荷载修正系数以及峰值状态和极限状态下的位移修正系数均近似呈线性变化,而开裂和屈服状态下的位移修正系数则无明显规律。鉴于此,为保证拟合结果具有较高精度,本节将骨架曲线各特征点的水平荷载修正函数 $f_i(D,n)$ 假定为冻融损伤参数 D 的二次函数、轴压比 n 的一次函数;将开裂和屈服状态下的位移修正函数 $g_{i1}(D,n)$ 假定为冻融损伤参数 D 和轴压比 n 的二次函数,峰值状态和极限状态下的位移修正函数 $g_{i2}(D,n)$ 假定为冻融损伤参数 D 和轴压比 n 的一次函数,进而考虑边界条件,给出修正函数表达式如下:

$$f_i(D,n)=(aD^2+bD)(cn+d)+1 \tag{7-37}$$

$$g_{i1}(D,n)=(aD^2+bD)(cn^2+dn+e)+1 \tag{7-38}$$

$$g_{i2}(D,n)=D(an+b)+1 \tag{7-39}$$

式中,a、b、c、d、e 均为拟合参数,由 Origin 软件拟合得到。骨架曲线各特征点水平荷载与位移修正函数拟合结果如图 7.37 所示。

综上所述,得到冻融损伤高 RC 剪力墙骨架曲线特征点水平荷载与位移计算公式及其拟合优度 R^2 如下。

(1)开裂荷载与开裂位移:

$$P'_{cr}=[(-1.473D^2-0.275D)(-37.642n+10.762)+1]P_{cr}, \quad R^2=0.872 \tag{7-40a}$$

$$\Delta'_{cr}=[(22.878D^2-4.131D)(2.441n^2-0.995n+0.128)+1]\Delta_{cr}, \quad R^2=0.752 \tag{7-40b}$$

(2)屈服荷载与屈服位移:

$$P'_y=[(-1.463D^2-0.350D)(-13.302n+5.948)+1]P_y, \quad R^2=0.889 \tag{7-41a}$$

$$\Delta'_y=[(-8.955D^2+0.684D)(-3.521n^2+1.305n-0.132)+1]\Delta_y, \quad R^2=0.904 \tag{7-41b}$$

(3)峰值荷载与峰值位移：

$$P'_c=[(1.915D^2+0.606D)(-5.585n-0.817)+1]P_c,\quad R^2=0.953$$
$$(7\text{-}42a)$$
$$\Delta'_c=[(-22.582n+3.143)D+1]\Delta_c,\quad R^2=0.958 \quad (7\text{-}42b)$$

(4)极限荷载与极限位移：

$$P_u=0.85P_m \quad (7\text{-}43a)$$
$$\Delta'_u=[(-15.4786n+0.801)D+1]\Delta_u,\quad R^2=0.921 \quad (7\text{-}43b)$$

依据上述公式,计算获得各冻融损伤高 RC 剪力墙试件骨架曲线特征点水平荷载与位移,见表 7.9 和表 7.10。由表可见,骨架曲线各特征点水平荷载与位移的计算值与试验值吻合良好,表明所建立的承载力与变形计算模型能较好地反映冻融损伤高 RC 剪力墙实际受力与变形性能。

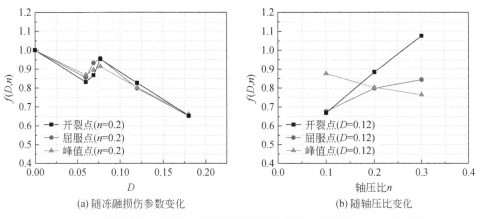

图 7.35　各特征点荷载修正系数随冻融损伤参数 D 及轴压比 n 变化规律

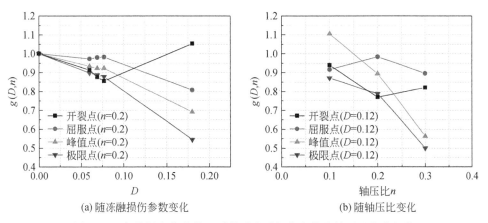

图 7.36　各特征点位移修正系数随冻融损伤参数及轴压比变化规律

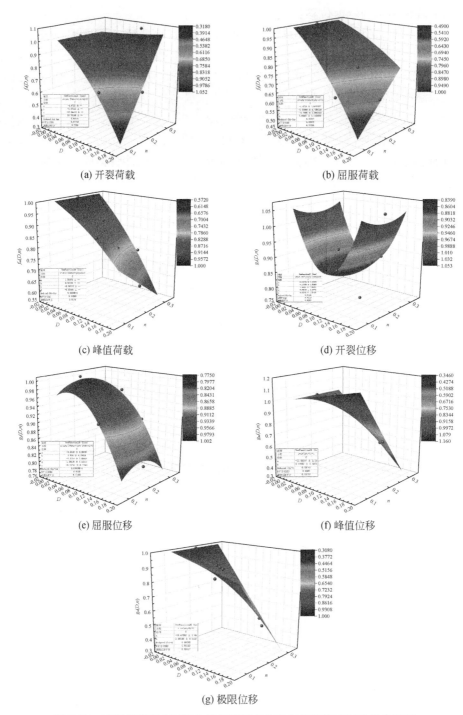

(a) 开裂荷载

(b) 屈服荷载

(c) 峰值荷载

(d) 开裂位移

(e) 屈服位移

(f) 峰值位移

(g) 极限位移

图 7.37 冻融损伤高 RC 剪力墙各特征点荷载与位移修正函数拟合结果

表 7.9　骨架曲线特征点荷载计算值及其与试验值之比

试件编号	开裂荷载		屈服荷载		峰值荷载	
	计算值/kN	计算值/试验值	计算值/kN	计算值/试验值	计算值/kN	计算值/试验值
SW-9	119.43	0.99	176.08	0.98	226.34	1.06
SW-10	79.11	0.98	112.80	0.93	147.72	1.01
SW-11	91.25	1.13	131.16	0.99	169.48	1.08
SW-12	111.01	1.11	160.91	1.05	207.50	1.11
SW-13	66.61	0.82	107.90	0.89	171.99	1.23
SW-14	98.49	0.99	139.60	0.98	181.66	1.06
SW-15	122.87	0.95	158.21	1.05	169.04	0.96
SW-16	81.88	1.05	112.17	0.96	150.81	1.07

表 7.10　骨架曲线特征点位移计算值及其与试验值之比

试件编号	开裂位移		屈服位移		峰值位移		极限位移	
	计算值/mm	计算值 试验值	计算值/mm	计算值 试验值	计算值/mm	计算值 试验值	计算值/mm	计算值 试验值
SW-9	2.38	0.90	7.81	0.94	17.80	1.09	20.88	1.07
SW-10	1.85	0.67	7.76	0.91	17.33	1.19	17.19	1.26
SW-11	1.98	0.82	7.81	0.94	16.86	1.28	17.57	1.08
SW-12	2.22	0.95	7.87	0.97	16.40	1.07	18.00	1.03
SW-13	2.02	1.00	7.27	0.94	16.87	0.93	19.01	1.12
SW-14	2.22	0.95	7.49	0.91	13.54	0.99	16.13	0.99
SW-15	2.54	0.91	7.21	0.96	11.38	1.32	11.25	1.16
SW-16	2.64	1.07	6.66	0.97	11.24	1.06	12.26	1.15

3. 滞回规则

传统恢复力模型假定每一循环卸载刚度保持不变,这与本节冻融高 RC 剪力墙试验滞回曲线存在一定差异,以试件 SW-11 屈服后单次滞回曲线为例(图 7.38),其卸载段刚度分别在墙顶水平位移为 −17.61mm、16.51mm 时发生显著改变,故本节采用与 7.5.1 节相同的方法表征滞回环卸载段刚度变化,即两折线卸载模型,以此修正传统恢复力模型线性卸载的缺陷。同时,由滞回特性分析可知,冻融 RC 高剪力墙试件屈服后滞回曲线出现明显的捏拢现象,在其滞回规则中应予考虑。综上所述,本节参考修正 I-K 滞回模型[39],基于能量耗散原理,引入循环退化指数,考虑强度衰减、刚度退化以及捏拢效应,采用两折线模型表示滞回环卸载段刚度变化,给出适用于冻融损伤高 RC 剪力墙的滞回规则,如图 7.39 所示,其滞回参数标定方法详见 7.5.1 节。

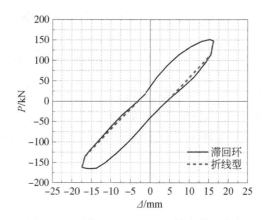

图 7.38　试件 SW-11 屈服后单次滞回曲线

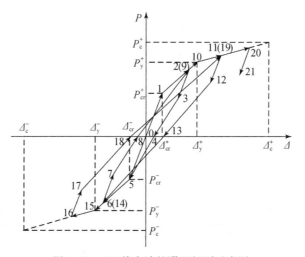

图 7.39　RC 剪力墙的滞回规则示意图

4. 恢复力模型验证

　　为验证本节所提出的冻融损伤高 RC 剪力墙恢复力模型的准确性,基于前述冻融损伤骨架曲线特征点参数计算公式与滞回规则计算得到各榀高 RC 剪力墙试件的滞回曲线,与试验结果进行对比,如图 7.40 所示,其中各试件的滞回曲线计算参数取值见表 7.11。可以看出,采用本节所建立的恢复力模型计算所得冻融损伤高 RC 剪力墙滞回曲线与试验滞回曲线在承载能力、变形能力、强度衰减、刚度退化等方面均符合较好,表明所建立的冻融损伤恢复力模型能够较准确地反映寒冷地区受冻融循环影响的高 RC 剪力墙力学性能和抗震性能,可为严寒地区高层建筑结构地震弹塑性分析提供理论基础。

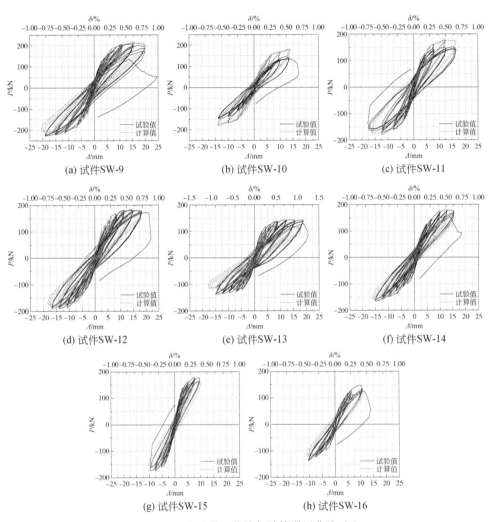

图 7.40　试验滞回曲线与计算滞回曲线对比

表 7.11　各试件的滞回曲线计算参数

试件编号	各阶段刚度/(kN/mm)				卸载系数	
	K_1	K_2	K_3	K_4	R_1	R_2
SW-9	47.12	14.81	4.65	0.00	0.6	0.85
SW-10	40.57	13.19	4.54	0.00	0.6	0.78
SW-11	41.25	13.36	4.56	0.00	0.8	0.75
SW-12	42.04	13.56	4.57	0.00	0.6	0.82

试件编号	各阶段刚度/(kN/mm)				卸载系数	
	K_1	K_2	K_3	K_4	R_1	R_2
SW-13	37.61	17.44	2.17	0.00	0.6	0.80
SW-14	37.58	12.18	4.47	0.00	0.6	0.82
SW-15	37.61	41.41	9.45	0.00	0.6	0.80
SW-16	30.69	10.64	4.33	0.00	0.6	0.80

　　滞回耗能与试验结果的接近程度是判别模型结果准确性的重要条件。鉴于此,计算各试件累积耗能计算值与试验值的对比结果如图 7.41 所示。由图可见,各试件(除试件 SW-13 外)的累积滞回耗能试验值和计算值均吻合较好,表明本节所提出的恢复力模型可较好地反映冻融损伤高 RC 剪力墙的滞回特性,从而进一步验证了本节所提出综合考虑冻融损伤与轴压比影响的高 RC 剪力墙宏观恢复力模型的准确性。其中,虽然试件 SW-13 屈服后的累积耗能计算值与试验值误差偏大(原因为本节所采用计算屈服位移较试验屈服位移偏小,导致计算滞回曲线较早进入弹塑性耗能阶段),但最终逐步趋于一致。

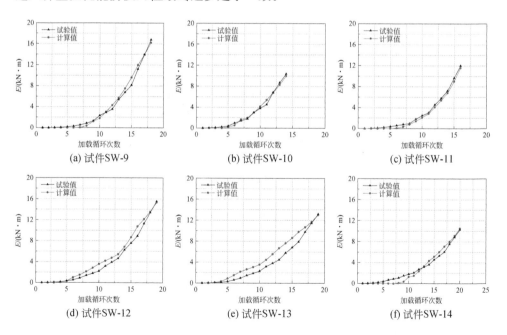

(a) 试件SW-9　　　　(b) 试件SW-10　　　　(c) 试件SW-11

(d) 试件SW-12　　　　(e) 试件SW-13　　　　(f) 试件SW-14

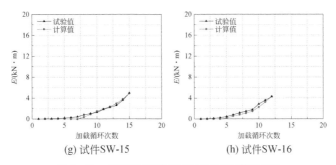

(g) 试件 SW-15　　　　　　　　　　(h) 试件 SW-16

图 7.41　累积滞回耗能试验值和计算值对比

7.6　本章小结

　　本章通过人工气候试验技术分别对 8 榀 $\lambda=1.14$ 的低矮 RC 剪力墙试件和 8 榀 $\lambda=2.14$ 的高 RC 剪力墙试件进行冻融循环试验,继而进行拟静力试验,分别探讨了冻融循环次数、混凝土强度及轴压比对 RC 剪力墙抗震性能的影响规律,并基于拟静力试验结果,对冻融 RC 剪力墙宏观恢复力模型进行了深入系统的研究,主要结论如下。

　　(1)冻融循环导致 RC 剪力墙试件的破坏形态发生明显变化,主要表现为:对于剪跨比为 1.14 的剪力墙试件,随着冻融循环次数的增加,墙底水平裂缝间距与宽度逐渐增大,试件损坏程度加剧,其破坏模式均呈典型的剪切型破坏;对于剪跨比为 2.14 的剪力墙试件,随着冻融循环次数的增加,其破坏模式逐渐由弯剪破坏向剪弯破坏转变。

　　(2)建立了冻融损伤低矮和高 RC 剪力墙剪切恢复力模型,并与考虑不均匀冻融损伤分布的纤维模型相结合,提出了综合考虑冻融损伤和轴压比影响的低矮与高 RC 剪力墙数值建模方法,对冻融 RC 剪力墙试件进行数值建模分析,模拟所得各试件的滞回曲线与试验滞回曲线基本一致,表明所提出的数值模拟方法能较准确地反映冻融 RC 剪力墙的抗震性能。

　　(3)由剪跨比为 2.14 的冻融 RC 剪力墙拟静力试验结果可见,随着冻融循环次数的增加,高 RC 剪力墙试件各项抗震性能指标均逐渐降低。随着混凝土强度的增加,高 RC 剪力墙的承载能力、刚度退化速率及最终破坏时的耗能能力均呈增大趋势,强度衰减幅度呈减小趋势,峰值状态下的剪切变形及其占总变形的比例逐渐增大;随着轴压比的增加,高 RC 剪力墙的承载能力、强度衰减幅度与刚度退化速率均呈增大趋势,变形能力与最终破坏时的耗能能力逐渐减小,峰值状态下的剪切变形逐渐减小,而其占总变形的比例则逐渐增大。

　　（4）依据所提出的冻融损伤低矮和高 RC 剪力墙宏观恢复力模型，分别对本章涉及的各榀 RC 剪力墙拟静力试验进行了理论分析。所得滞回曲线、骨架曲线以及耗能能力均与试验数据符合较好，表明所建立的恢复力模型能够较准确地反映冻融损伤对低矮和高 RC 剪力墙力学性能和抗震性能的影响，可用于冻融环境下在役 RC 结构抗震性能分析与评估。

参 考 文 献

[1] Kuang J S, Yuen Y P. Ductility design of reinforced concrete shear walls with the consideration of axial compression ratio[J]. HKIE Transactions, 2015, 22(3):123-133.

[2] Kuang J S, Ho Y B. Seismic behavior and ductility of squat reinforced concrete shear walls with nonseismic detailing[J]. ACI Structural Journal, 2008, 105(2):226-231.

[3] Su R K L, Wong S M. Seismic behavior of slender reinforced concrete shear wall under high axial load ration[J]. Engineering Structures, 2007, 29(8):1957-1966.

[4] Li H H, Li B. Study of a new macro-finite element model for seismic performance of RC shear walls using quasi-static experiments[J]. Advances in Structural Engineering, 2006, 9(2): 173-184.

[5] Greifenhagen C, Lestuzzi P. Static cyclic tests on lightly reinforced concrete shear walls[J]. Engineering Structures, 2005, 27(11):1703-1712.

[6] Hidalgo P A, Ledezma C A, Jordan R M. Seismic behavior of squat reinforced concrete shear walls[J]. Earthquake Spectra, 2002, 18(2):287-308.

[7] Zhang Y F, Wang Z H. Seismic behavior of reinforced concrete shear walls subjected to high axial loading[J]. ACI Structural Journal, 2000, 97(5):739-749.

[8] 李兵, 李宏男, 曹敬党. 钢筋混凝土高剪力墙拟静力试验[J]. 沈阳建筑大学学报, 2009, 25(2):230-234.

[9] 曹万林, 刘强, 张建伟, 等. 再生混凝土低矮剪力墙抗震性能试验研究[J]. 世界地震工程, 2009, 25(1):1-6.

[10] 刘成清, 韦小丹, 倪向勇. 短肢剪力墙抗震性能理论分析与数值模拟[J]. 西南交通大学学报, 2016, 51(4):690-696.

[11] Hanjari K Z, Utgenannt P, Lundgren K. Experimental study of the material and bond properties of frost-damaged concrete[J]. Cement and Concrete Research, 2011, 41(3): 244-254.

[12] Duan A, Jin W L, Qian J R. Effect of freeze-thaw cycles on the stress-strain curves of unconfined and confined concrete[J]. Materials and Structures, 2011, 44(7):1309-1324.

[13] 冀晓东. 冻融后混凝土力学性能及钢筋混凝土粘结性能的研究[D]. 大连:大连理工大学, 2007.

[14] 中华人民共和国住房和城乡建设部. 混凝土结构设计规范(2016 年版)(GB 50010—2010)[S]. 北京:中国建筑工业出版社, 2016.

[15] 中华人民共和国住房和城乡建设部,中华人民共和国国家质量监督检验检疫总局. 建筑抗震设计规范(2016 年版)(GB 50011—2010)[S]. 北京:中国建筑工业出版社,2016.

[16] 中华人民共和国住房和城乡建设部. 建筑抗震试验方法规程(JGJ/T 101—2015)[S]. 北京:中国建筑工业出版社,2015.

[17] 中华人民共和国住房和城乡建设部. 高层建筑混凝土结构技术规程(JGJ 3—2010)[S]. 北京:中国建筑工业出版社,2010.

[18] Vidal T, Castel A, Francois R. Analyzing crack width to predict corrosion in reinforced concrete[J]. Cement and Concrete Research, 2004, 34(1):166-174.

[19] Gon F, Maekawa K. Multi-scale simulation of freeze-thaw damage to RC column and its restoring force characteristics[J]. Engineering Structures, 2018, 156:522-536.

[20] Petersen L, Lohaus L, Polak M A. Influence of freezing-and-thawing damage on behavior of reinforced concrete elements[J]. CAI Materials Journal, 2007, 104(4):369.

[21] Mahin S A, Bertero V V. Problems in establishing and predicting ductility in aseismic design [C]//Proceedings of the International Symposium on Earthquake Structural Engineering, St. Louis, 1976:613-628.

[22] 施士升. 冻融循环对混凝土力学性能的影响[J]. 土木工程学报, 1997,(4):36-42.

[23] Shih T S, Lee G C, Chang K C. Effect of freezing cycles on bond strength of concrete [J]. Journal of Structural Engineering, 1988, 114: 717-726.

[24] 郑山锁,侯丕吉,李磊,等. RC 剪力墙地震损伤试验研究[J]. 土木工程学报, 2012,(2):51-59.

[25] 郭子雄,杨勇. 恢复力模型研究现状及存在问题[J]. 世界地震工程, 2004, 20(4):47-51.

[26] Clough R W. Effects of stiffness degradation on earthquake ductility requirement[R]. Berkeley:University of California,1966.

[27] Takeda T, Sozen M A, Neilsen N N. Reinforced concrete response to simulated earthquakes [J]. Journal of the Structural Division, 1970, 96(12): 2557-2573.

[28] 武藤清. 结构动力设计[M]. 滕家禄,译. 北京:中国建筑工业出版社, 1984.

[29] Park Y J, Reinhorn A M, Kunnath S K. IDARC:Inelastic damage analysis of reinforced concrete frame-shear-wall structures[R]. Buffalo:State University of New York,1987.

[30] Sivaselvan M V, Reinhorn A M. Hysteretic models for deteriorating inelastic structures[J]. Journal of Engineering Mechanics,2000,126:633-640.

[31] Song J, Pincheira J. Spectral displacement demands of stiffness and strength degrading systems[J]. Earthquake Spectra,2000,16:817-851.

[32] Ibarra L, Krawinkler H. Variance of collapse capacity of SDOF systems under earthquake excitations[J]. Earthquake Engineering and Structural Dynamics,2011, 40(12):1299-1314.

[33] 李兵,李宏男. 钢筋混凝土低剪力墙拟静力试验及滞回模型[J]. 沈阳建筑大学学报(自然科学版), 2010, 26(5):869-874.

[34] 张松,吕西林,章红梅. 钢筋混凝土剪力墙构件恢复力模型[J]. 沈阳建筑大学学报(自然科学版), 2009, 4(25):643-649.

[35] 马恺泽,梁兴文,李响,等. 型钢混凝土剪力墙恢复力模型研究[J]. 工程力学,2011,8(28):119-132.

[36] 寇佳亮,梁兴文,邓明科. 纤维增强混凝土剪力墙恢复力模型试验与理论研究[J]. 土木工程学报,2013,10(46):58-70.

[37] 张令心,杨桦,江近仁. 剪力墙的剪切滞变模型[J]. 世界地震工程,1999,15(1):9-16.

[38] 姚谦峰,常鹏. 工程结构抗震分析[M]. 北京:北京交通大学出版社,2012:180-183.

[39] Lignos D G, Krawinkler H. Development and utilization of structural component databases for performance-based earthquake engineering[J]. Journal of Structural Engineering, 2013, 139(8):1382-1394.

[40] 臧登科. 纤维模型中考虑剪切效应的 RC 结构非线性特征研究[D]. 重庆:重庆大学,2008.

[41] Park Y J, Ang A H S. Mechanistic seismic damage model for reinforced concrete[J]. Journal of structural Engineering, 1985,111(4):7-22.

[42] Cevdet K G. Performance-based assessment and design of squat reinforced concrete shear wall[D]. Buffalo:The State University of New York, 2009.

[43] 张松,吕西林,章红梅. 钢筋混凝土剪力墙构件恢复力模型[J]. 沈阳建筑大学学报(自然科学版),2009,25(4):646-649.

[44] 张松,吕西林,章红梅. 钢筋混凝土剪力墙构件极限位移的计算方法及试验研究[J]. 土木工程学报,2009,42(4):10-16.

[45] John H, Thomsen I V, John W W. Displacement-based design of slender reinforced concrete structural walls experimental verification[J]. Journal of Structural Engineering, ASCE, 2004, 130(3):618-630.

[46] 过镇海,时旭东. 钢筋混凝土原理和分析[M]. 北京:清华大学出版社,2003.

[47] Park R, Paulay T. Reinforced Concrete Structure[M]. New York:John Wiley & Sons, 1976.

[48] 王斌. 型钢高强高性能混凝土构件及其框架结构的地震损伤研究[D]. 西安:西安建筑科技大学,2010.

[49] 梁兴文. 结构抗震性能设计理论与方法[M]. 北京:科学出版社,2011:111-112.

[50] 钱稼茹,徐福江. 钢筋混凝土剪力墙基于位移的变形能力设计方法[J]. 清华大学学报(自然科学版),2007,47(3):306-308.

[51] Priestley M J N. Aspect of drift and ductility capacity of rectangular cantilever structural walls[J]. Bulletin of New Zealand Society for Earthquake Engineering, 1998, 31(2):73-86.

第 8 章　冻融 RC 构件数值模拟方法研究

8.1　引　　言

冻融损伤在混凝土材料中的累积表现为由表及里的逐步渗透过程[1-4]，因此直接将材料性能层面的试验研究数据应用到构件和结构层面的分析与评估，会忽略尺寸效应。在前述章节中所建立的基于塑性铰单元力与变形关系的集中塑性铰模型，可综合考虑尺寸效应的影响，能够在保证在一定模拟精度的前提下，有效降低结构计算成本。然而，集中塑性铰模型仅可从宏观层面对结构进行模拟分析，无法得到结构精细化的分析结果，而基于单轴材料本构的纤维模型[5,6]则可精确地模拟 RC 构件在轴力与弯矩耦合作用下的非线性行为。由于纤维模型在平截面假定的基础上假定每根纤维均处于单轴应力-应变状态，仅可计算由曲率积分所产生的弯曲变形，忽略了剪切变形及钢筋与混凝土之间黏结滑移的影响，故需在其基础上进一步增加黏结滑移变形和剪切变形分量。

鉴于此，本章基于冻融混凝土材性试验，提出可考虑冻融损伤不均匀性的混凝土性能退化模型与等效冻融循环次数模型；基于试验数据与理论求解得到冻融损伤 RC 构件的黏结滑移计算模型；结合零长度截面单元，提出可综合考虑冻融不均匀损伤与滑移效应的纤维建模方法，通过冻融 RC 框架梁、柱拟静力试验结果对该方法进行验证，基于该建模方法提出冻融 RC 柱构件的破坏模式判别方法，建立冻融环境下 RC 柱构件的易损性曲线；建立冻融 RC 剪力墙剪切恢复力模型，结合前述纤维建模方法，提出综合考虑冻融损伤和轴压比影响的低矮与高 RC 剪力墙数值建模方法；以 RC 框架结构为例，介绍冻融损伤 RC 结构数值模型建立方法。

8.2　冻融 RC 框架梁柱数值模拟方法研究

8.2.1　数值模型建立思路

冻融循环作用对 RC 构件性能的影响主要体现在对混凝土力学性能及混凝土与钢筋间黏结性能的改变[7-9]，故本节首先基于混凝土材料力学性能试验提出可考虑不均匀冻融损伤的混凝土本构模型与等效冻融循环次数模型，并通过理论推导建立考虑冻融影响的黏结滑移模型,进而基于 OpenSees 有限元分析平台,采用纤维截面单元与零长度截面单元串联的方法,提出冻融 RC 框架梁、柱数值建模方法。

8.2.2　纤维模型划分及单元类型选取

采用非线性梁柱单元(nonlinear beam column element)模拟 RC 构件弯曲变形,单元截面基于纤维模型进行划分,并允许刚度沿杆长变化。通过将随冻融深度变化的混凝土冻融损伤本构赋予构件截面不同位置处的混凝土纤维,考虑冻融不均匀性的影响;此外,为了模拟 RC 构件底部纵筋黏结滑移影响,在其底部添加零长度截面单元[10,11],且采用与非线性梁柱单元一致的截面尺寸、截面划分以及混凝土本构,唯一不同的是零长度截面单元截面内的钢筋纤维,需采用钢筋应力-滑移本构关系替代传统的钢筋应力-应变本构关系,同时需反映往复加载过程中黏结滑移滞回曲线的捏拢效应以及加卸载刚度退化和强度衰减现象。

通过串联非线性梁柱单元与零长度截面单元,形成 RC 框架梁柱整体数值分析模型,如图 8.1 所示。其中,节点 1 与节点 7 之间为零长度截面单元,即两节点初始坐标位置相同;节点 1 与节点 6 之间为非线性纤维梁柱单元。为得到较为精

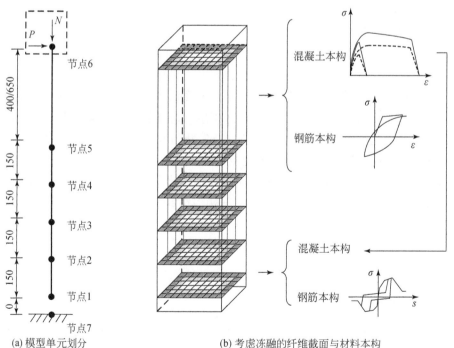

(a) 模型单元划分　　　　　　　(b) 考虑冻融的纤维截面与材料本构

图 8.1　有限元模型

确的分析结果,通常需要将构件划分为若干单元,根据构件配筋及等效塑性铰高度[12],沿梁、柱高分别划分单元长度,如图 8.1(a)所示。为确定 RC 框架梁柱试件截面分析所需的纤维数量,进行灵敏度分析,得到 30×50(RC 框架梁试件)、40×40(RC 框架柱试件)个纤维可基本实现计算精度和效率的平衡。

8.2.3　材料本构模型

1. 混凝土冻融损伤本构模型

1)未冻融混凝土本构模型

对于非约束混凝土本构,采用 Kent-Scott-Park 模型[13]。弹性模量 $E_c=5000\sqrt{f_c'}$,峰值应变 $\varepsilon_c=2f_c/E_c$,峰值以后部分采用 Roy 和 Sozen 模型[14]。对约束混凝土本构进行分段表示,如图 8.2 所示:第Ⅰ部分为 Mander 约束混凝土本构[15];第Ⅱ部分为 OpenSees 中的 minmax 材料[16],可用来给定应变阈值,本章将其设置为在混凝土应变超过 ε_{ccu} 时 Mander 本构模型失效,应力-应变关系进入第Ⅲ部分,即采用 OpenSees 中 hysteretic 材料模拟约束混凝土压碎后行为,斜率根据 Roy 和 Sozen 模型计算[14]。上述本构模型如图 8.2 所示,其中损伤本构模型仅通过修改峰值应力实现,详见后文叙述。钢筋模型采用 OpenSees 中的 Steel 02 模型,即双线型强化模型,应变硬化率采用 1.5%。根据试验数据,钢筋屈服强度为 363MPa,弹性模量为 2.0×10^5 MPa。

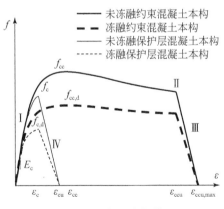

图 8.2　混凝土本构模型

2)冻融混凝土本构模型

Petersen 等[17]测量了冻融后混凝土棱柱体试件不同位置处的相对动弹性模量(RDME)与冻融循环次数(N)的关系,验证了冻融损伤在构件截面内的分布具有不均匀性。同时,诸多试验[18-22]已测得冻融混凝土的强度与相应动弹性模量数值。因此,可采用 RDME 作为联系混凝土强度与不同冻融损伤程度的桥梁,将构件截面按照冻融深度划分为不同部分,各部分又由不同损伤程度的混凝土纤维组成,具体计算步骤如下:

(1)基于 2.1 节确定保护层混凝土和约束混凝土中的 E_c、f'_{cc}、ε_c、ε_{cc}、ε_{cu}、ε_{ccu}。

(2)根据规范[23]建议的经验公式计算未冻融混凝土动弹性模量 E_c^{dyn} 如下:

$$E_c^{dyn}=4000\sqrt{f'_c}+15200 \tag{8-1}$$

(3)基于 Petersen 等的试验数据[17]提出修正的 Petersen 模型,计算混凝土冻融损伤系数 RDME。试验数据如图 8.3 所示。可以看到,对于给定深度 x 处的冻融损伤,在冻融循环次数未达到一定数值时,冻融损伤相对较小,因此提出冻融循环次数临界值参数 N' 表征这一趋势;当冻融开始时,RDME 随着冻融循环次数的增加呈线性减小趋势,故提出线性退化模型,如式(8-2)所示,其中 R 代表 RDME,并根据最小二乘法按式(8-3)、式(8-4)计算模型参数。

$$R=\begin{cases}1, & N_P\leqslant N' \\ 1-m(N_P-N'), & N_P>N'\end{cases} \tag{8-2}$$

$$N'=1.06x-0.24 \tag{8-3}$$

$$m=0.0114 \tag{8-4}$$

在上述公式中,N_P 为 Petersen 等试验所采用的冻融循环次数;x 为混凝土纤维位置与截面受冻边缘的距离,当截面受到多个方向的冻融作用时取最小值,如图 8.4 所示。

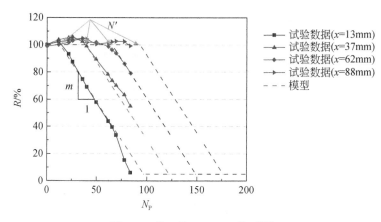

图 8.3　修正的 Petersen 模型[17]

(4)根据式(8-5)计算冻融后混凝土动弹性模量:

$$E_{c,d}^{dyn}=E_c^{dyn}R \tag{8-5}$$

(5)提出经验公式,计算冻融后混凝土强度。本节收集了文献[18]～[22]中的

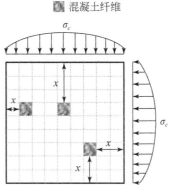

图 8.4　参数 x 计算示意图

试验数据,如图 8.5 所示,并对这些数据进行一元线性回归,得到式(8-6),进而结合式(8-5),即得到冻融混凝土强度 $f_{c,d}$ 与损伤系数 R 和未冻融混凝土强度 f_c 关系,如式(8-7)所示。

$$f_{c,d}=7\times10^{-4}E_{c,d}^{dyn}+12.5, \quad N>N' \tag{8-6}$$

$$f_{c,d}=R\times(2.8\sqrt{f_c}+10.64)+12.5, \quad N>N' \tag{8-7}$$

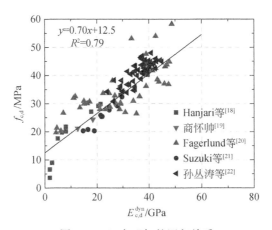

图 8.5　$f_{c,d}$ 与 $E_{c,d}^{dyn}$ 的回归关系

(6)基于冻融后的非约束混凝土强度,根据 Mander 本构模型[15]计算冻融约束混凝土的强度 $f_{cc,d}$。

综上所述,冻融损伤后截面不同深度处的混凝土强度计算仅与冻融循环次数 N 和未冻融混凝土强度 f_c 相关。上述计算的流程图如图 8.6 所示。

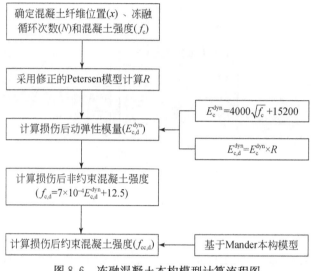

图8.6　冻融混凝土本构模型计算流程图

3)等效冻融循环次数

在前文建立混凝土冻融损伤本构模型时,采用了 Petersen 等[17]的冻融混凝土材性试验数据,并据此建立了相对动弹性模量随截面深度 x 与冻融循环次数 N 的变化关系。然而,需要指出的是,在 Petersen 等[17]所进行的混凝土冻融循环试验中,采用的冻融方案主要依据瑞典 RILEM(国际材料与结构研究实验联合会)规范确定,其中所选用的试件尺寸、温度设置与单次冻融循环时长均与本研究中的区别较大,具体对比见表8.1。同时,由 2.3.4 节的试验数据可知,在冻融循环次数为100 次时,冻融混凝土相对动弹性模量数据平均下降仅为 4.43%,而依据 RILEM规范所进行的冻融试验中[17,18],该数据可达到56.30%。可以看到,试验条件间的差异会进一步导致相同冻融循环次数下的混凝土损伤程度不尽相同,直接将所建立的冻融损伤演化规律应用到本章中试验试件模型的建立,势必会产生较大误差,而这也是不同学者所得试验结果无法进行横向对比分析的主要原因。因此,在采用与冻融循环次数 N_P 这一参数相关的模型时,需要对不同试验条件下的该参数进行等效,即表征不同试验制度下产生相同冻融损伤程度所需的冻融循环次数之间的相关关系。另一方面,在建立该相关关系时,同时考虑与我国《普通混凝土长期性能和耐久性能试验方法中》中的"快冻法"试验制度相应的等效关系,主要是由于该方案亦被广泛应用于冻融材性试验中,可作为后续选取冻融损伤对比模型的参照。

表 8.1　不同冻融循环试验方案对比

冻融循环 试验制度	气候实验室	RILEM[17]	快冻法
试件尺寸/mm	100×100×400	150×110×(70±2)	底面边长 75～125 高度 275～475
温度区间/℃	−15～20	−20～20	−18～4
降温速率/(℃/h)	16	10	20
单次冻融循环时长/h	5.5	12	2～5

　　为实现本节所需的不同研究资料之间冻融循环次数的对比分析,对 Petersen 试验[17]的冻融循环次数 N_P 进行等效。分析中,由于文献[17]缺乏冻融后混凝土强度数据,故可采用相对动弹性模量(RDME)作为等效的原则。

　　依据第 2 章建立的 RDME 与冻融循环次数和混凝土强度的关系(式(8-8)),即可计算引起相同动弹性模量退化程度所需冻融循环次数 N_P,进而通过与本研究试验冻融循环次数 N_E 进行拟合,得到 N_P 与 N_E 的关系,见式(8-9)。依据该公式,即可计算获得等效冻融循环次数,如表 8.2 所示。可以看到,拟合误差在 5% 以内,具有较高的精度。

$$R = 100 - 0.3632 f_{cu}^{-0.4494} N \tag{8-8a}$$

$$N_P = 14.17 \times e^{0.0065 N_E} \tag{8-8b}$$

　　对本试验依据"快冻法"所进行的试验进行等效。选取段安[8]所进行的冻融混凝土材性试验作为依据,采用段安所提出的经验公式(8-9a)计算导致相同混凝土强度退化程度所需冻融循环次数 N_D,与本试验冻融循环次数 N_E 进行拟合,选取指数函数形式为拟合模型,得到式(8-9b):

$$f_{c,d}/f_c = 1 - 200 N_D \times f_{cu}^{-3.0355} \tag{8-9a}$$

$$N_P = 25.16 \times e^{0.0077 N_E} \tag{8-9b}$$

　　采用所提出的等效冻融循环次数模型的计算结果如表 8.2 所示,可以看到,计算值与拟合值较为接近,具有较高的精度,可作为后续分析的基础。

表 8.2　等效冻融循环次数

N_E	N_D			N_P		
	计算值	拟合值	误差	计算值	拟合值	误差
100	48.00	46.56	−3.0%	26.58	27.14	2.1%
200	95.55	100.55	5.2%	54.05	51.99	−3.8%
300	224.98	217.17	−3.5%	97.38	99.60	2.3%

2. 钢筋本构模型

钢筋本构模型选取 OpenSees 中的 Steel02 模型，即 Giuffre-Menegotto-Pinto 模型，该模型可以考虑钢筋各向同性应变硬化现象以及包辛格效应（Bauschinger effect），如图 8.7 所示，且该模型计算效率较高，与钢筋反复加载试验结果吻合较好，详细的本构关系参考文献[24]，此处不再赘述。Steel02 模型中需要定义的参数主要包括：屈服强度 F_y、初始弹性模量 E_0、应变硬化率 b、弹性过渡到塑性阶段曲线曲率的控制参数（R_0、cR_1 和 cR_2）、各向同性硬化参数（a_1、a_2、a_3 和 a_4）以及初始应力值 siglnit。由于冻融损伤主要影响混凝土的力学性能，故对于冻融与非冻融试件的钢筋本构模型采用一致的选取方法，其中钢筋的屈服强度 F_y 和弹性模量 E_0 均取试验所测平均值，参见第 5 章表 5.3；应变硬化率 b 取为 1.5%；对于曲率的控制参数 R_0、cR_1 和 cR_2，参考文献[25]、[26]，分别取为 20、0.925 和 0.15；各向同性硬化参数则主要采用 OpenSees 中的默认值，即依次取为 0.0、1.0、0.0 和 1.0；初始应力值取为 0.0。

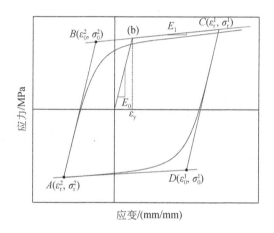

图 8.7　Giuffre-Menegotto-Pinto 钢筋本构

8.2.4　考虑冻融损伤演化的黏结滑移模型

在地震作用下，RC 结构的非线性变形主要集中在梁、柱和剪力墙的塑性铰区域，该变形可分解为弯曲、剪切和锚固区域的纵筋黏结滑移三个部分组成。其中，锚固区的黏结滑移变形主要是指由构件端部纵向钢筋受拉而引起的伸长与滑移，从而在构件端部产生附加转角，引起水平位移，如图 8.8 所示。Saatcioglu 和 Ozcebe[27]、Sezen 和 Moehle[28] 与 Lynn 等[29] 所进行的 RC 柱低周往复加载试验数据表明，由附加转角所产生的侧向位移占总水平位移的 30% 以上，且柱脚处受拉钢筋的滑移会降低柱的刚度、延性和耗能,甚至会改变 RC 框架结构的薄弱层机制[30-32]。对于寒冷地区的 RC 结构,冻融循环作用会显著削弱钢筋与混凝土之间的黏结强度[17,33],因此,在建立冻融损伤 RC 构件与结构的数值模型中,需要考虑黏结滑移效应以及冻融损伤所造成的黏结滑移性能劣化。

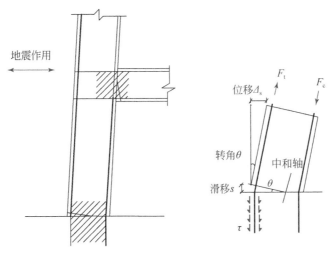

图 8.8　RC 构件端部纵筋滑移变形示意图

　　鉴于此,本节在考虑冻融损伤演化过程的纤维模型基础上,通过增加零长度截面单元考虑黏结滑移效应。首先对既有计算黏结滑移效应的方法进行分析与改进,进而基于试验数据建立可考虑冻融损伤分布的黏结强度退化规律,通过理论求解得到冻融损伤 RC 构件的黏结滑移模型,嵌套于零长度纤维截面单元中,基于有限元分析软件 OpenSees,提出可综合考虑冻融不均匀损伤与滑移效应的 RC 构件纤维建模方法,根据第 5 章中冻融 RC 柱拟静力加载试验结果对本章提出的模型进行验证,同时与 8.2.2 节未考虑黏结滑移效应的纤维模型进行对比分析。

1. 黏结滑移计算方法

　　8.2.2 节中所建立的纤维模型基于钢筋与混凝土材料完全黏结的假定进行计算,仅可考虑由曲率积分所产生的弯曲变形,无法反映黏结滑移效应。针对在纤维模型中考虑锚固区黏结滑移的问题,早期研究多通过在构件端部添加转角弹簧单元以考虑滑移效应[34-36],即建立弯矩—滑移转角关系,该方法虽计算效率较高,但无法直接嵌套于纤维模型的算法中,且该方法为截面分析层面模型,与基于材料本构的纤维模型并不一致。为此,Monti 和 Spacone[37]提出了可考虑钢筋滑移效应的纤维梁柱单元,但其单元截面和钢筋纤维的受力状态均需重新进行迭代计算修正,时间成本较高。随后,Zhao 和 Sritharan[10]提出将零长度纤维单元与普通纤维单元串联的思路,并在零长度截面中采用钢筋的应力-滑移本构关系替代传统的钢筋应力-应变关系进行计算,得到了广泛的应用[11,38-40];但该方法中滑移量的计算来自于经验回归公式,无法考虑冻融损伤所导致的黏结退化。因此,在不需要进行迭代计算的研究思路中,需要获取准确的构件滑移量计算值,进而得到转角值或依据零长度纤维单元直接予以应用。目前,针对该滑移量的计算方法可简要按照精细化程度分为两类,即细观方法与宏观方法,其中前者需要利用局部黏结滑移本构关系进行迭代求解[37,41,42],而后者无需局部黏结滑移本构关系,通过假设黏结应力分布进行简化求解[35,36,43,44],具体详述如下。

1)细观方法

在锚固区域取长度为 dx 的隔离体进行分析,如图 8.9 所示,在钢筋应力传递长度 l_d 范围内任意位置处的局部滑移为钢筋变形与混凝土变形之差,满足相容方程,由于混凝土应变较小,即可近似为

$$ds = (\varepsilon_s - \varepsilon_c)dx \approx \varepsilon_s dx \qquad (8\text{-}10)$$

式中,ε_s 为钢筋应变;ε_c 为混凝土应变。同时,该微段中钢筋应力的增量 df_s 由周围混凝土提供的黏结应力 τ 而达到平衡,由于 dx 长度很小,可假设黏结应力在其范围内保持不变,即平衡方程:

$$A_s \cdot df_s = \tau \cdot Cdx \qquad (8\text{-}11)$$

式中,A_s 为钢筋面积;C 为钢筋周长。由于黏结应力在锚固长度内为连续变化,通过将锚固长度划分成若干长度单元 dx,并考虑钢筋应力传递结束点的边界条件为

$$\tau = 0 , \ f_s = 0 , \ s = 0 , \ \varepsilon_s = 0 \qquad (8\text{-}12)$$

其中 $s=0$ 主要是因为在进行混凝土结构设计时,钢筋的埋深需要满足最小锚固长度,即保证钢筋的加载端发生屈服而不被拔出所需的最小长度,并考虑一定的安全系数。故在进行滑移量计算时,均认为钢筋锚固长度充分,在自由端不会发生滑移。随后,以此为起点建立坐标系 x,如图 8.9 所示,联立钢筋本构方程(见式(8-13))与局部黏结滑移本构方程(见式(8-14)),便可求得滑移量。

$$f_s = f_s(\varepsilon_s) \qquad (8\text{-}13)$$

$$\tau = \tau(s) \qquad (8\text{-}14)$$

以下为算法具体求解过程:

(1)将一个较小的值 δ 赋给钢筋加载端部处的滑移 $s(1)$,寻找满足滑移 $s(1)=\delta$ 的纵筋应力 $f_s(1)$。

(2)根据黏结-滑移本构方程(式(8-14))计算黏结应力 $\tau(1)$。

(3)由式(8-11)可得第二段 l_2 开始处纵筋的应力为 $f_s(2) = f_s(1) - (\tau(1)Cdx)/A_s$,相应纵筋的滑移为 $s(2) = s(1) - \varepsilon_s(1)dx$。

(4)通过对下一段 l_2 迭代分析下去,直到满足纵筋自由端处的应力为零(即 f_s

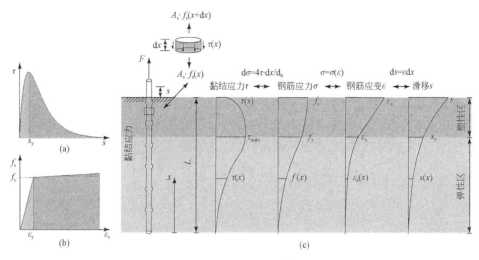

图 8.9 细观方法示意图

$(l_{\mathrm{m}})=0)$ 时,此 $f_{\mathrm{s}}(1)$ 就是相应 $s(1)$ 的解。

(5) 增加步骤 1 中假定的值 δ,令 $\delta=\delta+\Delta\delta$,继续重复步骤 3~步骤 5,计算新滑移对应的钢筋应力,即可得到完整的钢筋应力-滑移模型。

综上,采用 MATLAB 编程软件实现上述迭代过程,通过数值计算对钢筋应力-滑移关系进行求解。

2)宏观方法

当混凝土中的钢筋单独受力时,钢筋上的力必须通过一定长度上黏结力的累积方能传递到混凝土上,这个长度称为传递长度或称钢筋应力发展长度 l_{d}[45]。Alsiwat 和 Saatcioglu[35] 提出,滑移的产生是由于梁柱端部纵向钢筋的受拉应力传递至锚固区域产生,即应力传递长度 l_{d} 范围内的钢筋应变 $\varepsilon(x)$ 累积量,其实质与公式(8-10)相同,仅为微分形式与积分形式的区别,具体为

$$s=\int_0^{l_{\mathrm{d}}}\varepsilon(x)\mathrm{d}x \tag{8-15}$$

同时,该区域的钢筋应力 f_{s} 由周围混凝土提供的黏结应力而达到平衡,即满足平衡方程:

$$f_{\mathrm{s}}A_{\mathrm{s}}=\pi d_{\mathrm{b}}\int_0^{l_{\mathrm{d}}}\tau(x)\mathrm{d}x \tag{8-16}$$

同理,该式实质与公式(8-11)相同,仅为微分形式与积分形式的区别。宏观模型采用平均黏结应力的假设进行计算,即通过将式(8-16)中积分方程的核函数转变为一常数,从而简化计算:如 Alsiwat 和 Saatcioglu[35] 提出将整个受力过程按照钢筋的应力状态分为了弹性段、屈服平台段、应变硬化段和拔出段,并根据不同应力阶段特征采用不同的平均黏结应力计算公式,即考虑了随着裂缝开展而导致的黏结

应力退化效应;随后,Sezen 和 Setzler[36]进一步对该模型中钢筋屈服后的部分进行了简化,并给出钢筋分别处于弹性阶段与非弹性阶段时平均黏结应力的数值,如图 8.10 所示,并通过与拉拔试验数据和拟静力试验数据的对比验证了模型准确性,由于该方法兼具计算效率与精度,被广泛应用于 RC 柱锚固区域黏结滑移的计算,亦基于该两段式(钢筋屈服前、后两部分)求解方法进行展开叙述。

在给定的钢筋应力为 $f_s(f_s < f_y)$ 条件下,已知钢筋处于弹性阶段的平均黏结应力为 τ_0,由式(8-16)可解得钢筋屈服前的应力渗透长度 l_d:

$$l_d = \frac{f_s d_b}{4\tau_0}, \quad \varepsilon_s \leqslant \varepsilon_y \tag{8-17}$$

同理,已知钢筋处于塑性阶段的平均黏结应力为 τ_0,由式(8-16)可解得钢筋屈服后的应力渗透长度 l_d':

$$l_d' = \frac{(f_s - f_y)d_b}{4\tau_0'}, \quad \varepsilon_s > \varepsilon_y \tag{8-18}$$

假设钢筋的应力-应变关系符合双线型模型,弹性模量为 E_s,应变硬化率为 E_{sh}/E_s。根据式(8-15)积分可得钢筋屈服前、后的滑移量 s 分别为

$$s = \begin{cases} \dfrac{\varepsilon_s l_d}{2}, & \varepsilon_s \leqslant \varepsilon_y \\ \dfrac{\varepsilon_y l_d}{2} + \dfrac{(\varepsilon_y + \varepsilon_s)l_d'}{2}, & \varepsilon_s > \varepsilon_y \end{cases} \tag{8-19}$$

将式(8-17)及(8-18)代入式(8-19)可解得钢筋屈服前、后的滑移量 s 分别为

$$s = \begin{cases} \dfrac{f_s^2 d}{8E_s\tau_0}, & \varepsilon_s \leqslant \varepsilon_y \\ \dfrac{f_y^2 d}{8E_s\tau_0} + \dfrac{(f_s - f_y)f_y d}{4E_s\tau_0} + \dfrac{(f_s - f_y)^2 d}{8E_{sh}\tau_0'}, & \varepsilon_s > \varepsilon_y \end{cases} \tag{8-20}$$

对于上述平均黏结应力的取值,诸多学者根据不同的试验数据对其进行了回归,如:Sezen 和 Setzler[36]根据 RC 柱拟静力试验中钢筋滑移所产生的转角值数据[29,46]进行了回归,提出屈服前黏结应力 $\tau_0 = \sqrt{f_c}$,屈服后根据经验取为屈服前的 0.5 倍,Pan 等[47]根据锚固长度充分的钢筋拉拔试验数据进行回归计算得到钢筋屈服前的平均黏结应力 $\tau_0 = 1.2\sqrt{f_c}$,屈服后取值与 Sezen 和 Setzler[36]研究保持一致。总结可得,不同学者所提出的平均黏结应力取值略有差异,且在钢筋处于弹性阶段时的取值均为基于试验数据的回归分析得到,而屈服后多采用经验折减系数进行直接计算,故提出基于试验数据根据统计得到钢筋屈服后的平均黏结应力。

试验数据的选取考虑到针对钢筋混凝土黏结滑移关系的试验研究类型较多,而常见的试验方式有两种:拉拔试验和梁式试验,其中以拉拔试验为主要研究方式。由于拉拔试验多采用 5 倍钢筋直径以内的锚固长度,钢筋在试验中无法达到屈服状态

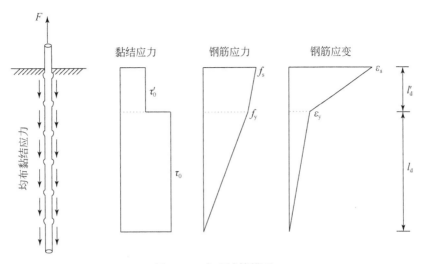

图 8.10　宏观计算模型

即被拔出,或发生劈裂破坏,试验目的为得到界面间的黏结滑移本构,即本构模型可为前述细观方法所采用,但与实际锚固长度相差较远,本研究需选取其中锚固长度充分,试验过程中钢筋发生屈服甚至拉断,因此采用文献[48-51]中的数据,根据前述计算方法(式(8-20))对其中的平均黏结应力值进行反向求解,计算结果如图8.11 所示。可以看到,平均黏结应力值数据具有一定的离散性,据此提出采用0.35 作为钢筋屈服后的。综上,不同研究中提出的平均黏结应力取值见表8.3。

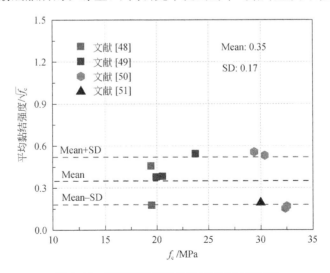

图 8.11　钢筋屈服后平均黏结应力计算结果

表8.3　钢筋屈服前后平均黏结应力取值

数据来源	钢筋屈服前	钢筋屈服后
Lowes 和 Altoontash[43]	1.4	0.4
Sezen 和 Setzler[36]	1.0	0.5
Pan 等[47]	1.2	0.5
本研究	1.0	0.35

注:表内各数据值均代表 $\sqrt{f_c}$ 的倍数。

3)宏细观方法对比

综上,不同学者对两种方法分别展开了研究,但尚未有人对两种方法的适用条件与计算准确性进行对比分析。从上述介绍中可以看出,细观方法和宏观方法均需要依赖于钢筋的本构关系,二者的联系如图 8.12 所示。因此,为进一步提出受冻融影响后的滑移计算方法,本节首先对二者的计算精度与效率进行了对比分析。

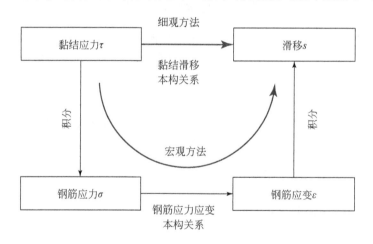

图 8.12　宏细观计算方法相关关系图[47]

(1)黏结-滑移本构模型的选取

钢筋混凝土黏结-滑移本构模型是细观计算方法的基础,既有的黏结滑移模型大多采用分段函数的形式表达黏结应力与滑移间的关系,例如,我国学者徐有邻[52]按受力机理将黏结滑移过程划分为微滑移段、滑移段、劈裂断、下降段、残余段 5 个阶段;国外学者所建立的 Eligehausen-Filippou 模型[53]被广泛地应用于广义荷载作用下约束和非约束混凝土黏结滑移关系的数值模拟中[54-56],并被欧洲的模式规范 Model Code 1990[57] 和 Model Code 2010[58] 所采纳,然而对于不同的箍筋约束情况,该模型建议采用不同的应力-滑移表达式,造成了模型表达式不统一,在数值分析不便应用。

为此,Wu 和 Zhao[59]基于试验数据与统计分析,提出了形式统一的黏结-滑移本构模型,该模型考虑了包括混凝土强度、箍筋配置与混凝土保护层厚度等影响黏结应力的大部分因素,并通过参数表达了混凝土与钢筋界面的各种黏结破坏模式,合理地描述了混凝土与钢筋界面的黏结滑移行为。同时,此模型并可生成连续光滑的黏结滑移曲线,便于数值模拟应用。故采用 Wu 和 Zhao 模型作为黏结-滑移(τ-s)本构模型,该模型可表示为

$$\tau = \frac{\tau_{\max}}{\left[e^{-B\ln(B/W)/(B-W)} - e^{-W\ln(B/W)/(B-W)}\right]}(e^{Bs} - e^{Ws}) \tag{8-21}$$

其中模型参数计算如下:

$$\frac{\tau_{\max}}{\sqrt{f_c}} = \frac{2.5}{1 + 3.1e^{-0.47K}} \tag{8-22}$$

$$K = K_{co} + 33K_{st} \tag{8-23}$$

$$K_{co} = c/d \tag{8-24}$$

$$K_{st} = A_{st}/(nS_{st}d) \tag{8-25}$$

$$B = (0.0254 + K_{st})/(-0.0232 - 8.34K_{st}) \tag{8-26}$$

$$W = 3\ln\left(\frac{0.7315 + K}{5.176 + 0.3333K} - 0.13\right) - 3.375 \tag{8-27}$$

式中,K_{co} 和 K_{st} 分别为混凝土保护层和箍筋约束效应;K 为混凝土保护层和箍筋的组合约束效应;A_{st} 为单支箍筋面积;n 为纵向钢筋数量;d_b 为纵向钢筋直径;S_{st} 为箍筋间距;s 为钢筋滑移,τ 为混凝土冻融损伤前与钢筋滑移 s 所对应的界面黏结应力。

(2)与试验结果的对比分析

试验数据选取原则与前文进行平均黏结强度回归分析时所述一致,即仅选择钢筋屈服时未发生劈裂破坏、拔出破坏的试验进行统计分析,并避免与前述回归分析时所用数据重复。因此,筛选出 Shima 等[60]和 Ueda 等[48]所进行的钢筋混凝土拉拔试验,试验所采用材料力学性能实测值见表 8.4。试验数据取钢筋加载端的应力和滑移。

图 8.13 所示为拉拔试验结果与前述细观、宏观方法计算结果的对比。其中,宏观方法中不再对比 Pan 等[47]所提出的平均黏结应力计算结果,主要是由于屈服后阶段与 Sezen 和 Setzler 的模型[36]计算结果一致,屈服前的平均黏结应力处于中位值,可通过其余模型的计算结果进行判断。可以看到,相对于细观方法,基于宏观方法所得到的钢筋应力-滑移结果与试验数据的误差较小,特别是在钢筋进入屈服后的阶段,细观计算方法不能很好地反映屈服后数据所出现的硬化,而是表现出钢筋应力随着滑移量的增长而趋于平缓,考虑到细观方法在计算效率上亦不具有优势,故不再采用细观方法。同时,宏观方法中,不同的黏结应力计算结果略有不

同,在弹性阶段,Lowes 和 Altoontash[43]所提出的弹性阶段平均黏结应力值(1.4
$\sqrt{f_c}$)过大,而依据 Sezen 和 Setzler 的模型[36]计算得到的钢筋应力-滑移曲线与拉
拔试验数据吻合精度较好;在屈服后阶段,所提出的平均黏结应力值(0.35 $\sqrt{f_c}$)
与试验数据更为接近,而其余模型预计的钢筋滑移量偏小。总体而言,所提出的模
型可综合反映钢筋弹性与塑性变形下的滑移特征,故以此为基础进一步进行冻融
后黏结滑移模型的推导。

表 8.4　材料力学性能实测值

数据来源	试件编号	f_c/MPa	d/mm	f_y/MPa	E_s/MPa	b_s/%	f_u/MPa
Shima 等[60]	SD30	19.6	19.50	350	1.9×10^5	1.6	540
	SD50	19.6	19.50	610	1.9×10^5	1.4	800
Ueda 等[48]	S61	20.6	19.05	438	2.0×10^5	3.0	775
	B103	23.8	32.26	414	2.0×10^5	2.9	660
	S64	28.8	19.05	438	2.0×10^5	3.0	775
	S107	18.2	32.26	305	2.0×10^5	2.3	547

注:b_s为钢筋应变硬化率。

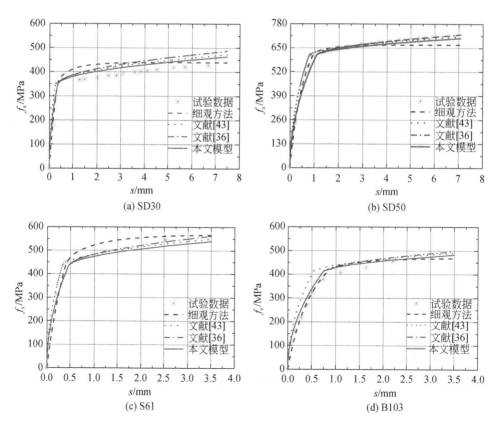

(a) SD30　　　　　　　　　　(b) SD50

(c) S61　　　　　　　　　　(d) B103

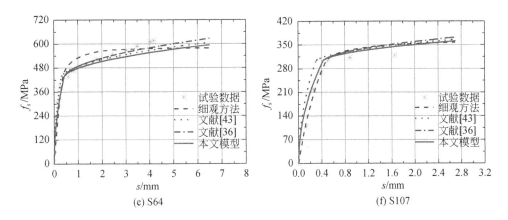

图 8.13 不同计算方法对比

2. 考虑冻融损伤演化的 RC 黏结滑移模型

结合既有冻融后钢筋与混凝土黏结性能试验数据与 8.2.3 节所建立的不均匀冻融损伤模型,推导得到冻融前后相对黏结强度随冻融损伤深度的变化关系,并根据上节中所提出的宏观模型对锚固区域不同深度处的黏结应力进行修正,通过理论推导得到可考虑不均匀冻融损伤的黏结滑移计算方法,与冻融后钢筋与混凝土间黏结应力分布试验数据进行对比验证。

1) 冻融损伤黏结强度模型

前文已建立了可表征冻融损伤程度的相对动弹性模量 R 随冻融循环次数 N 和位置变量 d(即截面不同深度处的混凝土到截面受冻边缘的距离,单位为 mm)的线性关系如式(8-28)、式(8-29)所示,其中 N' 为临界冻融次数,表示在截面深度为 d 的位置处混凝土开始发生冻融损伤所需要的冻融循环次数。故在此基础上,仅需建立相对黏结强度 τ_d/τ_0 随冻融损伤指标 R 的变化,即可确立冻融后不同截面深度处黏结强度的退化规律。

为此,收集文献[17,18,33,61]中冻融 RC 试件拉拔试验(试验参数见表 8.5)所得的相对黏结强度与对应的冻融损伤程度数据,如图 8.14 中散点所示,并对这些数据进行线性回归,考虑边界条件(无冻融损伤时 $R=1$,$\tau_d/\tau_0=1$)、根据最小二乘法得到回归公式系数,见式(8-30)。综上,结合式(8-28)~式(8-30)可得冻融黏结强度 τ_d 关于初始黏结强度 τ_0、冻融循环次数 N 和位置变量 d 的损伤模型,即式(8-29)和式(8-31)。

$$R=\begin{cases}1, & N \leqslant N' \\ 1-0.0114(N-N'), & N>N' \end{cases} \tag{8-28}$$

$$N' = 1.06d - 0.24 \tag{8-29}$$

$$\tau_d/\tau_0 = \begin{cases} 1, & R \geqslant 0.98 \\ 0.90R + 0.12, & R < 0.98 \end{cases} \tag{8-30}$$

$$\tau_d/\tau_0 = \begin{cases} 1, & N \leqslant N' \\ 1.02 - 0.0103(N - N'), & N > N' \end{cases} \tag{8-31}$$

表 8.5　拉拔试验参数

数据来源	锚固长度/mm	钢筋直径 d/mm	混凝土轴心抗压强度 f_c/MPa
Fagerlund[61]	48, 72	12	52.7, 45.0
Petersen[17]	74	16	29.8, 35.3
冀晓东[33]	5d, 7d, 9d	12, 16, 20	25.5
Hanjari[18]	18	6	40.6

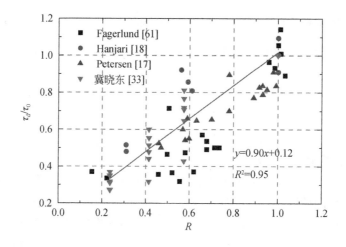

图 8.14　R 与 τ_d/τ_0 的回归公式

2）理论推导

根据已建立的冻融损伤黏结强度模型式(8-29)和式(8-31)可知,在一定的锚固长度范围内,冻融后黏结应力 τ_d 与位置变量 d 呈线性关系,为方便后续推导,首先根据钢筋锚固端的边界条件即钢筋应力、应变为零($f_s = 0, \varepsilon_s = 0, x = 0$)建立坐标系,则前述冻融位置变量 d 在该坐标系中可表示为

$$d = l_{d,d} - x \tag{8-32}$$

式中,$l_{d,d}$ 为经历冻融损伤后所需的应力渗透长度。则模型方程可表示为

$$\tau_d(x) = \begin{cases} ax + b, & x \leqslant d_0 \\ \tau_0, & x > d_0 \end{cases} \tag{8-33}$$

式中,a 和 b 为模型参数;d_0 为给定冻融循环次数 N 下的冻融损伤影响深度,表示黏结应力仅在该深度范围内发生退化,即令式(8-29)计算值为 N 时所对应的 d 值,可解得 $d_0 = 0.943N + 0.226$。结合前文冻融损伤黏结强度退化模型(式(8-29)和式(8-31))可解得模型参数 a、b 与 τ_0、$l_{d,d}$ 和 N 的关系,即:$a = -0.0109\tau_0$,$b = (0.0109l_{d,d} - 0.0103N + 1.0187)\tau_0$。钢筋进入塑性阶段后,采用 τ_0' 代替 τ_0。同时,假设钢筋的应力-应变关系符合双线型模型,弹性模量为 E_s,应变硬化率为 E_{sh}/E_s。模型示意图见图 8.15。下面分别详述钢筋屈服前、后的滑移值 s 推导过程。

(1)弹性阶段

由于该模型仍满足式(8-16)所示的力的平衡条件,且在应力渗透长度 x 的范围内黏结应力为梯形分布,故式(8-16)中的积分可转化为

$$f_s A_s = \frac{1}{2} \pi d_b (2\tau_{0,d} - ax)x \tag{8-34}$$

式中,$\tau_{0,d}$ 为钢筋在弹性阶段时,冻融后端部界面(梁柱节点表面、柱-基础)的黏结应力,可根据公式(8-33)进行计算。可以看到,在给定钢筋应力 f_s 的条件下,该式为关于 x 的一元二次方程,舍去小于 0 的根,即可得到 x 的唯一一合理解。另一方面,在应力渗透长度范围内取长度为 $\mathrm{d}x$ 的脱离体,如图 8.15 所示,则该微段内钢筋两端的应力增量 $\mathrm{d}f_s(x)$ 由周围的黏结应力平衡,可表示为

$$\frac{\mathrm{d}f_s(x)}{\mathrm{d}x} = \frac{4}{d_b}\tau_d(x) \tag{8-35}$$

对式(8-35)进行积分,并代入公式(8-33),考虑前述边界条件($f_s = 0, x = 0$),可得

$$f_s(x) = \frac{2}{d_b}(ax^2 + 2bx) \tag{8-36}$$

根据公式(8-15)可计算滑移量为

$$s = \int_0^x \varepsilon(x)\mathrm{d}x = \int_0^x \frac{f_s(x)}{E_s}\mathrm{d}x = \frac{2}{3E_s d_b}(ax^3 + 3bx^2) \tag{8-37}$$

上述推导均假设应力渗透长度未超过冻融损伤影响深度 d_0,当进入未受到冻融影响的区域时,该模型则转变为 Sezen 和 Setzler 的模型[36],求解过程为采用平均应力计算方法得到相应的滑移量。综上,钢筋屈服前的滑移量计算可归纳为

$$s = \begin{cases} \dfrac{2}{3E_s d_b}(ax^3 + 3bx^2), & x < d_0 \\[3mm] \dfrac{2}{3E_s d_b}(ad_0^3 + 3d_0^2) + d_b[f_s - f_s(d_0)] \times \dfrac{[f_s + f_s(d_0)]}{8u_b E_s}, & x > d_0 \end{cases} \tag{8-38}$$

当钢筋应力 f_s 达到屈服强度 f_y 时对应的滑移量记为 s_y。

(2)钢筋屈服后阶段

钢筋屈服后所产生的滑移值 s_d 推导方法与屈服前的类似,首先根据平衡方程得到关于钢筋屈服后的位置坐标 x' 的一元二次方程:

$$(f_s - f_y)A_s = \frac{1}{2}\pi d_b(2\tau'_{0,d} - ax')x' \tag{8-39}$$

式中,$\tau'_{0,d}$ 为钢筋在塑性阶段时,冻融后端部界面的黏结应力,可根据式(8-33)进行计算。同理舍去小于 0 的根,可解得 x'。

此时,总滑移量可分为屈服滑移量和钢筋进入塑性阶段后新产生的滑移量,根据式(8-15)可得

$$s = s_y + \frac{1}{E_{sh}}\int_0^{x'} f_s(x')\,dx' \tag{8-40}$$

其中,钢筋应力 $f_s(x')$ 的推导方法与式(8-36)相同,即对隔离体中平衡方程的两端进行积分,考虑边界条件($f_s = f_y$,$x'=0$),可得

$$f_s(x') = \frac{2}{d_b}(ax'^2 + 2bx') + f_y \tag{8-41}$$

代入式(8-40)可得总滑移量的具体计算公式:

$$s = \begin{cases} \dfrac{2}{3E_{sh}d_b}(ax'^2 + 3bx'^3) + \varepsilon_y x' + s_y, & x' < d_0 \\[2ex] \dfrac{2}{3E_{sh}d_b}(ad_0^2 + 3bd_0^3) + \varepsilon_y d_0 + s_y + \\[1ex] \dfrac{(f_s - f_s(d_0))d_b}{8\tau'_0}\left(\dfrac{f_s + f_s(d_0) - 2f_y}{E_{sh}} + 2\varepsilon_y\right), & x' \geqslant d_0 \end{cases} \tag{8-42}$$

综上,无论钢筋是否屈服,在给定钢筋应力的条件下,均可通过求解应力渗透长度,进而计算出滑移值,故可直接应用于构件层面的分析中。

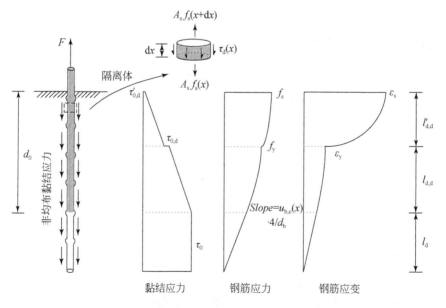

图 8.15　宏观计算模型

3)冻融黏结滑移试验验证

为验证所提出的模型,首先基于黏结滑移试验层面进行验证。由于目前针对冻融后钢筋混凝土黏结性能的试验研究尚不充足,且多采用局部黏结滑移试验,即采用 5 倍钢筋直径以内的锚固长度,钢筋在试验中无法达到屈服状态,其试验目的为得到界面间的黏结滑移本构,适用于前述细观模型,而本模型则基于宏观模拟方法提出,故无法采用该类试验进行验证。因此,选取孟祥鑫[62]所进行的黏结应力分布的试验,即在分级加载的拉拔试验中测量了冻融循环作用后钢筋应变沿锚固长度分布的情况,从而根据钢筋的本构关系计算出钢筋应力的分布情况,进而得到沿锚固长度各区间的局部黏结应力。由于该研究并未给出试验所量测得到的滑移量,而考虑到应变分布曲线与横坐标轴包围的面积即滑移量,故试验与模型预测的钢筋应变一致,也即钢筋应力一致,亦是判断模型计算值准确的条件。

试验概况为:试件尺寸 100mm×100mm×160mm,混凝土设计强度等级 C30,实测立方体抗压强度 31.7MPa,钢筋直径为 16mm,强度等级为 HRB400 级,实测屈服强度为 515MPa,冻融循环次数为 200 次。以其中四次加载为例,钢筋应力的计算结果与试验数据对比如图 8.16 所示。

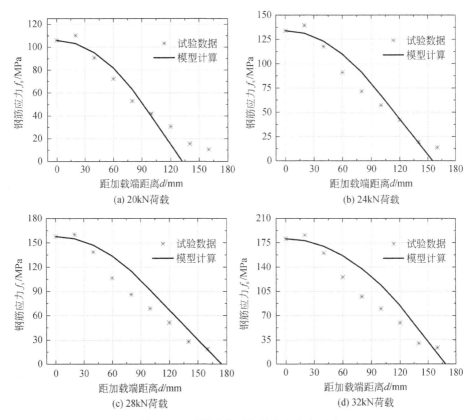

图 8.16　不同荷载下钢筋应力分布对比

由图可见,模型计算出的钢筋应力分布与试验测得的钢筋应力分布基本一致,二者与横轴所包围的面积相差均不超过 10%,且计算所得钢筋应力衰减至零所需的黏结长度相近,即说明计算钢筋应变分布符合较好,故可说明所建立的模型较为准确,可作为简化考虑冻融损伤的黏结滑移计算方法。

3. 黏结滑移模型验证

在已得到黏结滑移试验层面验证的基础上,本节进一步将所提出的黏结滑移模型应用于冻融 RC 构件层面,在 8.2.2 节所提出的冻融 RC 梁、柱纤维模拟方法上进一步增加本节所建立的黏结滑移模型,与第 5 章中的冻融 RC 柱拟静力试验数据进行验证,并与未考虑滑移效应的模型进行对比。

1)数值建模方法

在 8.2.2 节所建立的冻融 RC 柱纤维模型的基础上,为进一步考虑底部纵筋黏结滑移所产生的附加水平位移,根据 Zhao 和 Sritharan[10] 所提出的思路,采用零长度截面单元(zero-length section element)计算滑移量。该单元由单一的纤维截面组成,并与底部截面采用相同的截面划分形式,形成相应的由钢筋或混凝土单轴本构关系所代表的纤维,并采用与底部节点坐标一致的单元节点坐标,如图 8.17 中的节点 7,即通过复制节点 1 的坐标产生,从而达到截面的变形与单元的变形相一致的目的,即截面的曲率与单元的转角一致,并限制其平动自由度以防止该单元产生剪切变形,实现为构件增加额外的转角。其中,该截面中的钢筋材料本构关系需由应力—应变关系修改为应力-滑移关系,混凝土本构关系应根据修正后的钢筋本构关系进行修改,详见下文叙述。

2)零长度纤维截面单元中的材料本构关系

Zhao 和 Sritharan[10] 在提出利用零长度纤维单元的思路计算纵筋黏结滑移的同时,在 OpenSees 中开发了适用于钢筋滑移本构模型的 uniaxial material BOND_SP01 单轴材料,其骨架点包含钢筋的屈服和极限两个特征点,并给出了相应滑移量的计算值,然而该材料基于英制单位,在通常公制单位环境下应用时并不方便,故提出采用单轴滞回材料(uniaxial material hysteretic)表征钢筋应力-滑移本构,同时该本构模型亦可反映往复加载过程中黏结滑移滞回曲线所表现出的捏拢效应。滞回材料可用于构建三折线本构模型,或通过缺省第三点的参数构建两折线模型,其输入参数中包括骨架曲线控制参数和滞回规则控制参数,对于骨架曲线控制参数,按前文推导给出的相关公式分别确定对应于钢筋屈服点和钢筋极限点的滑移值;对于滞回规则控制参数,参考文献[10],取变形捏拢控制参数 PinchX = 0.0,力捏拢控制参数 PinchY = 0.02,以反映往复加载过程中 RC 构件滞回曲线所出现的捏拢现象,不考虑基于延性和基于能量的损伤退化以及刚度退化,即取

\$ Damage1＝0.0,\$ Damage2＝0.0,β＝0.0。

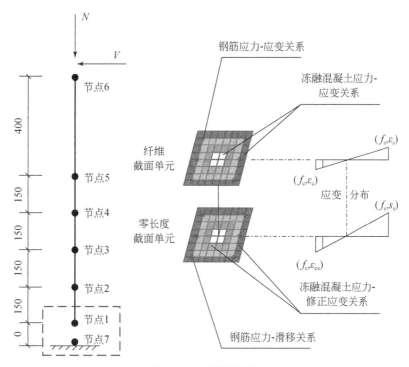

图 8.17　有限元模型

由于在零长度纤维截面中,平截面假定依然成立,根据图 8.17 中的应变分布可以看到,对于修正后的钢筋本构而言,其变形由无量纲的应变修正为滑移值,必然会影响相同受力情况下混凝土的变形量,从而导致零长度截面中的中性轴与底部纤维截面的中性轴出现偏差,由滑移量 s_s 计算转角 θ_s 的公式(8-43)可以看出(式中 d_t 为纵向受拉钢筋到中性轴的距离),该偏差会进一步导致整体计算结果不准确。因此,为保证零长度截面中的钢筋受力与底部普通纤维截面一致,必须相应修正混凝土的本构方程,但由于混凝土本构的非线性以及截面弯矩—曲率关系的不确定性,Zhao 和 Sritharan[10]指出增大混凝土极限压应力可减小计算误差,但尚未有人提出准确的混凝土本构修正方法。为此,提出根据平截面假定的计算原理,修正零长度截面中的混凝土材料本构关系中特征点的应力值与底部截面相同位置处纤维的保持一致,即修正后的混凝土应变见式(8-44):

$$\theta_s = \frac{s_s}{d_t} \tag{8-43}$$

$$\varepsilon_{cs} = \varepsilon_c \cdot s_s / \varepsilon_s \tag{8-44}$$

式中,ε_{cs} 为修正混凝土应变,ε_c 为混凝土应变,s_s 为钢筋滑移值,ε_s 为钢筋应变值。

3)计算结果与分析

分别采用 8.2.2 节所建立的未考虑滑移效应的纤维模型和本节提出的修正模型对冻融 RC 柱试件的拟静力加载试验进行模拟分析,所得模拟滞回曲线与试验滞回曲线的对比如图 8.18 所示。

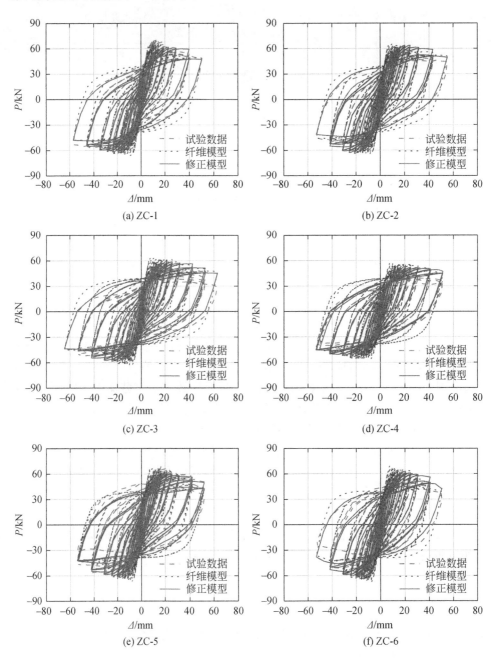

(a) ZC-1　　　　　　　　　　　(b) ZC-2

(c) ZC-3　　　　　　　　　　　(d) ZC-4

(e) ZC-5　　　　　　　　　　　(f) ZC-6

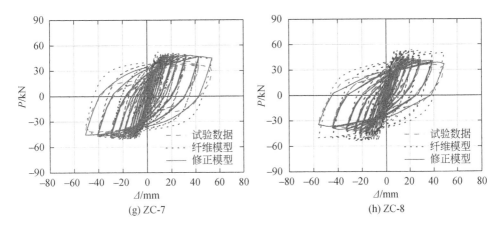

(g) ZC-7　　　　　　　　　　　　　　　　(h) ZC-8

图 8.18　$\lambda = 5.0$ 冻融 RC 柱试验滞回曲线与模拟滞回曲线对比

　　可以看到,总体上,随着柱顶位移的增加,相对未考虑黏结滑移效应的纤维模型,由本节所提出的修正模型计算得到的滞回曲线与试验数据更为接近。由图 8.18(a)~(d)可以看出,在不同冻融循环次数下,本节模型结果与试件的承载力、加卸载刚度和滞回环形状均吻合较好,可体现由滑移造成的滞回曲线捏拢现象,且能够反映由冻融损伤程度增加所造成的滑移量增大、捏拢程度增加的效果;而纤维模型的计算结果存在初始刚度偏大、滞回曲线过于饱满的问题。由图 8.18(c)、(e)和(f)可以看出,随着轴压比的增加,试件初始刚度增加,纤维模型的计算结果与试验数据相比偏差减小,而本节模型计算所得初始刚度较低,其原因可能为在滑移值的计算过程中,并没有考虑轴压比影响因素,而较大轴压比下试件的变形能力减小,但是在模拟中零长度截面中的钢筋滑移值并未改变,为试件所增加的额外变形偏大;另一方面,在不同的轴压比下,虽然本节模型计算所得滞回环形状与试验滞回曲线更为接近,但纤维模型的计算结果与试验数据偏差亦减小,这主要是由于轴压比增大时,试件的裂缝开展受到抑制,滞回环饱满程度略有增加,同时钢筋受拉应力发展受限,由纵筋滑移所产生的水平位移在总位移的比重中减小所致。由图 8.18(c)、(g)和(h)可以看出,随着初始混凝土强度的减小,本节所建立的模型与试验数据吻合较好,即可反应不同强度的混凝土受冻融损伤后的黏结滑移效应。

　　为定量分析模拟效果,以模拟所得滞回曲线的包络线(骨架曲线)与试验结果相同、滞回环面积与试验结果相等作为判别数值模拟结果优劣的条件,选取峰值荷载误差 E_p 和极限位移误差 E_u 作为评判骨架曲线的指标,选取 Berry 和 Eberhard[63] 所提出滞回荷载误差 E_f 与耗能误差 E_e 作为评判滞回环形状的指标,各指标计算方法如式(8-45)~式(8-48)所示:

$$E_p = (P_t - P_m)/P_t \qquad (8-45)$$

$$E_u = (\Delta_t - \Delta_m)/\Delta_t \tag{8-46}$$

$$E_f = \frac{1}{\max(|F_t|)}\sqrt{\frac{1}{n}\sum_{i=1}^{n}(F_t^i - F_m^i)^2} \tag{8-47}$$

$$E_e = (\Omega_t - \Omega_m)/\Omega_t \tag{8-48}$$

式中,P_t 和 P_m 分别为试验峰值荷载值和模拟峰值荷载值;Δ_t 和 Δ_m 分别为试验极限位移值和模拟极限位移值;F_t^i 和 F_m^i 分别为往复分析中第 i 步时的试验荷载值和模拟荷载值;Ω_t 和 Ω_m 分别为试验中和模型计算中的荷载正反交变时构件所耗散的能量,即 E_e 代表累积耗能的差别。各试件的计算结果如表 8.6 所示。

可以看到,对于两种模型,E_p 值和 E_f 值的绝对平均值计算结果较为相近,且均小于 10%,即纤维模型与本节模型均可反应不同冻融循环次数、轴压比以及混凝土强度对 RC 柱承载力的影响,主要是由于本节模型的计算原理在于对构件增加额外的侧向位移,对承载力的影响仅为所增加的侧向位移而引起的二阶效应所导致,故而影响较小。另一方面,纤维模型计算得到的极限位移误差(E_u)平均值与累积耗能误差(E_e)平均值均超过 20%,其中极限位移偏小、累积耗能偏大,而本节模型对二者的计算平均误差在 10% 左右,且随着冻融循环次数、轴压比以及混凝土强度的变化,模拟误差并未表现出明显的规律性变化,仅在最大轴压比的条件下(试件 ZC-6)二者误差值较大,原因同前,即由受拉钢筋变形未充分发展导致。

综上,仅采用纤维模型、忽略纵筋的黏结滑移效应会高估冻融后 RC 柱的初始刚度以及耗能能力,在纤维模型的基础上,结合本节所建立的纵筋黏结滑移模型可更为准确地反映冻融后 RC 柱的力学性能与抗震性能。

表 8.6　不同数值建模方法模拟误差

试件编号	纤维模型				本节模型			
	E_p	E_u	E_f	E_e	E_p	E_u	E_f	E_e
Z-C1	1.6%	40.0%	7.6%	−15.6%	8.1%	−4.4%	11.1%	17.0%
Z-C2	−7.8%	19.0%	11.3%	−25.5%	−5.3%	3.3%	8.3%	9.9%
Z-C3	−10.8%	20.3%	11.8%	−35.3%	−1.8%	−11.2%	8.0%	0.9%
Z-C4	−4.1%	5.3%	10.3%	−37.9%	3.9%	−18.9%	9.3%	5.1%
Z-C5	−1.2%	28.8%	7.7%	−14.5%	7.9%	−2.9%	9.6%	13.8%
Z-C6	−7.2%	18.4%	8.9%	−7.6%	2.6%	−21.1%	9.1%	21.8%
Z-C7	−6.2%	19.7%	8.3%	−14.5%	2.9%	−4.9%	8.6%	12.8%
Z-C8	−9.5%	20.7%	8.7%	−15.2%	4.6%	−5.9%	8.9%	10.9%
绝对平均值	6.05%	21.52%	9.33%	20.77%	4.64%	9.08%	9.11%	11.53%

注:由于计算结果正负不具有一致性,故对各 RC 柱试件的计算结果取绝对值后再进行平均,可更为准确地反映计算误差,即绝对平均值。

8.2.5　冻融损伤 RC 梁柱构件剪切效应数值模型

水平荷载作用下,钢筋混凝土柱在斜裂缝出现前,由混凝土承担几乎全部的剪力,斜裂缝出现后,未开裂混凝土、横向钢筋、纵筋的销栓作用以及混凝土骨料咬合作用均不同程度地参与抗剪,且相对比例随斜裂缝的形成和发展而不断变化,抗剪机理复杂[64,65]。近年来国内外学者提出了诸多可考虑非线性剪切效应的模型,如:Mostafaei 和 Kabeyasawa[66] 基于修正斜压场理论提出可考虑轴力-弯矩-剪力耦合作用的纤维单元模型,随后 Lodhi 和 Sezen[67]、李忠献等[68] 均采用该思路分别实现了单调和反复加载下 RC 柱荷载位移曲线的模拟,但该方法需通过二维材料本构实现,原理复杂、计算耗时,且对于结构进入强非线性阶段的求解较为困难。更为简便有效的方法即通过在构件端部串联非线性剪切弹簧单元以考虑剪切作用,如Elwood[69]、Sezen 等[70,71]、Ghannoum 等[72,73] 以及蔡茂等[74] 均将构件的剪切变形从整体变形中分离出来,通过建立剪切骨架曲线与滞回关系从构件整体层面考虑其剪切性能。该方法力学原理简单,兼具计算精度与效率,因而在实际工程中得到广泛应用。其中,Elwood[69] 提出的考虑剪切变形的 RC 柱数值模型,通过与弯曲变形相串联的剪切弹簧单元模拟 RC 柱的非线性剪切变形,是目前国内外广泛使用的弯剪型破坏构件的宏观数值模型,其数值模型如图 8.19 所示。

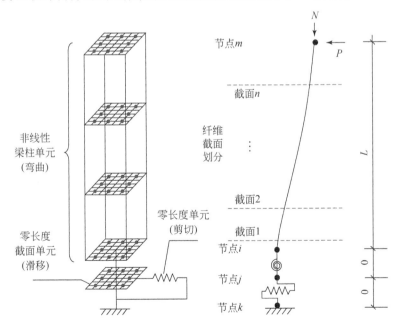

图 8.19　考虑剪切效应的纤维模型

本书借鉴 Elwood[69] 建议的方法,建立考虑混凝土冻融损伤影响的非线性剪切弹簧模型,并与前文所建立的可考虑滑移效应的纤维模型串联,建立适用于弯剪型或剪切型冻融 RC 柱的数值模拟方法。其中,非线性剪切弹簧模型主要由骨架曲线与滞回规则组成,同时需要考虑剪切破坏发生判断条件以及弯剪串联机制,具体分别叙述如下。

1. 骨架曲线

根据 5.4.3 节中弯剪破坏柱分离受弯反应后的剪切滞回曲线(图 5.12),可以看出,在初始加载阶段 RC 柱的剪切刚度较大,剪切位移很小,随着剪切裂缝的不断开展,剪切刚度明显减小,并在达到最大剪力后剪切反应骨架曲线立即进入下降段。同时,未冻融与冻融后的 RC 柱骨架曲线形式具有一致性,即柱开裂后抗剪刚度明显减小,达到峰值剪力后其承载力迅速退化,故采用带有下降段的三折线表示未冻融 RC 柱的剪力-剪切变形骨架曲线,如图 8.20 所示,分别确定开裂点(图中 A 点)、峰值点(B 点)以及丧失轴向承载力点也即极限点(C 点)的剪力和剪切变形即可确定 V-Δ 骨架曲线。

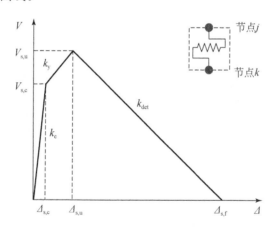

图 8.20　未冻融 RC 柱剪力-剪切变形骨架曲线

对于未冻融 RC 柱,国内外学者已针对各特征点的取值开展了大量研究并取得了一定的成果,因此,综合文献[75]~[78]的研究成果,给出各特征点的剪力及剪切变形的计算公式如下。

1)开裂点

开裂剪力 V_{cr} 参考美国 ASCE-ACI 联合委员会[76]所提出的公式进行计算,

$$V_{cr} = v_b A_e + 0.167hN/a \tag{8-49}$$

式中,参数 v_b 表示混凝土项的贡献并取 $v_b = (0.067 + 10\rho_s)\sqrt{f_c}$,若 v_b 的计算结果

大于 $0.2\sqrt{f_c}$ 则取为 $0.2\sqrt{f_c}$，其中 ρ_s 为纵向受拉钢筋配筋率，f_c 为混凝土轴心抗压强度，E_c 为混凝土弹性模量；A_e 为有效柱横截面面积，可取为 $0.8b \cdot h$，b 和 h 分别为横截面的宽度和高度；a 为剪跨段长度，对于悬臂柱取为 $a=L$，对于双曲率柱取为 $a=L/2$，其中 L 为柱高度。

钢筋混凝土柱在开裂前处于弹性工作状态，根据弹性力学，其开裂位移 $\Delta_{s,cr}$ 可表征为

$$\Delta_{s,cr}=6V_{s,cr}L/5GA_g \tag{8-50}$$

式中，A_g 为柱横截面面积；系数 $6/5$ 为考虑剪应力在横截面的不均匀分布系数；G 为混凝土的剪切模量，其计算公式为

$$G=\frac{E_c}{2(1+\mu)} \tag{8-51}$$

式中，μ 为泊松比，对于普通混凝土取为 0.25。将式(8-51)代入式(8-50)，则可得开裂位移的计算公式：

$$\Delta_{s,cr}=3V_{s,cr}L/E_cA_g \tag{8-52}$$

2) 峰值点

峰值剪力 V_c 根据《混凝土结构设计规范(2016 年版)》(GB 50010—2010)[75]进行确定：

$$V_c=\frac{1.75}{\lambda+1}f_tbh_0+\frac{A_{sv}f_{yv}h_0}{s}+0.07N \tag{8-53}$$

式中，V_c 为峰值剪力；λ 为剪跨比；f_t 为混凝土抗拉强度，参考我国设计规范取为 $0.1f_c$；h_0 为柱截面有效高度；A_{sv} 为箍筋截面面积，$A_{sv}=nA_{sv,1}$，其中 n 为箍筋肢数，$A_{sv,1}$ 为单只箍截面面积；f_{yv} 为箍筋屈服强度；s 为箍筋间距；N 为轴压力设计值，当大于 $0.3f_cA_g$ 时取 $0.3f_cA_g$。

Park 和 Pauley[77]根据桁架模型推导得到峰值位移 $\Delta_{s,c}$ 的计算公式为

$$\Delta_{s,c}=\frac{V_sL}{bh_0}\left(\frac{1}{\rho_{sv}E_s}+\frac{4}{E_c}\right) \tag{8-54}$$

式中，V_s 为箍筋所贡献的抗剪承载力分量，即 $V_s=A_{sv}f_{yv}h_0/s$；ρ_{sv} 为配箍率；E_s 为箍筋弹性模量。

3) 极限点

如图 8.21 所示，在剪切破坏阶段，剪切骨架曲线以 k_{det} 的卸载刚度指向剪切反应的丧失水平承载力点，即极限点 $(\Delta_{s,u},0)$，根据图中几何关系有

$$\Delta_{s,u}=V_u/k_{det}+\Delta_{s,c} \tag{8-55}$$

由于构件整体刚度为弯曲刚度与剪切刚度的串联关系，即构件柔度为弯曲柔度与剪切柔度之和，如图 8.21(b)和(c)所示，则有

$$k_{det}=\left(\frac{1}{k_{det}^t}-\frac{1}{k_{unload}}\right)^{-1} \tag{8-56}$$

式中，$k_{\text{det}}^{\text{t}}$ 为构件整体骨架曲线的退化斜率，按 Majid[78] 所提出的式(5-9)进行计算；k_{unload} 为构件的剪切反应进入破坏阶段时，弯曲部分骨架曲线的卸载刚度，假设弯曲部分按初始弹性刚度卸载，对于悬臂柱有 $k_{\text{unload}} = 3E_{\text{c}}I/L^3$。需要注意的是，弯曲位移按照弹性刚度进行卸载仅为简化计算假定，即弯曲变形会略有减小，而试验研究表明[46]，在剪切破坏阶段，剪切位移增长明显，对于不同设计参数下的 RC 柱其弯曲位移存在增长和减小两种情况，尚无定论。

$$k_{\text{det}}^{\text{t}} = -4.5N \left(4.6 \frac{A_{\text{sv}} f_{\text{sv}} h_0}{Ns} + 1 \right)^2 / L \tag{8-57}$$

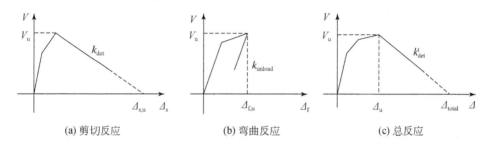

(a) 剪切反应　　　　　　　(b) 弯曲反应　　　　　　　(c) 总反应

图 8.21　RC 柱破坏阶段剪切与弯曲反应分解

对于冻融损伤后的 RC 柱，其抗剪性能主要受剪压区混凝土抗剪性能的影响。结合前文试验研究及既有研究可知，在冻融环境中，随着冻融循环次数的增加，钢筋混凝土构件中剪压区的混凝土强度不断减小，导致构件抗剪性能发生退化，剪切变形在总体变形中所占比例增加。鉴于冻融循环作用主要导致 RC 构件中混凝土力学性能劣化，本节在建立冻融 RC 柱剪切模型时，忽略冻融循环作用对箍筋的影响，主要通过改变混凝土强度来考虑冻融循环作用对 RC 柱抗剪性能的影响，具体方法如下：将 3.2 节中由公式(3-1)～式(3-7)计算得到的不同深度处的 $f_{\text{c,d}}$ 值进行平均，代入式(8-49)～式(8-57)，替换公式中的混凝土强度，以考虑混凝土性能劣化对梁抗剪性能的影响，即可得到考虑冻融影响的 RC 柱剪切模型。

2. 剪切极限曲线

由既有试验研究结果可知，对于抗剪承载力明显小于抗弯承载力的 RC 柱，会发生脆性较明显的剪切破坏，即在达到最大剪力后进入剪切破坏阶段，其受力性能始终受剪切主导，弯曲性能尚处于弹性阶段；对于抗剪承载力与抗弯承载力接近的 RC 柱，如第 5 章中剪跨比为 2.5 的 RC 柱试件，在纵向钢筋屈服后，柱端开始形成塑性铰，随后弯曲裂缝斜向发展，在柱顶水平位移达到某一幅值后形成破坏斜裂缝，最终因达到退化后的剪切承载力而破坏。对于后一类试件来讲，其最终发生剪切破坏是由于反复荷载作用下弯剪裂缝的深入开展，导致混凝土部分所承担的剪力逐渐降低。

　　对于抗剪承载力与抗弯承载力接近的 RC 柱,传统的剪切模型忽略了抗剪性能随构件非线性变形增加而劣化这一特点,导致在对其进行分析时,容易出现弯曲应变硬化段,无法准确模拟出构件的剪切下降段。因此,仅考虑抗弯承载力与抗剪承载力间的相对强弱关系,会导致错误判断 RC 柱破坏模式、过高估计其变形能力,为此,Elwood 和 Moehle[79] 基于 50 个弯剪破坏柱的拟静力试验结果,经统计分析提出了剪切极限曲线作为判定 RC 柱剪切破坏的准则,并开发出相应极限材料[69] 嵌套于 OpenSees 软件中,其原理为:在每一步计算之后,检查梁柱单元的整体力-位移响应是否与剪切极限曲线相交,如果未相交,则分析继续进行,如图 8.22 所示。该模型得到了广泛的应用[70,71,74,80,81],故选取该模型作为基础,进一步考虑冻融损伤对该极限曲线的影响。

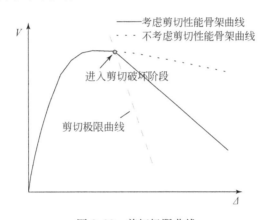

图 8.22　剪切极限曲线

　　采用 Elwood 和 Moehle[79] 提出了剪切极限曲线作为 RC 框架柱剪切破坏准则。该极限曲线反映了 RC 框架柱抗剪承载力 V 与柱顶水平位移 Δ 的关系,当柱顶水平位移达到某一幅值时,剪切极限曲线与未考虑抗剪性能退化的柱骨架曲线相交(如图 8.22 所示),柱进入剪切破坏阶段,其受力性能由剪切恢复力模型主导。对于未冻融 RC 框架柱,剪切极限曲线可由 Elwood 和 Moehle[79] 建议的式(8-58)确定。

$$\frac{\Delta}{L} = \frac{3}{100} + 4\rho_{sv} - \frac{1}{40}\frac{v}{\sqrt{f_c}} - \frac{1}{40}\frac{N}{A_g f_c} \qquad (8\text{-}58)$$

式中,Δ 为柱顶水平位移;L 为柱高度;ρ_{sv} 为配箍率;v 为名义剪应力,$v = V/bh$,其中 b、h 分别为柱截面宽度和高度,V 为柱顶水平位移为 Δ 时的抗剪承载力;f_c 为混凝土轴心抗压强度;N 为柱顶轴力;A_g 为有效柱横截面面积,可取为 $0.8bh$。

　　对于冻融后的 RC 柱,考虑混凝土冻融损伤对剪切破坏准则的影响,采用计算骨架曲线中的冻融混凝土强度值 $f_{c,d}$ 取代式(8-58)中的 f_c,分析可知,随着冻融循环次数的增加,剪切破坏曲线在 x 轴上的截距减小,即剪切破坏发生提前,与第5章中的剪跨比为 2.5 的冻融 RC 柱试验结果具有一致性。

3. 剪切破坏准则

需要指出的是,Elwood 等所提出的公式仅适用于发生弯剪破坏的 RC 柱,因此,在应用该公式前应先判断柱的破坏模式。Ang[82]通过统计 25 根不同轴压比、剪跨比以及配箍率的钢筋混凝土圆柱拟静力试验数据,研究了低周往复荷载作用下,位移延性系数与破坏模式的关系,认为当位移延性系数 $\mu \geqslant 6$ 时,柱发生无剪切现象的纯弯曲破坏;当位移延性系数 $2 \leqslant \mu < 4$ 时,柱发生弯剪破坏;当位移延性系数 $\mu < 2$ 时,柱发生剪切破坏,但文章并未给出延性系数的计算方法。相对于基于延性系数的判别方法,诸多学者给出了基于承载力的判别方法,如 Setzler 和 Sezen[70]根据 RC 柱的屈服强度 V_y、抗剪承载力 V_s 和抗弯承载力 V_f 三者间的相对关系,将柱的破坏模式与破坏时的变形组成情况细分为 5 种,具体如表 8.7 所示;美国规范 ASCE41-17[83]主要依据 RC 柱的抗弯承载力与抗剪承载力之比,即弯剪比 V_f/V_s,同时考虑锚固情况,将柱的破坏模式简化为 3 类,如表 8.8 所示。

表 8.7　Setzler 和 Sezen 的 RC 柱破坏模式判别准则[70]

分类标准	$V_s < V_y$	$V_y \leqslant V_s < 0.95V_f$	$0.95V_f \leqslant V_s \leqslant 1.05V_f$	$1.05V_f < V_s \leqslant 1.4V_f$	$V_s > 1.4V_f$
破坏模式	剪切破坏,弯曲变形为弹性	剪切破坏,弯曲变形发展至峰值承载力	弯剪破坏,三种变形共同发展	弯剪破坏,剪切变形发展至峰值承载力	弯曲破坏,剪切变形为弹性

表 8.8　ASCE41-17 的 RC 柱破坏模式判别准则[83]

弯剪比	箍筋为 135°弯钩	箍筋为 90°弯钩	其他
$V_f/V_s \leqslant 0.6$	弯曲破坏*	弯剪破坏	弯剪破坏
$0.6 < V_f/V_s \leqslant 1.0$	弯剪破坏	弯剪破坏	剪切破坏
$V_f/V_s > 1.0$	剪切破坏	剪切破坏	剪切破坏

* RC 柱发生弯曲破坏仍需满足塑性铰区面积配箍率大于 0.002、箍筋间距与截面有效高度之比小于 0.5 的条件。

由表 8.7 和 8.8 可以看到,Setzler 和 Sezen[70]的分类方法更为细致,在弯曲与剪切承载力的基础上,合理地考虑了屈服强度的影响,同时给出了弯剪耦合作用下三种变形组成成分(即弯曲、滑移与剪切变形)的发展机制;然而,该方法仅有加载规律,并未给出卸载以及往复循环下三种变形的退化规律计算方法。考虑到涉及到的研究对象均符合 ASCE 41-17[83] 所提出的配箍要求,故综合上述文献对 RC 柱破坏模式的判别方法,并结合前述模型的计算原理,提出将柱的破坏模式分为以下 3 类情况讨论:

(1)弯曲型破坏柱:$V_s > 1.4V_f$,此类柱抗弯承载力 V_f 远小于抗剪承载力 V_s,将发生弯曲破坏,可以忽略非线性剪切变形影响,计算时将剪力与剪切变形关系假定为线弹性关系。

(2)剪切型破坏柱:$V_s < V_y$,此类柱的抗剪承载力 V_s 小于屈服荷载 V_y,即柱纵筋尚未屈服就发生剪切破坏,可以忽略非线性弯曲变形影响,计算时将弯曲变形假定为线弹性关系。

(3)弯剪型破坏柱:$V_y < V_s < 1.4V_f$,此类柱会出现塑性铰,但随着水平位移的不断增大剪切承载力逐步退化,最终可能发生剪切破坏,不能忽略非线性剪切变形的影响,需引入剪切破坏准则,以捕捉其剪切极限点。

综上,判断柱的破坏类型需要依据其承载力的计算值。其中,抗剪承载力 V_s 按式(8-53)计算。屈服荷载与抗弯承载力需要依据 8.2.2~8.2.4 节所建立的考虑冻融损伤演化过程的纤维模型得到;同时,亦可在 8.2.2~8.2.4 节所建立的本构关系基础上,采用截面的弯矩-曲率关系以及塑性铰理论计算,简述如下:

参考文献[84]~[86],采用自编 MATLAB 程序对截面进行弯矩-曲率分析,通过曲率简化计算得到相应的转角,取截面受拉区纵向钢筋应变达到屈服应变 ε_y、受压区非约束混凝土应变达到极限压应变 ε_{cu} 时的曲率分别作为截面屈服曲率 φ_y、峰值曲率 φ_c,对应的弯矩即为屈服弯矩 M_y 与峰值弯矩 M_c,相应的水平位移根据简化的曲率分布与塑性铰长度进行计算:

$$\Delta_{y,f} = \varphi_y L^2 / 3 \tag{8-59}$$

$$\Delta_{c,f} = \Delta_{y,f} + (\varphi_c - \varphi_y) l_p (L - l_p/2) \tag{8-60}$$

式中,l_p 为塑性铰长度,根据 Paulay 和 Priestley[12] 所提出的经验公式计算得到:

$$l_p = 0.08L + 0.022 f_y d_b \tag{8-61}$$

式中,f_y 为纵筋屈服强度;d_b 为纵筋直径。注意其中截面的划分方法、混凝土本构与钢筋本构的选取以及特征值计算方法均需与 8.2.3 节的保持一致,既可考虑冻融损伤演化过程,同时,相对于传统的截面弯矩-曲率分析,亦考虑了由锚固区域受拉钢筋滑移效应所产生的塑性铰区曲率,其中钢筋应力-滑移关系计算方法如 8.2.4 节所述,由滑移 s 产生的水平位移 Δ_s 为

$$\Delta_s = \frac{sL}{h-c} \tag{8-62}$$

式中,h 为截面高度,c 为截面受压区高度。则总水平位移应为截面曲率所产生的水平位移 $\Delta_{i,f}$ 与滑移所产生的位移 Δ_s 之和,整体计算流程图见图 8.23。

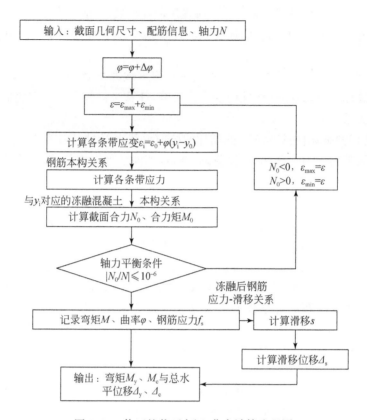

图 8.23　修正的截面弯矩-曲率计算流程图

根据所得弯矩与位移,并考虑轴力二阶效应,计算相应的水平承载力,其中抗弯承载力 V_f 可近似计算为

$$V_f = (M_c - N\Delta_c)/L \tag{8-63}$$

式中,Δ_c 为 RC 柱峰值弯矩对应的顶点水平位移。

同理,屈服荷载 V_y 可近似计算为

$$V_y = (M_y - N\Delta_y)/L \tag{8-64}$$

式中,Δ_y 分别为 RC 柱屈服弯矩对应的顶点水平位移。

4. 冻融 RC 框架梁柱数值模拟方法验证

基于上述建模理论与方法分别对不同冻融循环次数下的 RC 框架梁、柱试件进行数值建模分析,并将模拟滞回曲线与试验滞回曲线进行对比,如图 8.24 所示。可以看出,模拟滞回曲线与试验滞回曲线有较好的一致性,所提出建模方面可以有效模拟冻融 RC 框架梁、柱试件在水平荷载作用下的响应。

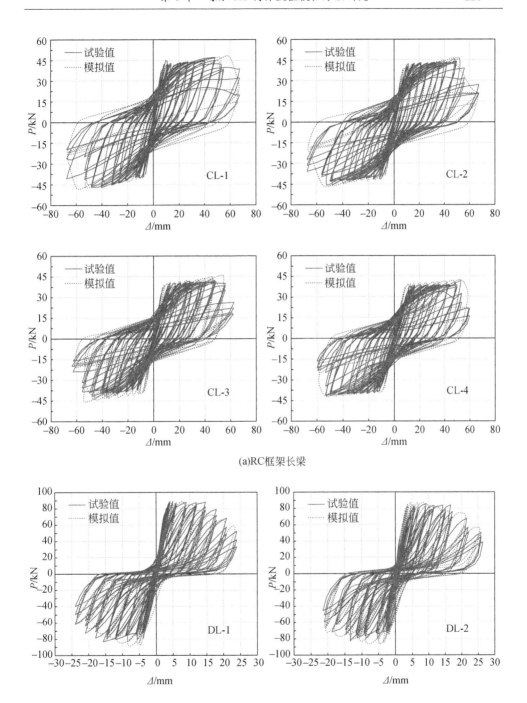

(a)RC框架长梁

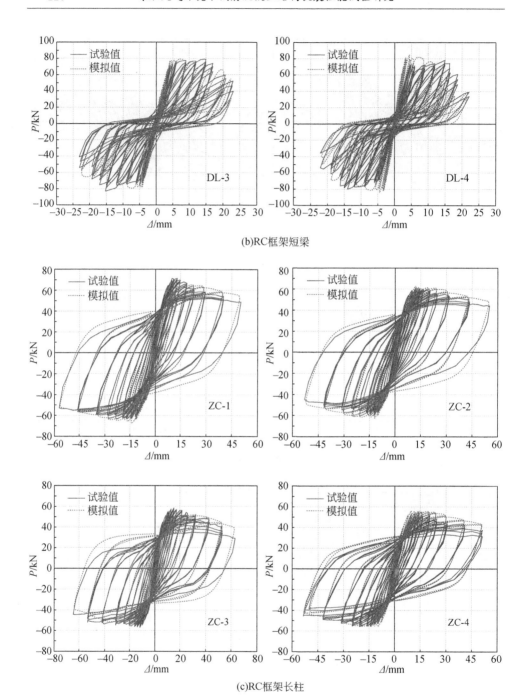

(b)RC框架短梁

(c)RC框架长柱

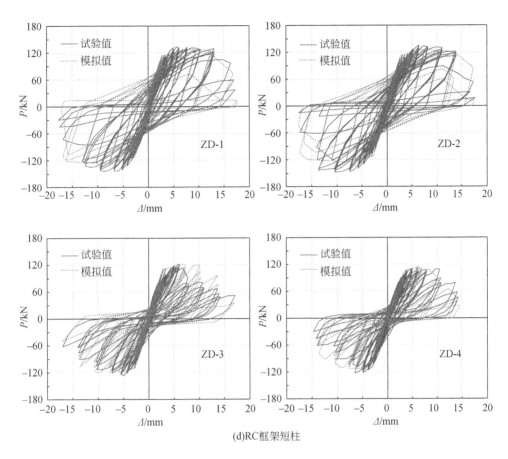

(d)RC框架短柱

图 8.24　RC框架梁、柱试验与数值模拟滞回曲线对比

8.2.6　冻融 RC 柱破坏模式划分

1. RC 柱破坏模式划分准则

RC 柱在轴力与地震荷载作用下通常处于压-弯-剪复合受力状态,RC 梁处于弯剪复合受力状态,破坏模式主要分为剪切破坏、弯剪破坏和弯曲破坏三种基本类型。其中,剪跨比较小、箍筋约束不足的 RC 柱易发生剪切破坏,该模式是设计中需避免的破坏方式,其破坏过程主要受剪切承载力控制,在达到剪切承载力后水平荷载迅速下降,破坏突然无预警,破坏时箍筋屈服但纵筋未屈服。

弯曲破坏主要发生在剪跨比较大、适当配筋、轴压比较小的情况下,其破坏过程主要受抗弯承载力控制,加载中 RC 柱的纵向受拉钢筋首先屈服,随后在经历较大的塑性变形后由于受拉侧钢筋拉断或受压区混凝土压溃而破坏,如图 5.7(c) 所示。

弯剪破坏介于弯曲破坏与剪切破坏之间。目前各国规范普遍采用"强剪弱弯" 的抗震设计原则,在一定程度上避免了 RC 柱的剪切破坏风险,但由于受建筑层高 等客观因素限制,实际结构中 RC 柱的剪跨比仍可能处于弯剪破坏易发区间。发 生弯剪破坏的 RC 柱首先产生水平裂缝、纵向钢筋受拉屈服,然后由于剪切斜裂缝 的发展导致混凝土有效抗剪面积减小而抗剪承载力降低,最终发生剪切破坏,如图 5.7(k)所示。

综上,可以看出,对于不同破坏模式下的 RC 柱,其力学与变形性能差距较大, 因此,为确定 RC 柱的性能指标需要预先判断柱的破坏类型。在 8.2.5 节中,为采 用 Elwood 和 Moehle[79] 所提出的剪切极限曲线,根据 ASCE/SEI 41-17[83] 以及 Setzler 和 Sezen[70] 的研究提出了基于承载力的判别方法(表 8.9)以及各项承载力 的计算方法。值得指出的是,传统方法多采用剪跨比对 RC 构件的破坏模式进行 划分,其中剪跨比小于 2 的 RC 柱为剪切破坏,剪跨比大于 4 的为弯曲破坏,处于 其中的为弯剪破坏,即基于宏观的设计参数进行判断,虽应用简便但准确性不 足[87]。基于承载力的判别方法是计算 RC 柱构件侧向力-位移关系的基础,本书增 加了屈服荷载的计算,是因为在弯曲破坏和弯剪破坏两种模式中,RC 柱的纵向受 力钢筋均发生了屈服,该荷载值可有效区分剪切破坏模式与弯曲、弯剪破坏模式。

表 8.9　RC 柱破坏模式判别准则

破坏模式	剪切破坏	弯剪破坏	弯曲破坏
判别准则	$V_s < V_y$	$V_y \leqslant V_s \leqslant 1.4 V_f$	$1.4 V_f < V_s$

2. 冻融损伤对 RC 柱破坏模式的影响

由第 5 章中对冻融 RC 柱拟静力试验结果的描述可知,对于剪跨比为 5、设计混 凝土强度等级为 C50、轴压力比为 0.18 的 RC 柱试件(试件 ZC-1~ZC-4),随着冻融 循环次数由 0 次增加到 300 次时,试件的破坏模式始终呈现典型的弯曲破坏模式;混 凝土设计强度等级与轴压比不变、剪跨比为 2.5 的 RC 柱试件(试件 ZD-1~ZD-3),随 着冻融循环次数由 0 次增加到 200 次时,试件的延性显著降低,破坏模式由以弯曲破 坏为主的弯剪破坏逐渐向以剪切破坏为主的弯剪破坏转变。从分析中可以看出,不 同剪跨比下 RC 柱试件的破坏模式变化趋势随冻融循环次数的增加并不一致。

为分析上述现象所产生的原因,根据 8.2.5 节中所提出的承载力计算方法,计 算得到各试件的屈服荷载、抗弯承载力与抗剪承载力随冻融循环次数的变化关系 如图 8.25 所示。可以看到,对于不同设计条件下的 RC 柱试件,随着冻融循环次数的增长,其屈服荷载、抗弯与抗剪能力均呈现下降趋势,但抗剪承载力的下降速率相对于其余二者的下降速率更为显著,即试件的各项承载力随冻融损伤的退化规律不一致,其原因为冻融损伤主要导致混凝土材料发生力学性能退化,而混凝土材料在各项承载力中所贡献的比例并不一致;其次,设计条件不同的 RC 柱,其各项承载力初始比值不同,如试件 ZC-1 和试件 ZD-1,故随着冻融损伤的发展,各项承载力相差较小的试件更容易受冻融影响而由延性破坏模式转为脆性破坏模式,而相差较多的试件的破坏模式受冻融的影响程度相对较小。因此,对于冻融损伤后的 RC 柱构件,需要根据其损伤后的承载力特性重新判别破坏模式。

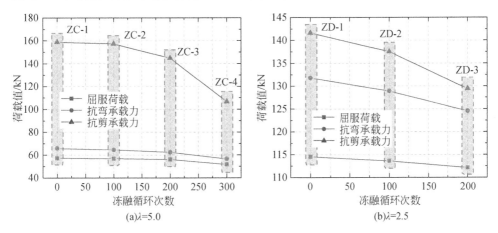

图 8.25　RC 柱试件承载力计算结果

由于试验试件数量有限,不能直接从统计意义上对冻融 RC 柱的破坏形态进行划分,且冻融损伤对 RC 柱的各项承载力影响程度与设计参数具有相关性,故基于前述章节所建立的数值模拟方法,建立不同设计参数与冻融损伤耦合的情况下RC 柱屈服、抗弯与抗剪能力的变化规律,基于完好 RC 柱的判定标准对冻融后 RC柱破坏模式重新进行判别。

3. 冻融损伤 RC 柱破坏模式判别方法

由于在计算 RC 柱的侧向荷载－变形曲线时,通过纤维模型计算截面的力与变形的非线性关系,以有效考虑变化轴力与弯矩的耦合作用,而剪切效应则是通过建立截面剪切恢复力模型来考虑的,忽略了轴力、弯曲与剪切效应的耦合作用,故在建立RC 柱屈服荷载、抗弯与抗剪承载力随冻融损伤的变化规律时,亦对前两者与抗剪承载力分别进行分析,通过引入冻融退化函数分别表征各项承载力退化规律。

1)屈服荷载与抗弯承载力退化规律

对于未冻融以及冻融损伤后的钢筋混凝土柱,在分析其屈服荷载与抗弯承载力时,可根据 8.2.1~8.2.4 节所建立的可考虑滑移效应的纤维模型进行分析计算,通过受力分析并考虑轴压力所产生的二阶效应,根据式(8-65)转化为计算 RC 柱底部截面的屈服弯矩与峰值弯矩,从而避免剪跨比因素对其产生影响:

$$M = VL + N\Delta \tag{8-65}$$

式中,M、Δ 分别为特征点弯矩值与对应的顶点位移,L 为柱的剪跨段高度,V 为水平剪力,N 为轴压力。同时,根据前述章节的研究可看出,冻融损伤在截面的分布具有不均匀性,其宏观体现为不同截面尺寸的 RC 柱受冻融损伤应有区别,故分析时需要考虑尺寸效应。另外,蒋欢军等[88]指出,考虑到地震作用的往复性,一般结构中的 RC 柱截面的纵向受力钢筋往往对称布置,在压弯构件的分析中,截面的受压区高度主要受轴压比和箍筋对截面的约束作用的影响,纵筋的影响其次;考虑到冻融损伤会导致 RC 柱实际的轴压比改变,而箍筋并不受冻融循环作用的影响,故仅考虑轴压比因素,以反映 RC 柱构件截面受压区高度变化与冻融损伤的耦合效应。

综上,本节参考《混凝土结构设计规范(2016 年版)》(GB 50010—2010)[75]以及《建筑抗震设计规范(2016 年版)》(GB 50011—2010)[89]重新设计一批原型 RC 柱构件,重点讨论冻融循环次数、轴压比、混凝土强度以及截面尺寸对冻融 RC 柱构件屈服弯矩与峰值弯矩的影响,最终确定不同冻融循环次数下 RC 柱构件屈服弯矩与峰值弯矩的退化规律。各原型 RC 柱构件的设计变量与分析参数如下:柱截面尺寸($b \times h$)为 300mm×300mm、450mm×450mm、600mm×600mm,取框架节点至柱反弯点之间的柱段为研究对象,剪跨比统一取为 4,混凝土轴心抗压强度分别取为 30MPa、40MPa、50MPa,保护层厚度取为 30mm,纵向受拉钢筋采用 HRB400 级钢筋,截面采用对称配筋,纵筋配筋率变化幅度较小,具体配筋数量与形式根据截面尺寸略有不同,详见表 8.10 与图 8.26;轴压比分为 0.15、0.30、0.45 和 0.6 四种情况(均为未冻融情况下的实际轴压比);所有未冻融的完好 RC 柱构件均满足规范强剪弱弯的要求,柱端箍筋加密区按照现行规范相关要求配置,箍筋采用 HRB335 级钢筋,体积配箍率变化幅度较小;冻融循环次数设置为 0 次、50 次、100 次、200 次和 300 次五种情况,结合各设计参数变化共设计 180 根 RC 柱构件,各构件设计变量总结如表 8.11 所示,其中构件名称的命名方式为"冻融循环次数-轴压比-混凝土轴心抗压强度-截面尺寸"。

表 8.10 RC 柱构件设计参数

截面边长/mm	保护层厚度/mm	纵向钢筋配筋率	加密区箍筋形式	体积配箍率
300	30	1.13%	Φ8@100	0.63%
450	30	1.13%	Φ8@80	0.64%
600	30	1.03%	Φ8@60	0.62%

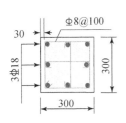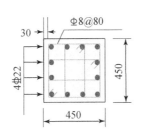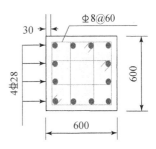

图 8.26　原型 RC 柱构件截面配筋图(单位:mm)

表 8.11　RC 柱构件设计变量

变量	变化范围
冻融循环次数	0, 50, 100, 200, 300
轴压比	0.15, 0.30, 0.45, 0.60
混凝土轴心抗压强度/MPa	30, 40, 50
截面尺寸/mm	300×300, 450×450, 600×600

　　基于 8.2.1～8.2.5 节建立的适用于发生弯曲破坏的 RC 柱构件数值模型,计算上述 180 个构件对应的屈服弯矩、屈服位移、峰值弯矩以及峰值位移,将相同设计参数下不同冻融循环次数的 RC 柱特征点弯矩值分别除以该设计参数下未冻融试件相应特征点的弯矩值得到相应的修正系数。分别以冻融循环次数与不同设计参数为横坐标,以该修正系数为纵坐标,绘制所有构件计算结果随各设计变量的变化规律如图 8.27～图 8.33 所示,其中 $M_{y,d}$ 和 $M_{c,d}$ 分别为冻融损伤 RC 柱的屈服弯矩和峰值弯矩计算值,$M_{y,0}$ 和 $M_{c,0}$ 分别为未冻融情况下 RC 柱的屈服弯矩和峰值弯矩计算值,计算结果具体分析如下。

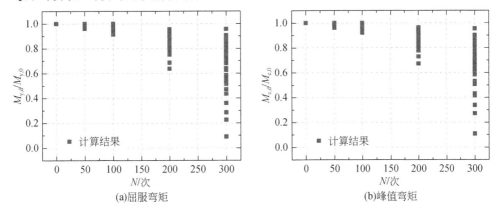

图 8.27　RC 柱抗弯能力随冻融循环次数变化规律

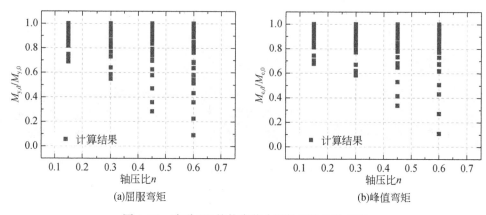

图 8.28　冻融 RC 柱抗弯能力随轴压比变化规律

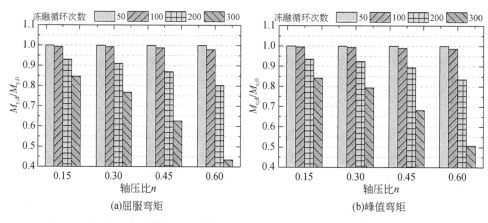

图 8.29　不同冻融循环次数下 RC 柱抗弯能力随轴压比变化规律

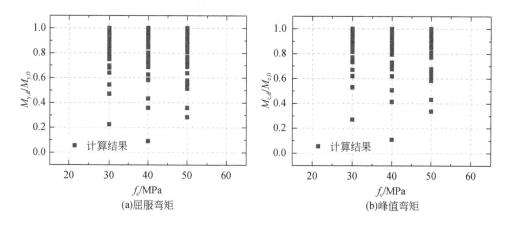

图 8.30　冻融 RC 柱抗弯能力随混凝土抗压强度变化规律

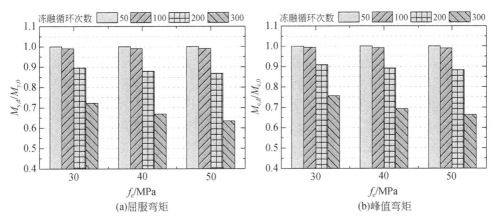

图 8.31 不同冻融循环次数下 RC 柱抗弯能力随混凝土抗压强度变化规律

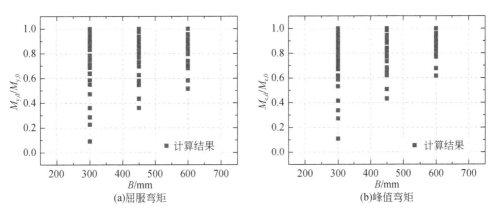

图 8.32 冻融 RC 柱抗弯能力随截面尺寸变化规律

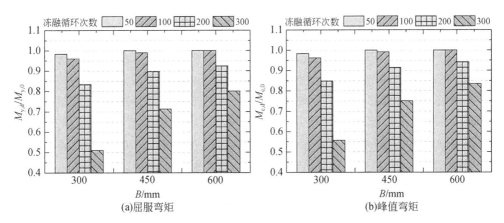

图 8.33 不同冻融循环次数下 RC 柱抗弯能力随截面尺寸变化规律

(1)冻融循环次数的影响

图 8.27 表示冻融循环次数 N 对不同设计参数下 RC 柱屈服弯矩与峰值弯矩的影响。可以看出,随着冻融循环次数的增大,不同设计参数下的 RC 柱屈服弯矩和峰值弯矩均呈现不断减小的趋势,且减小的速率不断增加,近似呈二次曲线变化趋势。同时,不同设计参数下 RC 柱的承载能力受冻融循环次数影响的程度不同,且随着冻融循环次数的增加,这种离散性增大,这表明难以用单一的冻融循环次数作为指标表征 RC 柱承载能力受冻融损伤的影响程度。

(2)轴压比的影响

图 8.28 表示轴压比 n 对冻融 RC 柱屈服弯矩与峰值弯矩的影响。可以看出,随着轴压比的增大,冻融后 RC 柱的相对屈服弯矩与峰值弯矩计算值逐渐减小,基本呈线性变化趋势,同时离散性增大。为进一步表示不同轴压比下 RC 柱特征点弯矩值随冻融循环次数的变化规律,统计得到不同轴压比下的 RC 柱经历不同冻融循环次数后的弯矩折减系数中位值,并绘制相应的柱状图,如图 8.29 所示。可以看出,随着冻融循环次数的增加,较高轴压比下的 RC 柱受冻融循环次数的影响相对较低轴压比下的 RC 柱更为严重,即轴压比的增加会放大冻融循环对 RC 柱承载能力的损伤,这与前述试验研究规律一致,也即混凝土截面受压区高度随轴压比的增大而增大所致。

(3)混凝土抗压强度影响

图 8.30 表示混凝土抗压强度对冻融 RC 柱屈服弯矩与峰值弯矩的影响。可以看出,随着混凝土抗压强度的增长,相对屈服强度与峰值荷载的损伤均呈现先增长后减小的趋势,呈现二次函数变化趋势,这与材料性能试验结果略有不同,也即已有的[90]与第 2 章中的材料性能试验均表明由于水灰比的原因,混凝土的强度值与冻融损伤程度呈现负相关关系,为进一步考察材性试验结果与模拟结果间的差异性,统计得到不同混凝土抗压强度下的 RC 柱经历不同冻融循环次数后的弯矩折减系数中位值,并绘制相应的柱状图,如图 8.31 所示。可以看出,在冻融循环次数较小的时候,不同混凝土强度下 RC 柱的抗弯承载力退化差异性并不显著,而随着冻融循环次数的增长,差异性略有增加,这主要是由于虽然较高抗压强度的混凝土对应的折减系数较小,但所产生的折减强度相对较大,则会导致高强混凝土对应的截面抗弯性能依然会随着冻融循环次数的增长而产生较大的损伤,即不能以材料层面的混凝土强度损伤情况代表整体构件的抗弯性能损伤。

(4)截面尺寸影响

图 8.32 表示截面尺寸 B 对冻融 RC 柱屈服弯矩与峰值弯矩的影响。可以看出,随着截面尺寸的增大,RC 柱冻融前后的相对屈服弯矩与峰值弯矩计算值逐渐增大,基本呈线性变化趋势,同时离散性减小。为进一步表示不同截面尺寸下 RC

柱特征点弯矩值随冻融循环次数的变化规律,统计得到不同截面尺寸下的 RC 柱经历不同冻融循环次数后的弯矩折减系数中位值,并绘制相应的柱状图,如图 8.33 所示。可以看出,随着冻融循环次数的增加,较小截面尺寸的 RC 柱受冻融循环次数的影响相对较大截面尺寸的 RC 柱更为严重,这与冻融损伤在构件截面上表现为逐步渗透效应一致。

综上,轴压比、截面尺寸与冻融循环次数均为冻融损伤 RC 柱抗弯承载能力的影响因素,且前两组设计参数所产生的影响又与冻融循环次数的影响具有耦合效应,考虑到不同设计参数间相互独立,提出对未冻融 RC 柱的屈服弯矩与峰值弯矩进行修正:

$$M_{y,d} = f_{my}(n, B, N) M_{y,0} \tag{8-66}$$

$$M_{c,d} = f_{mc}(n, B, N) M_{c,0} \tag{8-67}$$

式中,f_{my} 和 f_{mc} 分别为考虑冻融损伤影响的 RC 柱塑性铰区屈服弯矩与峰值弯矩修正函数。为保证拟合结果具有较高精度,根据前述各参数对冻融 RC 柱塑性铰区承载能力的影响规律,将冻融 RC 柱塑性铰区屈服弯矩修正函数 $f_{my}(n, B, N)$ 假定为关于冻融循环次数 N 的二次函数形式,关于轴压比 n 和截面尺寸 B 的一次函数形式,并考虑边界条件,得到修正函数的表达式如下:

$$f_{my}(n, B, N) = 1 - (a_1 N^2 + b_1 N)(c_1 n + d_1 B + e_1) \tag{8-68}$$

式中,a_1、b_1、c_1、d_1 和 e_1 均为拟合参数,采用 1stopt 软件拟合得到,为统一拟合结果的数量级,将 N 取为 $N/1000$,B 取为 $B/1000$,拟合得到各参数取值分别为 $a_1 = 2.092$,$b_1 = -0.121$,$c_1 = 5.818$,$d_1 = -6.498$,$e_1 = 3.039$,相关系数为 0.975。采用同样形式对 RC 柱塑性铰区峰值弯矩进行修正,修正函数表达式如下:

$$f_{mc}(n, B, N) = 1 - (a_2 N^2 + b_2 N)(c_2 n + d_2 B + e_2) \tag{8-69}$$

式中,a_2、b_2、c_2、d_2 和 e_2 均为拟合参数,采用 1stopt 软件拟合得到,其中 N 取为 $N/1000$,B 取为 $B/1000$,拟合得到各参数取值分别为 $a_2 = 2.778$,$b_2 = -0.173$,$c_2 = 3.708$,$d_2 = -5.238$,$e_2 = 2.581$,相关系数为 0.967。根据拟合公式计算得到冻融 RC 柱抗弯承载力与模拟计算值进行对比,如图 8.34 所示。可以看到,所提出的修正方法预测值与模拟所得计算值相近,可较好地表征冻融后 RC 柱的抗弯承载力退化情况。

2)抗剪承载力退化规律

8.2.5 节在建立冻融 RC 柱剪力-剪切位移骨架曲线时指出,对冻融的 RC 柱,其抗剪性能的折减主要受剪压区混凝土强度损伤的影响,即仅需折减抗剪承载力公式(8-53)的第一项混凝土项 V_c($V_c = 1.75 f_t b h_0 / (\lambda + 1)$)。同理,由于冻融后截面的混凝土强度损伤受初始混凝土强度与截面的尺寸效应影响,本节重点讨论冻融循环次数、混凝土强度以及截面尺寸对冻融 RC 柱构件抗剪承载力中混凝土项

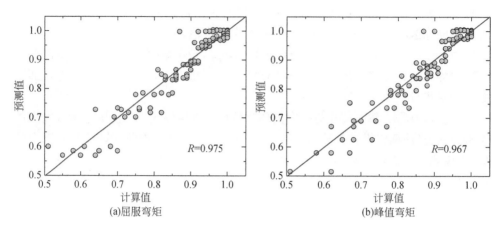

图 8.34　冻融 RC 柱抗弯能力预测值与计算值之比

计算值的影响,各参数设置与变化区间同抗弯承载力分析部分。将相同设计参数下不同冻融循环次数的 RC 柱抗剪承载力混凝土项计算值分别除以该设计参数下未冻融试件相应的计算值得到相应的修正系数。分别以冻融循环次数与不同设计参数为横坐标,以该修正系数为纵坐标,绘制所有构件计算结果随各设计变量的变化规律如图 8.35 所示,其中 $V_{c,d}$ 为冻融损伤 RC 柱的抗剪承载力混凝土项计算值,$V_{c,0}$ 为未冻融情况下 RC 柱的抗剪承载力混凝土项计算值,计算结果具体分析如下。

(1)冻融循环次数影响

图 8.35(a)表示冻融循环次数 N 对不同设计参数下 RC 柱抗剪承载力混凝土项的影响。可以看出,随着冻融循环次数的增大,不同设计参数下的 RC 柱抗剪承载力均呈现减小的趋势,且减小的速率不断增加,近似呈二次曲线变化趋势。同时,不同设计参数下 RC 柱的承载能力受冻融循环次数影响的程度不同,且随着冻融循环次数的增加,这种离散性增大。

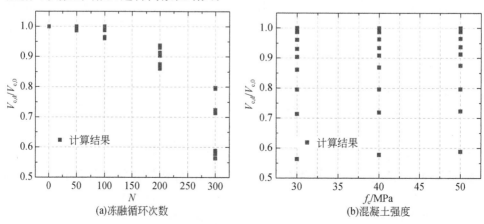

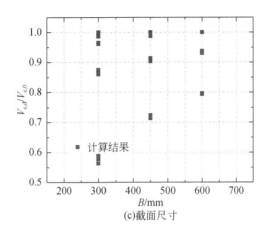

(c)截面尺寸

图 8.35　冻融 RC 柱抗剪承载力混凝土项随参数变化规律

(2)混凝土抗压强度影响

图 8.35(b)表示混凝土抗压强度 f_c 对冻融 RC 柱抗剪承载力混凝土项的影响。可以看出,随着混凝土强度的增大,冻融 RC 柱抗剪承载力变化趋势并不显著。为进一步表示不同混凝土强度下 RC 柱抗剪能力随冻融循环次数的变化规律,统计得到不同混凝土强度下的 RC 柱经历不同冻融循环次数后的抗剪承载力混凝土项折减系数平均值(由于数据较少,不同前述抗弯计算所采用的中位值,而是直接采用平均值进行统计分析),并绘制相应的柱状图,如图 8.36 所示。可以看出,随着冻融循环次数的增加,不同混凝土强度下的 RC 柱受冻融循环次数的影响较为接近,即不具有耦合性,故后续回归分析中不再考虑这一因素。

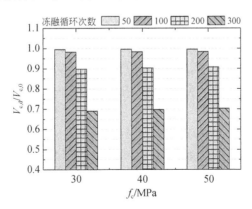

图 8.36　冻融 RC 柱抗剪能力随 f_c 变化规律

（3）截面尺寸影响

图 8.35(c)表示截面尺寸 B 对冻融 RC 柱抗剪承载力混凝土项的影响。同时，统计得到不同截面尺寸下的 RC 柱经历不同冻融循环次数后的抗剪承载力混凝土项折减系数平均值，并绘制相应的柱状图，如图 8.37 所示。可以看出，随着截面尺寸的增大，冻融后 RC 柱的相对抗剪能力计算值逐渐增大，基本呈线性变化趋势，同时离散性减小，较小截面尺寸的 RC 柱受冻融循环次数的影响相对较大截面尺寸的 RC 柱更为严重。

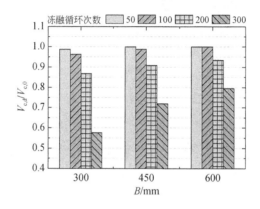

图 8.37　冻融 RC 柱抗剪能力随 B 变化规律

综上，截面尺寸与冻融循环次数均为冻融损伤 RC 柱抗剪能力的影响因素，且二者具有耦合效应，据此提出对未冻融 RC 柱的抗剪承载力混凝土项进行修正，修正公式为

$$V_{c,d} = f_v(B, N) V_{c,0} \tag{8-70}$$

式中，f_v 为考虑冻融损伤影响的 RC 柱抗剪承载力混凝土项修正函数。为保证拟合结果具有较高精度，根据前述各参数对冻融 RC 柱抗剪能力的影响规律，将冻融 RC 柱塑性铰区屈服弯矩修正函数 $f_v(B, N)$ 假定为关于冻融循环次数 N 的二次函数形式，关于截面尺寸 B 的一次函数形式，并考虑边界条件，得到修正函数的表达式如下：

$$f_v(B, N) = 1 - (a_3 N^2 + b_3 N)(c_3 B + d_3) \tag{8-71}$$

式中，a_3、b_3、c_3 和 d_3 均为拟合参数，采用 1stopt 软件拟合得到，为统一拟合结果的数量级，将 N 取为 $N/100$，将 B 取为 $B/100$，拟合得到各参数取值分别为 $a_3 = 1.595$，$b_3 = -1.226$，$c_3 = 0.064$，$d_3 = 0.107$，相关系数为 0.934。根据拟合公式计算得到冻融 RC 柱抗剪承载力与模拟计算值进行对比，如图 8.38 所示。可以看到，所提出的修正方法预测值与模拟所得计算值相近，可较好地表征冻融后 RC 柱的抗剪承载力退化情况。

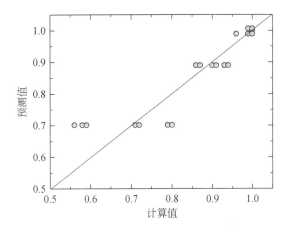

图 8.38　冻融 RC 柱抗剪能力预测值与计算值之比

8.2.7　冻融 RC 柱变形性能指标限值研究

本节按照我国规范重新设计了一批原型 RC 柱构件,根据 8.2.1~8.2.5 节中所形成的不同破坏模式下冻融 RC 柱构件的数值建模方法,对所设计的弯曲型与弯剪型 RC 柱构件进行推覆分析,分别探讨了剪跨比、轴压比、混凝土强度等多个设计参数对冻融后不同破坏模式下 RC 柱构件变形性能的影响,根据完好 RC 柱性能指标限值提出考虑冻融退化的变形性能修正公式,最终确定冻融 RC 柱构件不同破坏模式下变形性能指标限值。

1. 构件性能界限状态及性能指标

性能界限状态(limit state,LS)是指结构或构件相邻性能水平间的界限,在基于性能的抗震设计中表征结构或构件在特定的某一级地震强度水平下期望的最大破坏程度。将冻融 RC 构件的性能界限状态取为:轻微破坏(LS_1)、中等破坏(LS_2)、严重破坏(LS_3)和倒塌(LS_4)四级(见图 8.39)。对于弯曲型破坏冻融 RC 柱构件,四个性能界限状态分别对应于混凝土受拉开裂、纵向受拉钢筋屈服、混凝土保护层边缘压碎(保护层混凝土达到极限应变)、水平荷载下降 20%(或纵筋断裂或核心区外边缘混凝土达到极限应变,三个条件以先达到者为准)。对于弯剪型破坏冻融 RC 柱构件,考虑到钢筋屈服后可能会发生由于剪切承载力下降而导致的剪切破坏,且由于模型的剪切力-位移关系来源于经验公式而并非基于材料本构获得,故四个性能界限状态分别对应于混凝土受拉开裂、受拉纵筋屈服、峰值荷载和水平荷载下降 20%,对于其中峰值荷载的位移不再通过计算获得,而是参考文献[91]取为 0.75 倍的极限位移角。相应的构件破坏状态划分描述见表 8.12。

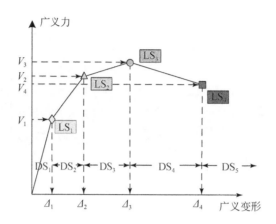

图 8.39　RC柱构件性能界限状态定义

表 8.12　RC柱地震损伤破坏状态描述

性能水平	裂缝类型与分布特征		纵筋	核心区混凝土	保护层混凝土
	裂缝类型	裂缝分布			
基本完好	出现第一条弯曲裂缝并逐渐扩展	柱端塑性铰区偏下部位置,大致呈水平分布	纵筋未裸露	无可见损伤	出现裂缝且卸载后可完全闭合
轻微破坏	原有裂缝继续开展并产生分支,新裂缝出现,交叉裂缝出现	裂缝分布在整个塑性铰区,由水平向柱中心处斜向发展	角部纵筋轻微裸露	无可见损伤	塑性铰区有轻微剥落
中等破坏	原有裂缝继续扩展,竖向裂缝出现	裂缝区扩展至塑性铰区之外	纵筋裸露明显,但未出现屈曲现象	保护层剥落区域出现轻微掉渣现象	严重剥落,剥落区高度增大从角部延伸至中部,部分剥落
严重破坏	塑性铰区之外裂缝扩展		纵筋完全裸露,可能轻微屈曲	部分压溃	基本完全剥落
倒塌	—	—	屈曲严重或拉断	严重压溃	—

　　性能指标作为构件性能状态的判定准则,应能与构件的不同性能状态具有良好的相关性。目前关于RC柱构件较常用的性能指标主要有:位移角、塑性铰区塑性转角和材料应变。以材料损伤作为主要判断方法,通过半经验半理论公式将材

料应变损伤规律转化为构件宏观指标,同时结合经验公式,对于弯曲型破坏 RC 柱采用塑性铰区塑性转角限值作为其性能指标,对于弯剪型破坏 RC 柱则采用位移角作为其性能指标。

2. 冻融损伤弯曲型破坏 RC 柱

基于 8.2.1~8.2.5 节建立的适用于发生弯曲破坏的 RC 柱构件数值模型,对 8.2.6 节所设计的发生弯曲破坏的 180 个构件进行推覆分析,分别获取对应于纵向受拉钢筋屈服、混凝土保护层边缘压碎(保护层混凝土达到极限应变)、水平荷载下降 20%(或纵筋断裂或核心区外边缘混凝土达到极限应变,三个条件以先达到为准)三个性能界限状态下的塑性铰区转角,分别对应于中等破坏(LS_2)、严重破坏(LS_3)和倒塌(LS_4)极限状态的塑性铰区转角限值,由于所提数值模拟方法无法捕捉构件的开裂状态,且开裂点受冻融循环次数与设计参数的耦合作用较小,故不再对其进行修正。进而,将相同设计参数下不同冻融循环次数的 RC 柱不同性能界限变形阈值分别除以该设计参数下未冻融试件相应特征点的变形阈值得到相应的修正系数,分别以冻融循环次数与不同设计参数为横坐标,以该修正系数为纵坐标,绘制所有构件计算结果随各设计变量的变化规律如图 8.40~图 8.43 所示,其中 $\theta_{y,d}$、$\theta_{c,d}$ 和 $\theta_{u,d}$ 分别为冻融损伤 RC 柱中等破坏、严重破坏和倒塌极限状态的塑性铰区转角限值,$\theta_{y,0}$、$\theta_{c,0}$ 和 $\theta_{u,0}$ 分别为未冻融情况下 RC 柱相应状态下的塑性铰区转角限值,为方便表示,均简要表示为屈服转角、峰值转角和极限转角,根据计算结果具体分析如下。

1)冻融循环次数影响

图 8.39 表示冻融循环次数 N 对不同设计参数下 RC 柱屈服转角、峰值转角与极限转角的影响。可以看出,随着冻融循环次数的增大,不同设计参数下的 RC 柱屈服转角、峰值转角和极限转角均有增长趋势,且增长的速率不断增加,近似呈二次曲线变化趋势。需要指出的是,这并不意味着冻融后 RC 柱的变形能力有所提高,从图 8.40(a)和(c)的对比可以看出,屈服位移的增长速率相对极限位移的增长速率要快,这意味着构件的延性系数在不断减小,这与本研究的试验结果是一致的。同时,与承载能力随冻融循环次数变化特征一致的是,不同设计参数下 RC 柱的变形能力受冻融循环次数影响的程度不同,且随着冻融循环次数的增加,这种离散性增大,这表明难以用单一的冻融循环次数作为指标表征弯曲型 RC 柱变形能力受冻融损伤的影响程度。

2)轴压比影响

图 8.41 表示出轴压比 n 对冻融 RC 柱屈服转角、峰值转角与极限转角的影响。同时,统计得到不同轴压比下的 RC 柱经历不同冻融循环次数后的各转角特

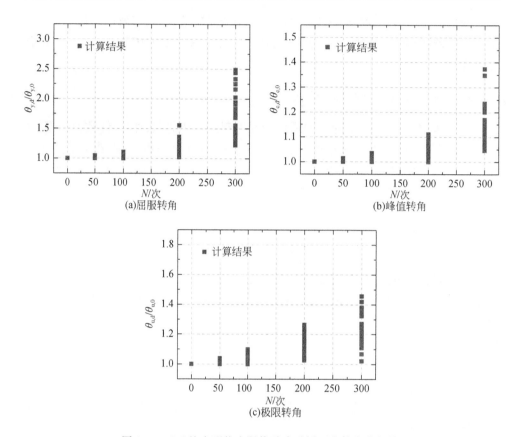

图 8.40　RC柱变形能力限值随冻融循环次数变化规律

征值的中位值,并绘制相应的柱状图,如图 8.42 所示。可以看出,随着轴压比的增大,RC柱冻融前后相对屈服转角的计算值逐渐增大,同时峰值转角与极限转角逐渐减小,均基本呈线性变化趋势。可以看出,随着冻融循环次数的增加,较高轴压比下的 RC 柱的屈服变形能力受冻融损伤导致的增长相对较低轴压比下的 RC 柱更为显著,同时峰值与极限变形能力受冻融损伤导致的增长相对较小,即延性减小更快。需要注意的是,从图中规律亦可看出,随着轴压比的不断增大,冻融后 RC 柱的屈服转角增加幅度较大,主要是由于轴压比和冻融损伤均会导致受压区高度增加所致,而极限变形增加幅度较小,说明较大轴压比下的冻融 RC 柱发生小偏心的受压破坏可能性更大,这与试验结果具有一致性。

　　3)混凝土抗压强度影响

　　图 8.43 表示出混凝土抗压强度 f_c 对冻融 RC 柱屈服转角、峰值转角与极限转角的影响。同时,统计得到不同混凝土抗压强度下的 RC 柱经历不同冻融循环次数后的各转角特征值的中位值,并绘制相应的柱状图,如图 8.44 所示。可以看出,

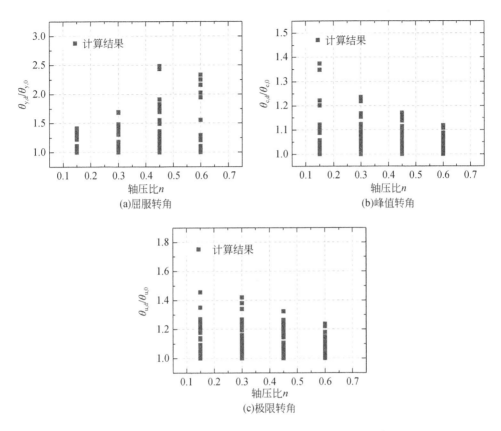

图 8.41 冻融 RC 柱变形能力限值随轴压比变化规律

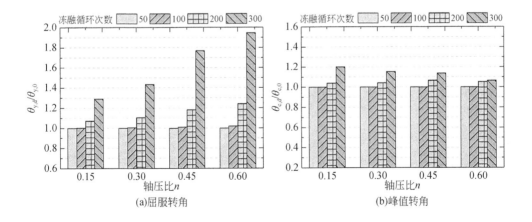

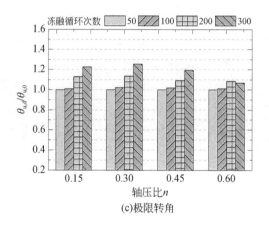

(c)极限转角

图 8.42　不同冻融循环次数下 RC 柱变形能力限值随轴压比变化规律

随着混凝土强度的增大,RC 柱冻融前后相对屈服转角与极限转角的变化规律并不显著,同时峰值转角逐渐减小且基本呈线性变化趋势。

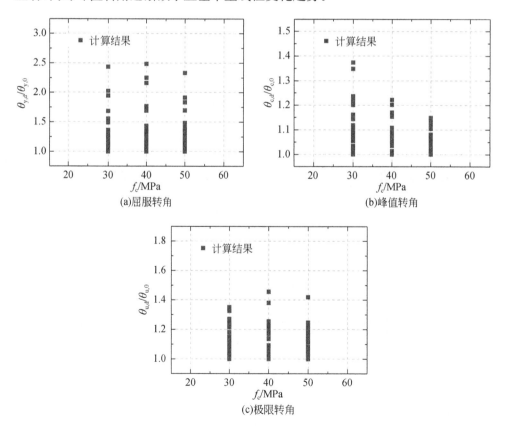

图 8.43　冻融 RC 柱变形能力限值随混凝土抗压强度变化规律

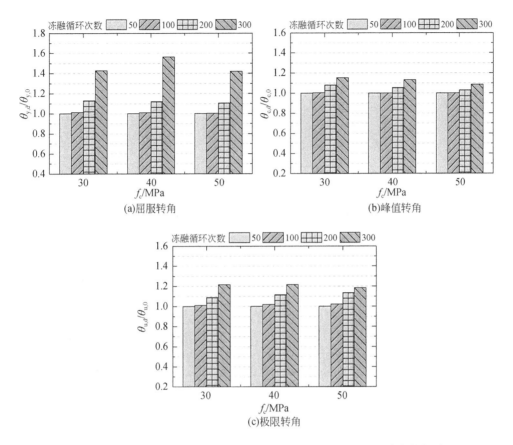

图 8.44   不同冻融循环次数下 RC 柱变形能力限值随混凝土强度变化规律

4)截面尺寸影响

图 8.45 表示出截面尺寸 B 对冻融 RC 柱屈服转角、峰值转角与极限转角的影响。同时,统计得到不同截面尺寸下的 RC 柱经历不同冻融循环次数后的各转角特征值的中位值,并绘制相应的柱状图,如图 8.46 所示。可以看出,随截面尺寸的增大,RC 柱冻融前后相对屈服转角变化规律并不显著,同时峰值转角逐渐减小,极限转角稍有增大,二者均基本呈线性变化趋势。

综上,轴压比、混凝土强度、截面尺寸与冻融循环次数均为冻融损伤 RC 柱抗弯变形能力的影响因素,但其所产生的影响程度不尽相同。对屈服转角而言,冻融损伤主要与轴压比因素具有耦合效应,而其余二者与冻融损伤的耦合效应并不显著,表现为不同截面尺寸、混凝土强度下的 RC 柱屈服位移受冻融损伤的影响区别较小,如图 8.47 所示,故提出对考虑冻融损伤的 RC 柱屈服转角修正函数

$$\theta_{y,d} = f_{\theta y}(n, N)\theta_{y,0} \tag{8-72}$$

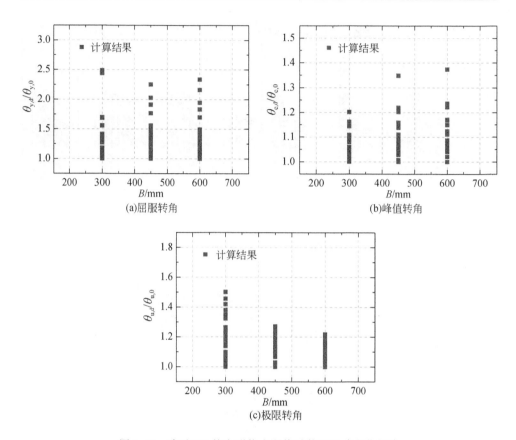

(a)屈服转角　　　　　　　　　　　　　　　　　(b)峰值转角

(c)极限转角

图 8.45　冻融 RC 柱变形能力限值随截面尺寸变化规律

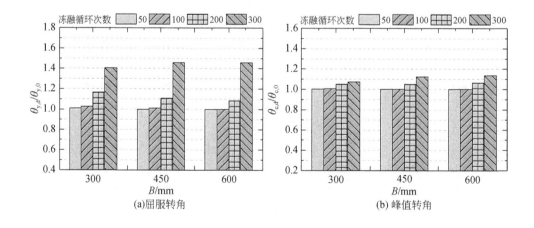

(a)屈服转角　　　　　　　　　　　　　　　　　(b) 峰值转角

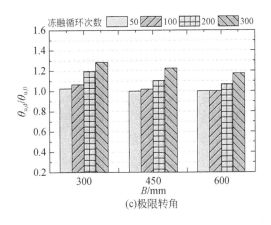

图 8.46　不同冻融循环次数下 RC 柱变形能力限值随截面尺寸变化规律

式中，$f_{\theta y}$ 为考虑冻融损伤影响的 RC 柱塑性铰区屈服转角修正函数。为保证拟合结果具有较高精度，根据前述各参数对冻融 RC 柱塑性铰区变形能力的影响规律，将冻融 RC 柱塑性铰区屈服弯矩修正函数 $f_{\theta y}(n, N)$ 假定为关于冻融循环次数 N 的二次函数形式，关于轴压比 n 的一次函数形式，并考虑边界条件，得到修正公式的表达式如下：

$$f_{\theta y}(n, N) = 1 + (a_4 N^2 + b_4 N)(c_4 n + d_4) \tag{8-73}$$

式中，a_4、b_4、c_4 和 d_4 均为拟合参数，采用 1stopt 软件拟合得到，为统一拟合结果的数量级，将 N 取为 $N/1000$，B 取为 $B/1000$，拟合得到各参数取值分别为 $a_4 = 12.448$，$b_4 = -1.296$，$c_4 = 2.594$，$d_4 = -0.033$，相关系数为 0.938。

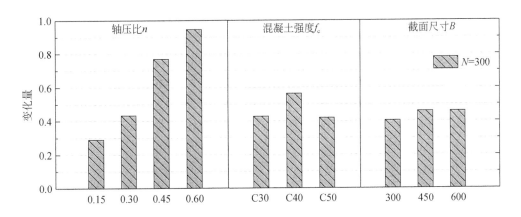

图 8.47　300 次冻融循环下 RC 柱屈服转角随设计参数变化规律

同理,对峰值转角与极限转角而言,冻融损伤主要与轴压比、截面尺寸因素具有耦合效应,而混凝土强度与冻融损伤的耦合效应并不显著,故提出对考虑冻融损伤的 RC 柱峰值转角与极限转角修正公式为

$$\theta_{c,d} = f_{\theta c}(n,B,N)\theta_{c,0} \tag{8-74}$$

$$\theta_{u,d} = f_{\theta u}(n,B,N)\theta_{u,0} \tag{8-75}$$

式中,$f_{\theta c}$ 和 $f_{\theta u}$ 分别考虑冻融损伤影响的 RC 柱塑性铰区峰值转角与极限转角修正函数。将冻融 RC 柱塑性铰区峰值转角修正函数 $f_{\theta c}(n, B, N)$ 与极限转角修正函数 $f_{\theta u}(n, B, N)$ 均假定为关于冻融循环次数 N 的二次函数形式,关于轴压比 n 与截面尺寸均为一次函数形式,并考虑边界条件,得到修正函数的表达式如下:

$$f_{\theta c}(n,B,N) = 1 + (a_5 N^2 + b_5 N)(c_5 n + d_5 B + e_5) \tag{8-76}$$

$$f_{\theta u}(n,B,N) = 1 + (a_6 N^2 + b_6 N)(c_6 n + d_6 B + e_6) \tag{8-77}$$

式中,a_5、a_6、b_5、b_6、c_5、c_6、d_5、d_6、e_5 和 e_6 均为拟合参数,采用 1stopt 软件拟合得到,拟合得到各参数取值分别为 $a_5 = -2.271$,$b_5 = 0.185$,$c_5 = 1.425$,$d_5 = -1.486$,$e_5 = -0.778$,相关系数为 0.889;$a_6 = 0.536$,$b_6 = 0.027$,$c_6 = -4.308$,$d_6 = -11.549$,$e_6 = 11.058$,相关系数为 0.953。

根据拟合公式计算得到冻融 RC 柱塑性铰区变形能力与模拟所得计算值进行对比,如图 8.48 所示。可以看到,所提出的修正方法预测值与模拟所得计算值相近,可较好地表征冻融后 RC 柱的塑性铰区变形能力退化情况。

3. 冻融损伤弯剪型破坏 RC 柱

位移角是指构件的层间转角,包括弹性与塑性部分,易于实现,可较好地表征弯剪型 RC 柱的性能水平,同时结构抗震性能评估通常采用最大层间位移角判断结构的破坏程度,故对于弯剪型冻融损伤 RC 构件,本研究采用位移角判断其破坏程度。在 8.2.6 节所建立的原型 RC 柱构件基础上进行调整,为保证构件发生弯剪破坏,将剪跨比统一取为 2.5,并适当调整箍筋直径与间距,如图 8.49 所示,同时由于混凝土强度因素与冻融循环次数的耦合性较小,因此,对混凝土强度统一取为 30MPa,同时其余设计参数保持不变。综上,共设计 60 根 RC 柱构件,重点讨论冻融循环次数、轴压比以及截面尺寸对冻融弯剪型 RC 柱构件的变形能力影响,最终确定不同冻融循环次数下弯剪型 RC 柱构件变形性能指标的退化规律。

基于 8.2.1 节~8.2.5 节建立的适用于发生弯剪破坏的冻融 RC 柱构件数值模型,对本节所设计的发生弯剪破坏的 60 个柱构件进行推覆分析。对于弯剪型破坏 RC 柱,由于其轻度损坏(LS_1)与中度损坏(LS_2)的界限条件与弯曲型破坏 RC 柱一致,且在钢筋屈服时,非线性剪切变形在整体构件变形中占比较少,故认为与

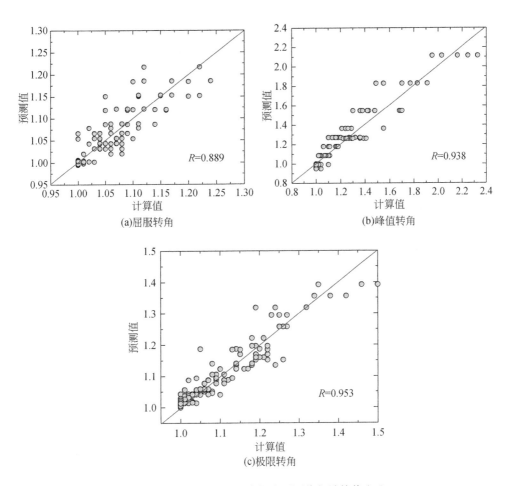

图 8.48 冻融 RC 柱抗弯能力预测值与计算值之比

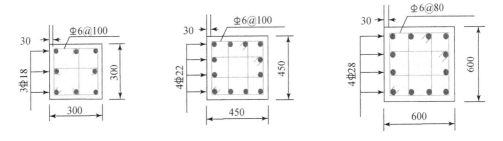

图 8.49 原型 RC 柱构件截面配筋图(单位:mm)

弯曲型破坏 RC 柱随冻融损伤的退化规律一致,同时严重损坏(LS₃)取为极限位移角的 0.75 倍,故本研究仅分析不同参数对弯剪型冻融 RC 柱极限变形能力的变化。根据推覆分析结果,将相同设计参数下不同冻融循环次数的 RC 柱极限变形阈值分别除以该设计参数下未冻融试件相应特征点的变形阈值得到相应的修正系数,分别以冻融循环次数、轴压比以及截面尺寸为横坐标,以该修正系数为纵坐标,绘制所有构件计算结果随各设计变量的变化规律如图 8.50 所示,其中 $\theta_{u,d}$ 为冻融损伤弯剪型 RC 柱倒塌极限状态的位移角限值,$\theta_{u,0}$ 为未冻融情况下 RC 柱该极限状态下的位移角限值,根据计算结果具体分析如下。

1)冻融循环次数影响

图 8.50(a)表示冻融循环次数 N 对不同设计参数下 RC 柱极限位移角的影响。可以看出,随着冻融循环次数的增大,不同设计参数下的弯剪型 RC 柱极限转角逐渐减小,且减小速率加快,近似呈二次曲线变化趋势,与弯曲型 RC 柱极限变形能力变化趋势相反。同时,不同设计参数下 RC 柱的变形能力受冻融循环次数影响的程度不同,且随着冻融循环次数的增加,这种离散性增大,这表明难以用单一的冻融循环次数作为指标表征 RC 柱变形能力受冻融损伤的影响程度。

2)轴压比影响

图 8.50(b)表示出轴压比 n 对冻融 RC 柱极限位移角的影响。同时,统计得到不同轴压比下的 RC 柱经历不同冻融循环次数后极限位移角的平均值,并绘制相应的柱状图,如图 8.51(a)所示。可以看出,随着轴压比的增大,RC 柱冻融前后相对极限位移角逐渐减小,变化幅度逐渐增大,基本呈线性变化趋势。同时,随着冻融循环次数的增加,较高轴压比下的 RC 柱的极限变形能力受冻融损伤导致的下降相对较低轴压比下的 RC 柱更为显著。

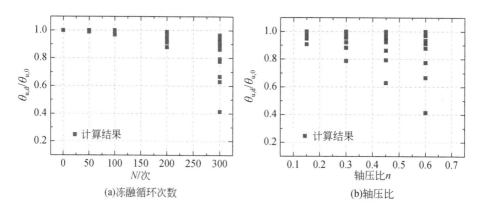

(a)冻融循环次数　　　　　　　　(b)轴压比

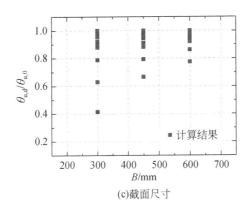

(c)截面尺寸

图 8.50　RC 柱剪切位移特征值随冻融循环次数变化规律

3)截面尺寸影响

图 8.50(c)表示出截面尺寸 B 对冻融 RC 柱极限位移角的影响。同时,统计得到不同截面尺寸下的 RC 柱经历不同冻融循环次数后极限位移角的平均值,并绘制相应的柱状图,如图 8.51(b)所示。可以看出,随着截面尺寸的增大,RC 柱冻融前后相对极限位移角逐渐增大,变化幅度逐渐减小,基本呈线性变化趋势。同时,随着冻融循环次数的增加,较小截面尺寸的 RC 柱极限变形能力受冻融损伤导致的下降相对较大截面尺寸的 RC 柱更为显著,即受到冻融损伤演化过程影响。

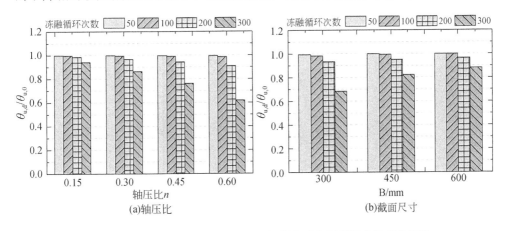

(a)轴压比　　　　　　　　　　　　　(b)截面尺寸

图 8.51　不同冻融循环次数下 RC 柱极限位移角随设计参数变化规律

综上,截面尺寸、轴压比与冻融循环次数均为冻融损伤 RC 柱抗剪能力的影响因素,且前两者与冻融损伤具有耦合效应,据此提出对未冻融弯剪型 RC 柱的极限变形能力进行修正,修正公式为

$$\theta_{u,d} = g_{\theta u}(n, B, N)\theta_{u,0} \tag{8-78}$$

式中，$g_{\theta u}$ 为考虑冻融损伤影响的弯剪型 RC 柱极限位移角修正函数。为保证拟合结果具有较高精度，根据前述各参数对冻融 RC 柱抗剪能力的影响规律，将冻融 RC 柱塑性铰区屈服弯矩修正函数 $g_{\theta u}(n, B, N)$ 假定为关于冻融循环次数 N 的二次函数形式，关于轴压比 n 与截面尺寸 B 的一次函数形式，并考虑边界条件，得到修正函数的表达式如下：

$$g_{\theta u}(n, B, N) = 1 + (a_7 N^2 + b_7 N)(c_7 n + d_7 B + e_7) \tag{8-79}$$

式中，a_7、b_7、c_7、d_7 和 e_7 均为拟合参数，采用 1stopt 软件拟合得到，为统一拟合结果的数量级，将 N 取为 $N/1000$，将 B 取为 $B/1000$，拟合得到各参数取值分别为 $a_7 = 5.954$，$b_7 = -0.623$，$c_7 = -1.784$，$d_7 = 1.986$，$e_7 = 0.627$，相关系数 R 为 0.965。根据拟合公式计算得到冻融弯剪型 RC 极限位移角与模拟计算值进行对比，如图 8.52 所示。可以看到，所提出的修正方法预测值与模拟所得计算值相近，可较好地表征冻融后弯剪型 RC 柱极限位移角的退化情况。

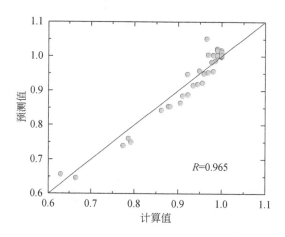

图 8.52　冻融 RC 柱抗剪能力预测值与计算值之比

8.2.8　冻融 RC 柱构件易损性

构件易损性是指在给定的工程需求参数（engineering demand parameter，EDP）下，如位移角或转角，构件达到给定破坏状态的概率[92]。研究表明，构件的破坏状态与 EDP 密切相关，但由于组成构件的材料的力学性能、构件的几何尺寸以及配筋情况本身具有一定的变异性，这使得构件在不同破坏状态下的 EDP 亦具有不确定性。因此，为考虑该变异性对结构构件抗震性能的影响，需要从概率角度描述构件破坏状态与工程需求参数 EDP 的关系，即构件易损性函数。美国联邦应急管理署 FEMA 在《建筑抗震性能评估》（FEMA P58）系列研究报告[92]中，将建立

构件易损性函数作为新一代抗震性能评估理论框架的重要组成部分。FEMA P58
将一组具有相同潜在损伤特征的构件(用损伤敏感性和损伤后果表示)的结构构
件、非结构构件以及内部财物进行归类分组(称为易损性组,fragility groups),根据
各组的易损性函数及损失模型获得结构整体的概率地震损失。

已有诸多学者对不同类型的 RC 构件易损性展开了研究,如 Gulec 等[93]基于
低矮 RC 剪力墙构件的试验数据,建立了不同截面类型下的剪力墙构件易损性函
数;Lu 等[94]建立了不同轴压比、截面尺寸、配筋率以及配箍率的 RC 框架柱构件数
值模型,并考虑混凝土抗压强度、钢筋抗拉强度及塑性铰高度的变异性对构件抗震
性能的影响,得到了 RC 框架柱构件易损性函数;Rao 等[95]考虑钢筋锈蚀状态的不
确定性,对 4 个不同服役龄期下的 RC 桥梁柱进行数值建模,得到了不同服役龄期
下锈蚀 RC 桥梁柱的构件易损性函数;纪晓东等[96]对满足我国抗震设计规范的 RC
剪力墙与连梁试验数据进行了统计,分别建立了二者的构件易损性曲线,并与
FEMA P58 提供的易损性函数进行了对比分析。综上,尚未有研究建立考虑冻融
损伤的 RC 柱构件易损性函数,而第 5 章通过对不同冻融循环次数下的 RC 柱构件
抗震性能进行试验研究,发现冻融损伤将会使 RC 柱构件抗震性能产生不同程度
的劣化。因此,为更准确评估冻融环境下 RC 结构的抗震性能,有必要建立冻融
RC 柱构件的易损性函数。

1. 易损性函数原理与形式

1)对数正态分布函数

随机变量 X 的对数 $Y=\ln(X)$ 服从正态分布,那么随机变量 X 服从对数正态
分布。对数正态分布的概率密度函数为

$$f_X(x)=\frac{1}{x\beta\sqrt{2\pi}}\cdot \mathrm{e}^{-\frac{(\ln(x/\theta))^2}{2\beta^2}}=\varphi\left(\frac{\ln(x/\theta)}{\beta}\right) \qquad (8\text{-}80)$$

累积分布函数的计算公式如下:

$$F(x)=P[X\leqslant x]=\Phi\left(\frac{\ln x-\ln\theta}{\beta}\right)=\Phi\left(\frac{\ln(x/\theta)}{\beta}\right)=\Phi\left(\frac{\ln x-\mu_{\ln X}}{\sigma_{\ln X}}\right) \qquad (8\text{-}81)$$

式中,$\Phi(\cdot)$ 是标准正态概率分布函数;θ、β 分别为中位值和对数标准差。其中,中
位值 θ 是指具有 50% 超越概率的随机变量值,即 θ 处 X 的累积分布函数概率为
0.5,对数标准差 β 反映了随机变量的离散程度,二者计算公式如下:

$$\theta=\exp(\mu_{\ln X}) \qquad (8\text{-}82)$$

$$\beta=\sigma_{\ln X} \qquad (8\text{-}83)$$

式中,$\mu_{\ln X}$、$\sigma_{\ln X}$ 分别表示随机变量 $Y=\ln(X)$ 的均值和标准差。由对数正态分布的
定义可以看出,随机变量 Y 服从正态分布。

通常,可根据正态分布 Y 的均值 μ 和方差 σ 计算 θ 和 β,其公式如下:

$$\nu = \frac{\sigma}{\mu} \tag{8-84}$$

$$\beta = \sqrt{\ln(1+\nu^2)} \tag{8-85}$$

$$\theta = \frac{\mu}{\sqrt{1+\nu^2}} \tag{8-86}$$

式中，ν 表示随机变量 X 的变异系数。

2)构件易损性函数形式

易损性函数通常采用对数正态累积分布函数的形式来表达。在构件易损性分析中，FEMA P58[207]建议将特定破坏状态下构件的工程需求参数 EDP 的分布函数假定为对数正态分布。根据该假定，构件的易损性函数可以表达为

$$F_{ci} = P[D > C \mid EDP] = \Phi\left(\frac{\ln(d/\theta_{im})}{\beta_{ci}}\right) \tag{8-87}$$

式中，F_{ci} 为在一定的工程需求参数 D 下构件发生第 i 个破坏状态的条件概率；θ_{im} 为第 i 个破坏状态下，工程需求参数 EDP 的中位值；β_{ci} 为第 i 个破坏状态下，工程需求参数 EDP 的对数标准差。

2. 冻融 RC 柱构件易损性分析

1)EDP 的选取与构件破坏状态划分

选取合适的工程需求参数 EDP 是建立构件易损性函数的一个关键环节。在选取工程需求参数 EDP 时，应遵循以下两个基本原则：所选取的工程需求参数 EDP 应能够有效的反应构件的地震破坏程度；所选取的工程需求参数 EDP 应便于工程实际的应用且能够容易地从结构地震反应分析中获得。考虑到位移角易从结构的地震反应分析中获取，同时在 8.2.7 节亦论证了该指标作为衡量构件破坏状态的有效性，因此，在建立构件易损性函数时，本节选取构件位移角作为工程需求参数。破坏状态采用与 8.2.7 节一致的划分方法，即基本完好、轻微破坏、中等破坏、严重破坏和倒塌五级。

2)模型设计与参数选取

为建立冻融损伤 RC 柱的构件易损性，需要考虑影响 RC 柱抗震性能的主要设计参数，如轴压比、纵向受拉钢筋配筋率、配箍率、设计混凝土强度等级等。此外，即使设计参数均一致的条件下，由于受材料力学性能变异性的影响，构件在不同破坏状态下的 EDP 也不相同，即具有不确定性。对于弯曲型破坏 RC 柱与弯剪型 RC 破坏柱，在倒塌极限状态（LS$_4$）变形能力差距较大，需要对此进行区分。因此，为准确地建立冻融 RC 柱构件的易损性函数，需要以冻融循环次数为主要变量，同时对不同破坏模式的 RC 柱在 LS$_4$ 状态下的位移角阈值进行分类，进而考虑其余设计参数以及材料力学性能的变异性对其抗震性能的影响。

鉴于此,本节参考 8.2.6 节与 8.2.7 节中所设计的 RC 柱构件,并考虑材料力学性能的不确定性,重新设计了一批冻融 RC 柱构件,各原型 RC 柱构件的设计变量与分析参数如下:冻融循环次数设置为 0 次、200 次、300 次和 400 次四种情况,柱截面尺寸$(b×h)$取为 450mm×450mm,取框架节点至柱反弯点间柱段为研究对象,剪跨比分为 2.5 和 4 两种情况,对 $LS_1 \sim LS_3$ 位移角进行统一的回归分析,对于 LS_4 位移角分别进行回归,其中剪跨比为 4.0 的弯曲型 RC 记作 LS_4-F,剪跨比为 2.5 的弯剪型 RC 柱记作 LS_4-FS;轴压比取为 0.3,混凝土设计强度等级分别取为 C30 和 C40,保护层厚度取为 30mm,纵向受拉钢筋采用 HRB400 级钢筋,截面采用对称配筋,配筋率分别为 1.13% 和 1.45%,箍筋采用 HRB335 级钢筋,柱端箍筋加密区按照现行规范相关要求配置,体积配箍率取为 0.84%,配筋形式与图 8.26 中截面为 450mm 的原型 RC 柱一致。综上,对不同冻融循环次数下的 RC 柱构件分为 4 类,同时考虑剪跨比、轴压比、混凝土强度、配筋率变化,共生成了 16 种确定性变量的组合;此外,考虑钢筋屈服强度、混凝土轴心抗压强度的不确定性,对上述参数进行 Monte-Carlo 抽样,生成 10 种不确定性变量的组合,则对应于不同类型的 RC 柱共有 160 个样本,各试件的逐层细化设计参数如图 8.53 所示。

在生成抽样数据前,应获得钢筋屈服强度与混凝土轴心抗压强度的概率密度函数,参考我国规范[75]以及文献[97, 98]将其规定如下:钢筋的屈服强度服从正态分布,其中,HRB400 钢筋屈服强度平均值为 451.98MPa,HRB335 钢筋屈服强度平均值为 381.65MPa,变异系数均取为 0.07;混凝土轴心抗压强度服从正态分布,其中,C30 混凝土轴心抗压强度平均值为 28MPa,变异系数为 0.17,C40 混凝土轴心抗压强度平均值为 36MPa,变异系数为 0.15。

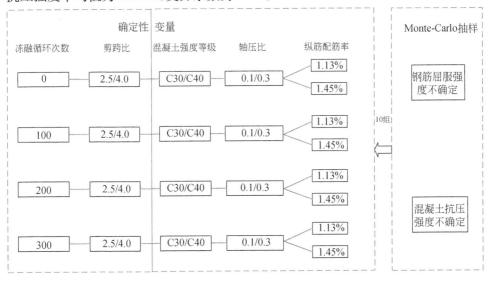

图 8.53　RC 柱构件设计参数逐层细化示意图

3. 冻融 RC 柱构件易损性曲线

基于 8.2.1 节~8.2.5 节所建立的冻融 RC 柱数值模拟方法,分别对所设计的 160 个冻融 RC 柱构件进行推覆分析,得到构件在不同极限状态下的层间位移角 θ,由于所建立的模拟方法不能有效捕捉构件的开裂点,故不再对轻微破坏状态(LS_1)进行统计分析,而是依据我国《建筑抗震设计规范》附录 M 统一取为 0.0018 (1/550)。以不同极限状态下的层间位移角 θ 作为统计变量进行统计分析,得到不同破坏模式、不同冻融循环下各破坏极限状态的冻融 RC 柱构件的位移角 θ 中位值与对数标准差,如表 8.13 所示,以其中的部分数据为例绘制频率分布直方图如图 8.54 所示。

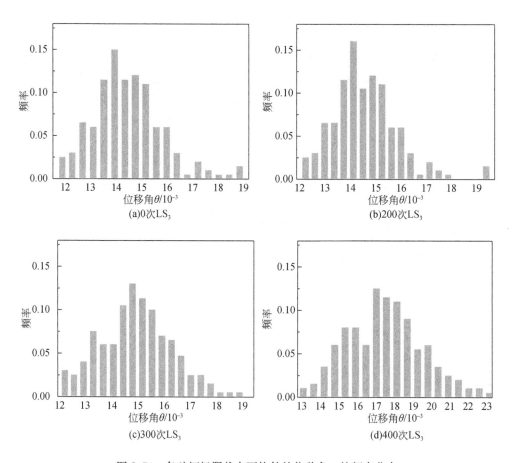

图 8.54　各破坏极限状态下构件的位移角 θ 的频率分布

表 8.13　各极限状态下位移角 θ 的对数正态拟合参数

冻融循环次数	LS$_2$		LS$_3$		LS$_4$-F		LS$_4$-FS	
	θ_m	β_c	θ_m	β_c	θ_m	β_c	θ_m	β_c
0	0.008	0.063	0.014	0.078	0.0350	0.082	0.0250	0.113
200	0.0081	0.061	0.0142	0.083	0.0355	0.09	0.0249	0.111
300	0.0093	0.069	0.0149	0.086	0.0385	0.105	0.0242	0.127
400	0.0135	0.088	0.0171	0.109	0.0417	0.117	0.0221	0.145

由图 8.54 和表 8.13 可以看出:随着冻融循环次数的增加,RC 柱在中等与严重极限状态(LS$_2$ 和 LS$_3$)下位移角 θ 的中位值 θ_{im} 略有增大,该位移增加的原因与试验现象与 8.2.7 节所述一致,但对于弯曲型 RC 柱的倒塌极限状态(LS$_4$)转角中位值增加幅度小于中等破坏时的,同时对数标准差 β_{ci} 逐渐增大,而弯剪型 RC 柱的倒塌极限状态位移角的中位值有所减小,同时对数标准差 β_{ci} 均亦呈现逐渐增大的趋势,表明冻融损伤不仅降低了 RC 柱的延性(LS$_4$/LS$_2$),同时增加了变形能力的离散性。冻融循环次数相同时,随着构件破坏程度的增加,中位值 θ_{im} 和对数标准差 β_{ci} 均有所增大。

将表 8.13 所示的统计参数代入式(8-87)可以得到不同极限状态下冻融 RC 柱构件的易损性曲线,如图 8.55 所示。可以看出,对于不同冻融循环次数下的 RC 柱构件,随着破坏程度的增加,其易损性曲线均趋于平缓;随着冻融循环次数的增长,对于弯曲型 RC 柱,可以看到反而在相同位移角下,RC 柱超越某一破坏状态的概率有所减小,即冻融损伤主要影响 RC 柱的延性能力,导致构件达到屈服状态后的安全裕度减小,更易达到极限状态而发生破坏,对于弯剪型 RC 柱,由于屈服状态下的变形能力增加,而极限状态下的变形能力减小,导致该破坏状态下 RC 柱由冻融损伤导致的延性减小效应更为显著。

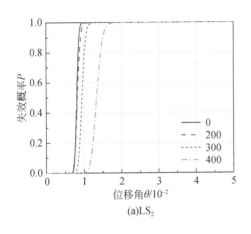

(a)LS$_2$

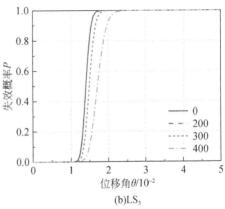

(b)LS$_3$

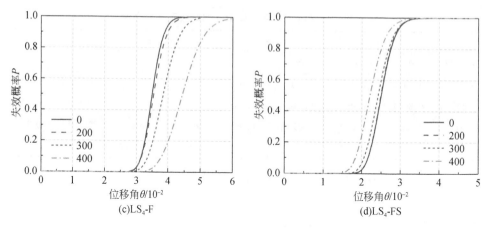

图 8.55　不同破坏状态下冻融 RC 柱构件的易损性曲线

8.3　冻融 RC 剪力墙数值模拟方法研究

　　RC 剪力墙在地震作用下的非线性行为复杂,传统杆系模型常用带刚域的一维杆元来模拟 RC 剪力墙的性能状态,但其由于自身局限性,难以模拟剪力墙的剪切效应。基于此,国内外研究学者提出了许多适用于 RC 剪力墙非线性分析的计算模型,如基于材料本构的纤维模型、分层壳模型和实体单元模型,以及基于构件恢复力模型的宏观模型(三垂直杆模型、多垂直杆模型)等。其中,纤维模型可较为准确地模拟弯曲效应显著的 RC 剪力墙非线性行为,而对于剪切效应显著的 RC 剪力墙,其分析偏差较大。近年来,部分学者[99-101]采用组合剪切效应的纤维模型对 RC 剪力墙进行数值建模分析,对剪切效应显著的剪力墙亦取得了较好的模拟效果,其为本节建立考虑冻融损伤影响的 RC 剪力墙数值模型提供了思路。

　　鉴于此,本节基于第 7 章冻融 RC 剪力墙拟静力试验结果与既有研究成果,建立冻融 RC 剪力墙剪切恢复力模型,进而结合 8.2 节提出的考虑冻融不均匀损伤与滑移效应的纤维建模方法,组合剪切效应形成冻融 RC 剪力墙的数值模拟方法,以期为寒冷地区 RC 结构抗震性能分析奠定理论基础。

8.3.1　组合剪切效应的纤维模型

　　组合剪切效应纤维模型的基本思路是在构件截面层次上将 Hysteretic Material 单轴本构模型所定义的剪切效应利用 OpenSees 中 Section Aggregator 命令添加到原有纤维模型中形成新的组合截面,从而实现在纤维数值模型中考虑剪切变形影响,其组合示意图如图 8.56 所示。其中,冻融 RC 剪力墙构件剪切恢复力模型的准确建立是形成组合剪切效应纤维模型的关键所在。

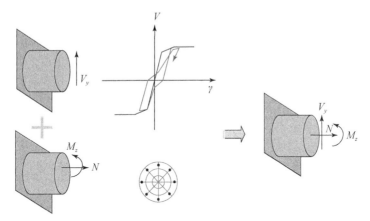

图 8.56　考虑剪切效应的纤维模型示意图

8.3.2　冻融低矮 RC 剪力墙数值模拟方法研究

1. 未冻融低矮 RC 剪力墙剪切特征点参数标定方法

由第 7 章拟静力试验结果可见,随着冻融循环次数的增加,RC 剪力墙试件在不同受力状态下的承载能力和剪切变形均发生不同程度的变化,而不同冻融损伤程度 RC 剪力墙滞回曲线的变化趋势与未冻融 RC 剪力墙基本一致。因此,本节基于 Hysteretic 模型,将未冻融与冻融低矮 RC 剪力墙构件的剪切骨架曲线简化为图 8.57 所示的三折线型,其中 $A(A')$ 点、$B(B')$ 点、$C(C')$ 点分别对应未冻融(冻融)RC 剪力墙剪切骨架曲线的开裂点、屈服点以及峰值点。未冻融低矮 RC 剪力墙试件的开裂荷载 P'_cr、屈服荷载 P'_y 和峰值 P'_c 按式(7-5)~式(7-7)计算确定,本节不再赘述;以下对墙体开裂剪应变 γ'_cr、屈服剪应变 γ'_y 和峰值剪应变 γ'_c 予以叙述。

1)开裂剪应变 γ'_cr[102]

开裂剪应变 γ'_cr 可通过初始弹性剪切刚度 K_a 计算得到,即

$$\gamma'_\mathrm{cr}=\frac{P_\mathrm{cr}}{K_\mathrm{a}} \tag{8-88}$$

$$K_\mathrm{a}=GA_\mathrm{w}/\chi=(E_\mathrm{s}A_\mathrm{s}+E_\mathrm{c}A_\mathrm{c})/[2(1+\nu)\chi] \tag{8-89}$$

式中,K_a 为剪力墙初始弹性剪切刚度;G 为剪力墙的弹性剪切模量,取 $0.4E_\mathrm{c}$;A_w 为剪力墙横截面面积;χ 为截面形状系数,按式 $\chi=3(1+u)[1-u^2(1-v)]/4[1-u^3(1-v)]$ 计算确定;u、v 为截面几何参数,对于矩形截面,$u=(1-2l_\mathrm{c})/h_\mathrm{w}$,$v=1$;$l_\mathrm{c}$ 为边缘约束构件长度;h_w 为横截面高度;E_s 为钢筋弹性模量;A_s 为横截面钢筋配

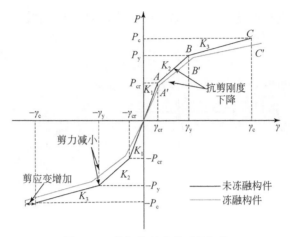

图 8.57　剪切恢复力模型骨架线

筋面积；E_c 为混凝土弹性模量；A_c 为横截面混凝土面积；ν 为泊松比，取 0.2。

2）屈服剪应变 γ'_y[102]

屈服剪应变 γ'_y 可通过开裂刚度 K_b、开裂剪力 P_{cr} 和剪应变 γ_{cr} 计算得到，即

$$\gamma'_y = \frac{P_y - P_{cr}}{K_b} + \gamma_{cr} \tag{8-90}$$

$$K_b = \alpha_s K_a \tag{8-91}$$

$$\alpha_s = 0.14 + 0.46 \rho_{wh} f_{wh}/f_c \tag{8-92}$$

式中，α_s 为开裂后剪力墙刚度 K_b 与初始弹性剪切刚度 K_a 的比值；ρ_{wh} 为水平分布筋配筋率；f_{wh} 为水平分布筋的抗拉强度；f_c 为混凝土抗压强度。

3）峰值剪应变 γ'_c[102]

峰值剪应变 γ'_c 与屈服剪应变 γ'_y 计算方法相同，公式如下：

$$\gamma'_c = \frac{P_c - P_y}{K_s} + \gamma'_y \tag{8-93}$$

式中，K_s 为剪力墙构件屈服后的剪切刚度，根据第 7 章 8 榀冻融低矮 RC 剪力墙拟静力试验结果，将其取为 $0.045K_a$。

2. 冻融低矮 RC 剪力墙剪切特征点参数标定方法

冻融低矮 RC 剪力墙试件的开裂荷载 P_{cr}、屈服荷载 P_y 和峰值荷载 P_c 按式（7-19a）、式（7-20a）、式（7-21a）计算确定，本节不再赘述。由第 7 章拟静力试验结果可知，随着冻融损伤程度与轴压比的变化，RC 剪力墙在不同受力状态下的剪应变均发生不同程度的改变。因此，本节选取冻融损伤指标 D 和轴压比 n 为参数，综合考虑冻融循环与轴压比对 RC 剪力墙剪切变形性能的影响，对未冻融低矮 RC 剪力墙各剪切特征点变形进行修正，以获得冻融低矮 RC 剪力墙剪应变计算公式如下：

$$\gamma_i' = r_i(n, D)\gamma_i \tag{8-94}$$

式中, γ_i' 为冻融墙体剪切特征点 i 的剪应变; γ_i 为未冻融墙体剪切特征点 i 的剪应变; $r_i(D, n)$ 为剪切特征点 i 考虑冻融损伤影响的剪应变修正函数, 其由剪应变试验值(表 7.4)经归一化处理后的多参数非线性曲面拟合得到。

采用与 7.5.1 节相同的方法, 根据各剪切特征点剪应变修正系数随冻融损伤参数 D 及轴压比 n 的变化规律(图 8.58), 将各剪切特征点的剪应变修正函数 $r_i(D, n)$ 假定为关于冻融损伤参数 D 的指数函数形式及轴压比 n 的二次函数形式, 进而考虑边界条件, 得到剪应变修正函数表达式如下:

$$r_i(n, D) = (an^2 + bn + c)D^d + 1 \tag{8-95}$$

式中, a、b、c、d 均为拟合参数, 由 Origin 软件拟合得到。剪应变修正函数拟合结果如图 8.59 所示。结合拟合结果及上述分析得到考虑冻融损伤与轴压比影响的低矮 RC 剪力墙剪切特征点剪应变计算公式及其拟合优度 R^2 如下。

开裂剪应变:

$$\gamma_{cr} = [(2.718 \times 10^8 n^2 - 9.446 \times 10^7 n + 8.327 \times 10^6)D^{6.835} + 1]\gamma_{cr}', \quad R^2 = 0.942 \tag{8-96}$$

屈服剪应变:

$$\gamma_y = [(474350.109n^2 - 261765.904n + 35505.017)D^{4.525} + 1]\gamma_y', \quad R^2 = 0.812 \tag{8-97}$$

峰值剪应变:

$$\gamma_c = [(-716.427n^2 + 231.642n + 0.271)D^{1.517} + 1]\gamma_c', \quad R^2 = 0.732 \tag{8-98}$$

根据式(8-96)~式(8-98)计算得到第 7 章所述各榀低矮 RC 剪力墙试件剪切特征点剪应变理论值及其与试验值之比, 列于表 8.14 中。可以看出, 开裂剪应变、屈服剪应变、峰值剪应变的计算值与试验值之比的均值分别为 0.864、0.964、1.032, 标准差分别为 0.062、0.023、0.017, 表明采用本节所建立的剪应变计算模型能较好地反映冻融低矮 RC 剪力墙实际受力与变形性能。

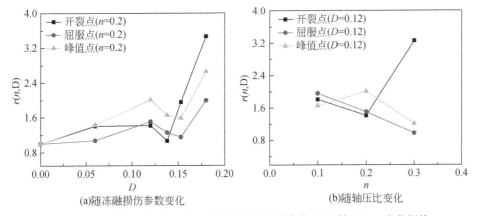

(a)随冻融损伤参数变化　　　　　　(b)随轴压比变化

图 8.58　各特征点剪应变修正系数随冻融损伤参数 D 及轴压比 n 变化规律

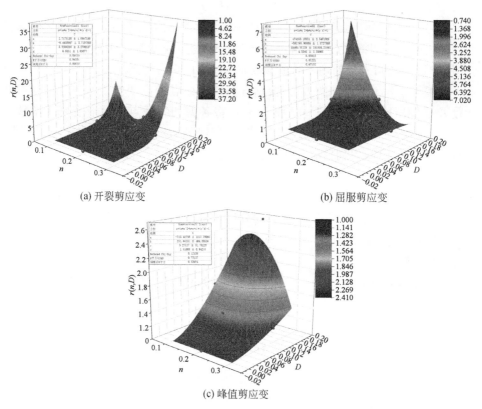

(a) 开裂剪应变   (b) 屈服剪应变

(c) 峰值剪应变

图 8.59   剪应变修正函数拟合结果

表 8.14   剪切特征点剪应变计算值及其与试验值之比

试件编号	开裂剪应变		屈服剪应变		峰值剪应变	
	计算值/(10^{-3}rad)	计算值/试验值	计算值/(10^{-3}rad)	计算值/试验值	计算值/(10^{-3}rad)	计算值/试验值
SW-9	0.290	0.756	1.277	0.943	2.307	1.059
SW-10	0.290	0.539	1.285	0.885	2.887	0.926
SW-11	0.478	0.926	1.201	1.249	3.092	1.288
SW-12	0.383	1.317	1.516	1.015	3.921	1.143
SW-13	0.488	1.000	2.125	1.000	3.891	1.000
SW-14	0.334	0.617	1.462	0.717	3.967	0.907
SW-15	1.010	1.000	1.461	1.000	2.673	1.000
SW-16	0.290	0.756	1.277	0.943	2.307	1.059

3. 滞回规则

本节所建立的未冻融与冻融低矮 RC 剪力墙剪切恢复力模型的滞回规则与 Hysteretic 滞回模型的滞回规则相同(详见第 5 章),以下对滞回规则控制参数的标定方法予以叙述。

对于滞回规则控制参数,目前鲜有针对其定量方法的研究,且各低矮 RC 剪力墙试件滞回曲线的捏拢程度与刚度退化程度差异较大,同时剪切滞回曲线的捏拢程度受混凝土强度、配筋方式与配筋率、轴压比等诸多因素影响。因此,结合试验结果与文献[103],经多次试算后,取基于延性的损伤退化参数 $ Damage1=0.0,基于能量的损伤退化参数 $ Damage2=0.02,刚度退化参数 β 以及变形(力)捏拢控制参数取值见表 8.15。

表 8.15　捏拢控制参数与刚度退化参数取值表

试件编号	p_x	p_y	β
SW-1	0.70	0.30	0.70
SW-2	0.70	0.30	0.60
SW-3	0.65	0.35	0.60
SW-4	0.70	0.30	0.70
SW-5	0.70	0.30	0.70
SW-6	0.70	0.30	0.50
SW-7	0.51	0.50	0.70
SW-8	0.80	0.20	0.50

4. 模型的建立

采用基于柔度法的非线性梁柱单元(force-based nonlinear beam-column element)对竖向悬臂低矮 RC 剪力墙进行建模分析。分析中,沿墙体高度方向设置 5 个数值积分点;同时,为确定剪力墙构件截面分析所需纤维数量,通过灵敏度分析得到 10×70 个纤维,即可实现计算精度和效率的平衡。墙体截面各部分由忽略冻融影响的钢筋纤维和边长为 10mm 的正方形混凝土纤维组成,如图 8.60 所示。其中混凝土纤维本构采用 8.2.3 节所建立的冻融损伤本构模型;钢筋本构则采用 SteelMPF 模型,其屈服强度与弹性模量取值见第 7 章,应变硬化率取 0.01。

5. 模型验证

基于上述建模方法对第 7 章中冻融低矮 RC 剪力墙拟静力试验进行了数值模

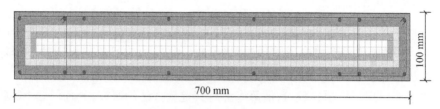

图 8.60 纤维截面划分

拟分析,模拟结果与试验滞回曲线对比如图 8.61 所示。累积耗能与骨架曲线各特征点计算值及其与试验值之比见表 8.16。可以看出,基于本节数值建模方法所得模拟滞回曲线在骨架曲线、强度衰减、刚度退化以及捏拢效应等方面均与试验滞回曲线吻合较好,表明所建立的数值分析模型能够较客观地反映冻融环境下 RC 剪力墙的力学性能与抗震性能,可应用于冻融环境下 RC 结构的数值建模与分析。

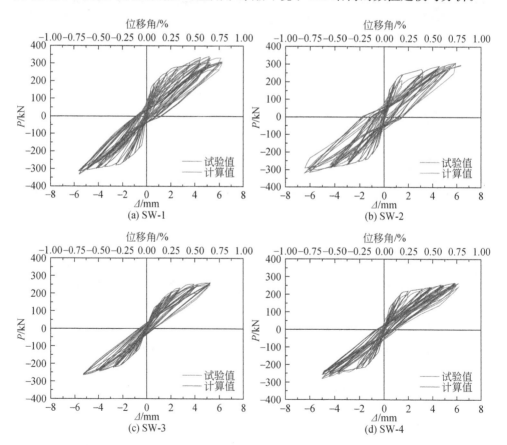

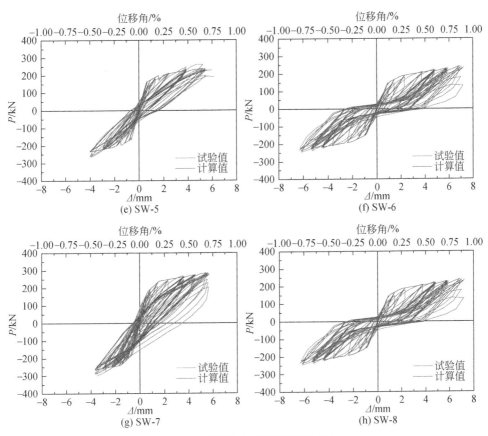

图 8.61　模拟与试验滞回曲线对比

表 8.16　累积耗能与骨架曲线各特征点计算值及其与试验值之比

试件编号	屈服荷载		屈服位移		峰值荷载		峰值位移		滞回耗能		
	计算值/kN	计算值试验值	计算值/mm	计算值试验值	计算值/kN	计算值试验值	计算值/mm	计算值试验值	试验值/(kN·m)	计算值/(kN·m)	计算值试验值
SW-1	263.1	0.95	2.0	0.62	311.5	0.94	5.9	1.00	7.1	6.1	0.85
SW-2	256.1	1.03	2.4	0.82	311.8	1.03	6.0	1.00	5.3	6.1	1.15
SW-3	221.6	1.04	2.8	0.98	261.8	1.05	5.3	1.00	3.0	2.5	0.83
SW-4	222.6	1.04	2.2	0.76	262.5	1.02	5.9	1.09	3.6	3.7	1.02
SW-5	197.6	0.92	1.7	0.68	234.8	0.90	4.6	1.00	3.1	3.3	1.08
SW-6	242.8	1.02	3.1	1.00	292.8	1.02	5.9	1.00	5.1	6.1	1.19
SW-7	233.2	0.96	1.8	0.71	275.1	0.99	4.6	1.01	6.0	6.6	1.12
SW-8	240.0	1.27	3.2	1.12	289.9	1.25	5.9	1.07	6.4	6.6	1.02

8.3.3　冻融高 RC 剪力墙数值模拟方法研究

1. 未冻融高 RC 剪力墙剪切特征点参数标定方法

未冻融与冻融高 RC 剪力墙剪切恢复力模型骨架曲线同样采用图 8.57 所示的三折线型模型。其中,未冻融高 RC 剪力墙试件的开裂荷载 P'_{cr} 采用式(7-5)计算,屈服荷载 P'_y 采用式(7-28)计算,峰值 P'_c 采用式(7-29)和式(7-30)计算,开裂剪应变 γ'_{cr} 采用式(8-88)和式(8-89)计算,屈服剪应变 γ'_y 采用式(8-90)~式(8-92)计算,峰值剪应变 γ'_c 采用式(8-93)计算。

$$\gamma_c = \frac{P_c}{K_s} \tag{8-99}$$

式中,K_s 为剪力墙塑性铰区抗剪刚度,通过假定腹杆由垂直的箍筋和 $45°$ 的混凝土斜压杆组成的比拟桁架模型计算确定[104]。

2. 冻融高 RC 剪力墙特征点参数标定方法

冻融高 RC 剪力墙试件的开裂荷载 P'_{cr}、屈服荷载 P'_y 和峰值荷载 P'_c 采用式(7-40a)、式(7-41a)、式(7-42a)计算确定,本节不再赘述。由第 7 章拟静力试验结果可知,随冻融损伤程度与轴压比的变化,RC 高剪力墙在不同受力状态下的剪应变均发生不同程度的改变。因此,本节综合考虑冻融损伤参数 D 与轴压比 n 对 RC 剪力墙剪切变形性能的影响,采用与低矮 RC 剪力墙相同的方法选取 D 和 n 为参数,对未冻融高 RC 剪力墙剪应变进行修正。参考各剪切特征点剪应变修正系数随冻融损伤程度 D 及轴压比 n 变化规律(图 8.62),将开裂状态下的剪应变修正函数 $r_{i1}(D,n)$ 假定为关于冻融损伤参数 D 的一次函数及轴压比 n 的二次函数形式;屈服和峰值状态下的剪应变修正函数 $r_{i2}(D,n)$ 假定为关于冻融损伤参数 D 和轴压比 n 的一次函数形式,进而考虑边界条件,得到剪应变修正函数表达式如下:

$$r_{i1}(D,n) = D(an^2 + bn + c) + 1 \tag{8-100}$$

$$r_{i2}(D,n) = D(an + b) + 1 \tag{8-101}$$

式中,a、b、c、d 均为拟合参数,由 Origin 软件拟合得到。剪应变修正函数拟合结果如图 8.63 所示。结合拟合结果及上述分析得到考虑冻融损伤与轴压比影响的高 RC 剪力墙剪切特征点剪应变计算公式及其拟合优度 R^2 如下。

开裂剪应变:

$$\gamma_{cr} = [(104.861n^2 - 37.388n + 5.741)D + 1]\gamma'_{cr}, \quad R^2 = 0.804 \tag{8-102}$$

屈服剪应变:

$$\gamma_y = [(-52.103n + 15.933)D + 1]\gamma'_y, \quad R^2 = 0.905 \tag{8-103}$$

峰值剪应变:

$$\gamma_c = [(-50.555n + 15.995)D + 1]\gamma_c', \quad R^2 = 0.940 \tag{8-104}$$

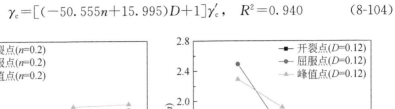

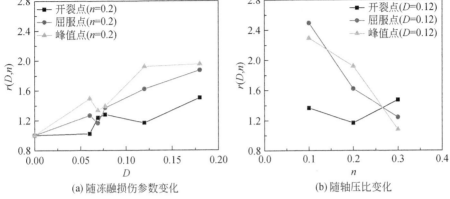

(a) 随冻融损伤参数变化　　　　　　　(b) 随轴压比变化

图 8.62　各特征点剪应变修正系数随冻融损伤参数 D 及轴压比 n 变化规律

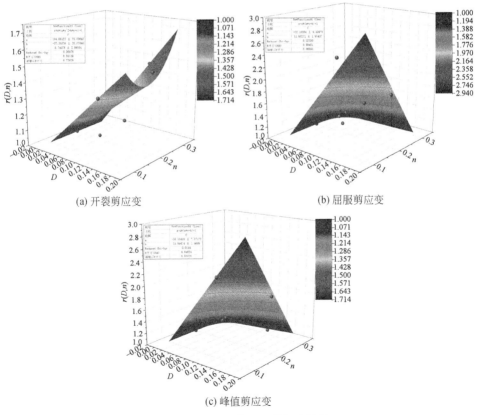

(a) 开裂剪应变　　　　　　　　(b) 屈服剪应变

(c) 峰值剪应变

图 8.63　剪应变修正函数拟合结果

根据式(8-102)~式(8-104)计算得到第 7 章各榀冻融高 RC 剪力墙剪切特征点剪应变理论值及其与试验值之比,列于表 8.17 中。可以看出,各特征点剪应变计算值与试验值吻合良好;其中,开裂剪应变、屈服剪应变、峰值剪应变计算值与试验值之比的均值分别为 0.911、0.981、1.042,表明本节所提出的剪切特征点计算模型能较好地反映冻融高 RC 剪力墙实际受力与变形性能。

表 8.17 剪切特征点剪应变计算值及其与试验值之比

试件编号	开裂剪应变		屈服剪应变		峰值剪应变	
	计算值 /(10^{-3} rad)	计算值 试验值	计算值 /(10^{-3} rad)	计算值 试验值	计算值 /(10^{-3} rad)	计算值 试验值
SW-9	0.161	0.839	0.368	0.921	5.595	1.096
SW-10	0.176	0.912	0.434	0.995	6.485	1.048
SW-11	0.178	0.868	0.446	1.138	6.904	1.057
SW-12	0.186	0.949	0.472	0.931	7.596	0.997
SW-13	0.170	0.977	0.701	1.029	10.155	0.999
SW-14	0.211	0.942	0.576	0.890	9.598	0.979
SW-15	0.272	0.978	0.576	1.036	6.837	0.993
SW-16	0.237	0.823	0.680	0.910	11.599	1.165

3. 滞回规则

本节所建立的未冻融与冻融高 RC 剪力墙剪切恢复力模型的滞回规则与 Hysteretic 滞回模型的滞回规则相同(详见第 5 章),以下对滞回规则控制参数的标定方法予以叙述。

冻融高 RC 剪力墙滞回规则控制参数的标定方法与冻融低矮 RC 剪力墙滞回规则控制参数标定方法相同,均是在结合试验结果与文献[103],经多次试算后获得。本节取基于延性的损伤退化参数 \$ Damage1＝0.0,基于能量的损伤退化参数 \$ Damage2＝0.02,刚度退化参数 β 及变形(力)捏拢控制参数取值见表 8.18。

表 8.18 捏拢控制参数与刚度退化参数取值表

试件编号	p_x	p_y	β
SW-11	0.60	0.25	0.65
SW-13	0.65	0.25	0.70
SW-15	0.65	0.25	0.75
SW-16	0.65	0.25	0.70

4. 模型的建立

采用基于柔度法的非线性梁柱单元对竖向悬臂高 RC 剪力墙进行建模分析。分析中,沿墙体高度方向设置 5 个数值积分点;同时,为确定剪力墙构件截面分析所需纤维数量,通过灵敏度分析得到 10×70 个纤维,即可实现计算精度和效率的平衡。墙体截面各部分由忽略冻融影响的钢筋纤维和边长为 10mm 的正方形混凝土纤维组成,如图 8.60 所示。钢筋本构与混凝土本构均与低矮 RC 剪力墙相同,见前文叙述。

5. 模型验证

基于上述建模方法对第 7 章中冻融高 RC 剪力墙拟静力试验进行了数值模拟分析,选取其中 4 榀试件的模拟结果绘制模拟与试验滞回曲线对比图,如图 8.64 所示。可以看出,基于本节数值建模方法所得模拟滞回曲线在骨架曲线、强度衰减、刚度退化以及捏拢效应等方面均与试验滞回曲线吻合较好,表明所建立的数值分析模型能够较客观地反映冻融环境下高 RC 剪力墙的力学性能与抗震性能,可应用于冻融环境下 RC 结构的数值建模与分析。

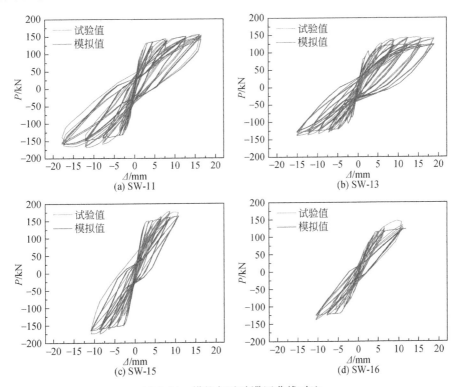

图 8.64　模拟与试验滞回曲线对比

8.4　冻融损伤 RC 框架结构数值模型

8.4.1　实际工程冻融循环等效次数

8.2.3 节分析讨论了不同冻融试验制度下冻融循环次数之间的相关关系,而如何将实验冻融循环次数推广至实际工程应用,需要进行进一步的探讨。相对于实验室内通常所采用的冻融循环次数作为描述冻融损伤的广义时间,实际工程中则通常使用具体的年限进行描述,如"耐久性使用年限",如某混凝土结构在多少年后发生了冻融剥落现象等等,因此,将具体的时间转化为更易表征损伤的冻融循环次数,可更好地搭建实验结果与实际工程应用之间的桥梁。为此,刘西拉和唐光普[105]从混凝土的疲劳损伤机制出发,利用 Miner 损伤累积法则和损伤等效原则,结合现场实测气温资料模拟现场混凝土冻融过程,建立能够联系实验室冻融和现场冻融的等效室内冻融循环次数公式;随后,武海荣等[106]提出采用年均负温天数为指标,建立现场冻融循环次数的实用公式,并考虑民用建筑非饱水状态提出了室内外等效冻融循环次数折减率,从而建立与室内实验的冻融循环次数关联关系,该方法相对于前者所需的现场具体温度区间资料而言更为简单易行,并被 Qin 等[107]用于计算北京地区不同龄期框架结构的地震易损性。综上,武海荣等[106]所提出的方法可将结构使用年限与标准快速冻融循环次数相联系,即前文所指出的"快冻法",则在其基础上,依据式(8-9)可进一步将结构的使用年限与本研究的冻融循环次数相联系。由于各地区的实际工程差异较大,以北京地区为例对等效方法进行说明如下。

北京十三陵地区冬季最低气温为−30℃,为典型受冻融影响区域,利用北京近 50 年的气象资料[108],得到北京地区的平均降温速率为 0.867℃/h,现场冻融次数为 84 次/年,多数情况下民用建筑结构都处于非饱水情况,故并非每次冻融都会造成结构损伤,参考武海荣等[106]的研究成果给定的室内外等效冻融次数折减率 $S=12.5$,计算得到等效室内冻融循环次数为 6.7 次/年,30 年龄期即对应冻融循环次数 201 次。

8.4.2　典型结构设计

美国应用技术协会于 2009 年所颁布的《建筑结构抗震性能影响因素量化指南》(FEMA P695)[109]提出典型结构的概念,以解决对某类抗侧力结构体系进行地震易损性研究时,所面临的结构自身特性离散性与结构所处场地多样性的问题。鉴于此,并参考课题组前期提出的典型 RC 框架结构设计方法[110],本节建立了用于地震易损性分析的典型 RC 框架结构。

结构的平立面布置以一般性和代表性为原则,采用双向现浇钢筋混凝土框架结构,以中、低层框架结构为研究对象,考虑 2 层和 5 层两种结构层数,首层层高设置为 4.2m,标准层层高为 3.6m,与设防烈度 6(0.05g)、7(0.1g)、8(0.2g)度相结合,共计 6 组原型结构,结构的平面布置如图 8.65 所示。依据我国结构设计基本规定等条款[75,89,111,112],提出基本设计资料为:设计地震分组第二组;场地类别 Ⅱ 类;基本风压 0.4kN/m²;地面粗糙度 C 类;基本雪压 0.3kN/m²;楼面及屋面恒载 8kN/m²;楼面及屋面活载:2kN/m²;楼面及屋面楼板厚度 120mm;混凝土强度等级 C30;梁、柱主筋等级 HRB400,箍筋 HRB335;保护层厚度:梁、柱取 20mm,板取 15mm。为研究冻融环境下结构受冻融损伤而导致的抗震性能变化,对每类结构考虑 0 次、200 次、300 次和 400 次共 4 种不同冻融循环次数,对应于北京地区结构龄期约为 30 年、45 年和 60 年,具体换算方法见 8.4.1 节。

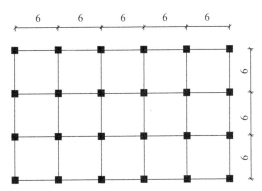

图 8.65　RC 框架结构平面布置图(单位:m)

根据以上设计原则,以多遇地震下结构最大弹性层间位移角为控制指标,通过国内通用设计软件 PKPM 对各 RC 框架结构反复进行迭代设计,最终确定各 RC 框架结构的梁柱截面尺寸、最大弹性层间位移角 θ_1 和基本自振周期 T_1 如表 8.19 所示,其中结构编号为 F-层数-设防烈度。

表 8.19　RC 框架结构基本设计信息

结构编号	抗震设防烈度	$h_b \times w_b$	$h_c \times w_c$	θ_1/rad	T_1/s	T_m/s
F-2-6	6	500×250	300×300	1/1001	1.103	1.144
F-2-7	7	500×250	350×350	1/683	0.848	0.874
F-2-8	8	500×250	500×500	1/663	0.507	0.514
F-5-6	6	500×250	400×400（2～5层） 450×450（1层）	1/1726	1.267	1.322

续表

结构编号	抗震设防烈度	$h_b \times w_b$	$h_c \times w_c$	θ_1/rad	T_1/s	T_m/s
F-5-7	7	500×250	400×400 (2～5层) 450×450 (1层)	1/863	1.267	1.322
F-5-8	8	550×300	550×550 (2～5层) 600×600 (1层)	1/670	0.875	0.883

注：h_b 和 w_b 为梁截面高度和宽度，h_c 和 w_c 为柱截面高度和宽度，单位均为 mm。

8.4.3　有限元模型

采用 OpenSees 有限元平台对所设计的 RC 框架结构进行数值建模，取同一轴线下对应的一榀二维平面框架为研究对象，其中梁、柱模型采用本章 8.2 节所建立的考虑黏结滑移与剪切效应的冻融损伤梁柱纤维模型。对于节点单元，考虑到节点破坏亦是造成 RC 框架结构倒塌的一个主要原因，采用 Altoontash 所提出的提出了二维梁柱节点单元(element Jiont2D)[113]模拟节点剪切变形，该节点单元包含 4 个位于梁柱构件与节点交界面处转角弹簧和 1 个位于节点中心的转动弹簧，其中，4 个转角弹簧用以模拟梁柱端的滑移变形，中心转动弹簧则用以模拟节点的剪切变形。由于滑移变形已在梁柱端的零长度纤维单元中考虑(详见 8.2.4 节)，故端部转角弹簧部分均定义为刚接，仅定义中部转角弹簧参数，并采用 Hysteretic 材料表征，完好与冻融损伤后的参数取值参考 Qin 等[107]所建立的冻融损伤节点恢复力模型计算方法，以梁柱组合体为代表示意整体结构的数值模型如图 8.66 所示。

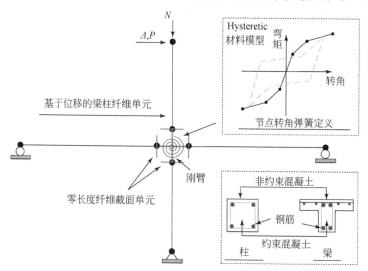

图 8.66　RC 框架梁柱组合体数值模型

需要指出的是：对处于冻融环境下的 RC 框架结构建模时，由于室内的梁柱构件及节点不具备冻融损伤条件，故不考虑冻融损伤影响，按完好构件材料参数进行输入，其中材料强度取为平均值，计算结果见 8.2.8 节。

基于 OpenSees 有限元分析软件，采用上述建模方法，建立不同层数、不同设防烈度下的各典型 RC 框架结构纤维模型，并进行模态分析得到结构的一阶周期 (T_{m}) 列于表 8.19，对比 PKPM 软件中的结构一阶周期 (T_1) 可以看出，所建数值模型的基本周期与 PKPM 模型较为接近，统计得到平均误差仅为 2.96%，说明各典型结构弹性信息基本一致。

8.5　本 章 小 结

本章基于前述章节中的冻融混凝土材性试验数据与 RC 构件拟静力试验结果，从基于材料层面的纤维模型出发，对冻融 RC 框架梁、柱和剪力墙的数值模拟方法进行了深入系统的研究，主要结论如下：

（1）基于冻融混凝土材性试验，提出了可考虑冻融损伤不均匀性的混凝土性能退化模型与等效冻融循环次数模型；在改进的宏观黏结滑移计算方法基础上，基于试验数据与理论推导，提出了可考虑不均匀冻融损伤的宏观黏结滑移计算模型；进而结合零长度截面单元，提出可综合考虑冻融不均匀损伤与滑移效应的纤维建模方法，对冻融 RC 框架梁、柱进行数值模拟分析；模拟滞回曲线与试验滞回曲线基本吻合，表明所建立的数值模型能够较客观地反映冻融 RC 框架梁、柱的抗震性能。

（2）基于所建立的可考虑冻融损伤演化的 RC 柱数值模拟方法，考虑冻融损伤程度与设计参数的耦合效应，提出冻融 RC 柱构件的破坏模式判别方法；对 240 个经历不同冻融循环次数的 RC 柱进行推覆分析，通过统计分析建立了不同性能水平下的弯曲型冻融 RC 柱塑性转角限值计算公式，以及弯剪型冻融 RC 柱位移角限值计算公式。最后，通过蒙特卡洛抽样法考虑材料性能的不确定性建立冻融 RC 柱构件的大样本，采用数值分析法建立冻融环境下 RC 柱构件的易损性曲线，分别得到不同破坏模式、冻融循环次数以及极限状态下冻融 RC 柱的工程需求参数均值，为冻融环境下多龄期 RC 结构抗震性能评估提供理论基础。

（3）建立了冻融损伤低矮和高 RC 剪力墙剪切恢复力模型，并与考虑不均匀冻融损伤分布的纤维模型相结合，提出了综合考虑冻融损伤和轴压比影响的低矮与高 RC 剪力墙数值建模方法，对冻融 RC 剪力墙试件进行数值建模分析，模拟所得各试件的滞回曲线与试验滞回曲线基本一致，表明所提出的数值模拟方法能较准确地反映冻融 RC 剪力墙的抗震性能。

　　(4)采用等效冻融循环次数表示不同规范下的冻融试验制度与人工气候环境下的试验制度之间的联系,并建立了相应的计算模型,可作为对比和利用不同冻融循环试验方案下试验数据的基础,并讨论了实验室冻融循环次数与实际工程中使用年限之间的关联关系;以 RC 框架结构为例,介绍冻融损伤 RC 结构数值模型建立方法。

参 考 文 献

[1]Petersen L. Influence of material deterioration processes on mechanical behavior of reinforced concrete structures [D]. Hannover: University of Hannover, 2004.

[2]Liu K, Yan J, Alam M S, et al. Seismic fragility analysis of deteriorating recycled aggregate concrete bridge columns subjected to freeze-thaw cycles[J]. Engineering Structures, 2019, 187: 1-15.

[3]Molero M, Aparicio S, Al-Assadi G, et al. Evaluation of freeze-thaw damage in concrete by ultrasonic imaging [J]. Ndt & E International, 2012, 52(4):86-94.

[4]Wang Z, Gong F, Zhang D, et al. Mesoscale simulation of concrete behavior with non-uniform frost damage with verification by CT imaging [J]. Construction and Building Materials, 2017, 157: 203-213.

[5]Spacone E, Filippou F C, Taucer F F. Fibre beam-column model for non-linear analysis of RC frames: Part I. Formulation [J]. Earthquake Engineering & Structural Dynamics, 1996, 25(7): 711-725.

[6]Spacone E, Filippou F C, Taucer F F. Fibre beam-column model for non-linear analysis of RC frames: Part Ⅱ. Applications [J]. Earthquake Engineering and Structural Dynamics, 1996, 25(7):727-742.

[7]施士升. 冻融循环对混凝土力学性能的影响[J]. 土木工程学报, 1997, 30(4), 35-42.

[8]段安. 受冻融混凝土本构关系研究和冻融过程数值模拟[D]. 北京:清华大学, 2009.

[9]Hanjari K Z, Kettil P, Lundgren K. Modelling the structural behaviour of frost-damaged reinforced concrete structures [J]. Structure and Infrastructure Engineering, 2013, 9(5): 416-431.

[10]Zhao J, Sritharan S. Modeling of strain penetration effects in fiber-based analysis of reinforced concrete structures [J]. ACI Structural Journal, 2007, 104(2): 133.

[11]杨红,徐海英,王志军. 考虑柱底纵筋滑移的纤维模型及框架地震反应分析[J]. 建筑结构学报, 2009, 30(4): 130-137.

[12]Paulay T, Priestly M J N. Seismic Design of Reinforced Concrete and Masonry Buildings [M]. New York: John Wiley & Sons, 1992.

[13]Scott B D, Park R, Priestley M J N. Stress-strain behavior of concrete confined by Overlapping hoops at low and high strain rates [J]. ACI Journal. 1982, 79(2): 13-27.

[14]Roy H E H, Sozen M A. Ductility of concrete [C]. Proceedings of the Joint ACI-ASCE In-

ternational Symposium on Flexural Mechanics of Reinforced Concrete，Miami，FL，1964 (12)：213-235.

[15]Mander J B，Priestley M J N，Park R. Theoretical stress-strain model for confined concrete [J]. Journal of Structural Engineering，1988，114(8)：1804-1826.

[16]Mckenna F，Fenves G L，Scott M H，et al. Open system for earthquake engineering simulation [D]. Pacific Earthquake Engineering Research Center，Berkeley：University of California，2000.

[17]Petersen L，Lohaus L，Polak M A. Influence of freezing-and-thawing damage on behavior of reinforced concrete elements [J]. ACI Materials Journal，2007，104(4)：369-378.

[18]Hanjari K Z，Utgenannt P，Lundgren K. Experimental study of the material and bond properties of frost-damaged concrete [J]. Cement & Concrete Research，2011，41(3)：244-254.

[19]商怀帅. 引气混凝土冻融循环后多轴强度的试验研究[D]. 大连：大连理工大学，2006.

[20]Fagerlund G，Janz M，Johannesson B. Effect of frost damage on the bond between reinforcement and report [R]. Report，Division of Building Materials，Lund：Lund Institute of Technology，1994.

[21]Suzuki T，Ohtsu M，Shigeishi M. Relative damage evaluation of concrete in a road bridge by AE rate-process analysis [J]. Materials and Structures，2007，40(2)：221-227.

[22]孙丛涛，牛荻涛，元成方，等. 混凝土动弹性模量与超声声速及抗压强度的关系研究[J]. 混凝土，2010，246(4)：14-16.

[23]CP110. Code of practice for the structural use of concrete [S]. London：British Standards Institution，1972.

[24]Filippou F C，Popov E P，Bertero V V. Effects of bond deterioration on hysteretic behavior of reinforced concrete joints [R]. Report EERC 83-19，Earthquake Engineering Research Center，Berkeley：University of California，1983.

[25]Menegotto M，Pinto P E. Method of analysis of cyclically loaded RC plane frames including changes in geometry and non-elastic behavior of elements under normal force and bending [R]. Preliminary Report IABSE，1973，13.

[26]Dhakal RJ，and Maekawa K. Path-dependent cyclic stress-strain relationship of reinforcing bar including buckling [J]. Engineering Structures，2002，24(11)：1383-1396.

[27]Saatcioglu M，Ozcebe G. Response of reinforced concrete columns to simulated seismic loading [J]. ACI Structural Journal，1989，86(6)：3-12.

[28]Sezen H，Moehle J P. Seismic Tests of concrete columns with light transverse reinforcement [J]. ACI Structural Journal，2006，103(6)：842-849.

[29]Lynn A C，Moehle J P，Mabin S A，et al. Seismic evaluation of existing reinforced concrete building columns [J]. Earthquake Spectra，1996，12(4)：715-739.

[30]Kawashima K，Watanabe G，Hayakawa R. Seismic performance of RC bridge columns subjected to bilateral excitation [C]. Proceedings of 35th joint meeting，panel on wind and

seismic effects, Tsukuba Science City, 2003.

[31]Lehman D E, Moehle J P. Seismic performance of well-confined concrete bridge columns [R]. No. PEER-1998/01,Berkeley: University of California, 2000.

[32]Brage F, Gigliotti R, Laterza M. R/C existing structures with smooth reinforcing bars: experimental behaviour of beam-column joints subject to cyclic lateral loads [J]. Open Construction and Building Technology Journal, 2009, 3(16): 52-67.

[33]冀晓东. 冻融后混凝土力学性能及钢筋混凝土粘结性能的研究[D]. 大连: 大连理工大学, 2007.

[34]Otani S. Inelastic Analysis of R/C Frame Structures [J]. Journal of the Structural Division, 1974, 100(ST7): 1433-1449.

[35]Alsiwat J M, Saatcioglu M. Reinforcement anchorage slip under monotonic loading [J]. Journal of Structural Engineering, 1992, 118(9): 2421-2438.

[36]Sezen H, Setzler E J. Reinforcement slip in reinforced concrete columns [J]. ACI Structural Journal, 2008, 105(3): 280-289.

[37]Monti G, Spacone E. Reinforced concrete fiber beam element with bond-slip [J]. Journal of Structural Engineering, 2000, 126(6): 654-661.

[38]Melo J, Fernandes C, Varum H, et al. Numerical modelling of the cyclic behaviour of RC elements built with plain reinforcing bars [J]. Engineering Structures, 2011, 33 (2): 273-286.

[39]Jeon J, Lowes L N, Desroches R, et al. Fragility curves for non-ductile reinforced concrete frames that exhibit different component response mechanisms [J]. Engineering Structures, 2015, 85: 127-143.

[40]孙治国,陈灿,司炳君,王东升. 考虑非线性剪切效应的 RC 桥墩抗震分析模型[J]. 工程力学, 2015, 32(5):28-36.

[41]Monti G, Filippou F C, Spacone E. Analysis of hysteretic behavior of anchored reinforcing bars [J]. ACI Structural Journal, 1997, 94(3): 248-261.

[42]Monti G, Filippou F C, Spacone E. Finite element for anchored bars under cyclic load reversals [J]. Journal of Structural Engineering, 1997, 123(5): 614-623.

[43]Lowes L N, Altoontash A. Modeling reinforced-concrete beam-column joints subjected to cyclic loading [J]. Journal of Structural Engineering, 2003, 129(12): 1686-1697.

[44]Zhang P, Hou S, Ou J. A beam – column joint element for analysis of reinforced concrete frame structures [J]. Engineering Structures, 2016, 118:125-136.

[45]顾祥林. 混凝土结构基本原理 [M]. 上海:同济大学出版社, 2011.

[46]Sezen H. Seismic behavior and modeling of reinforced concrete building columns [D]. Berkeley: University of California-Berkeley, 2002.

[47]Pan W H, Tao M X, Nie X, et al. Rebar anchorage slip macromodel considering bond stress distribution: monotonic loading and model application [J]. Journal of Structural Engineering, 2018, 144(8): 04018097-1-14.

[48]Ueda T, Lin I, Hawkins N M. Beam bar anchorage in exterior column-beam connections [J]. Journal Proceedings, 1986, 83(3):412-422.

[49]Shima H, Chou L L, Okamura H. Micro and macro models for bond in reinforced concrete [J]. Journal of the Faculty of Engineering, 1987, 39(2): 133-194.

[50]Viwathanatepa S, Popov E P, Bertero V V. Effects of generalized loadings on bond of reinforcing bars embedded in confined concrete blocks [R]. Berkeley: University of California, 1979.

[51]Engstrom B, Magnusson J, Huang Z. Pull-out bond behavior of ribbed bars in normal and high-strength concrete with various confnements [J]. Special Publication, 1998, 180: 215-242.

[52]徐有邻. 钢筋混凝土粘滑移本构关系的简化模型[J]. 工程力学, 1997(a02):34-38.

[53]Eligehausen R, Popov E P, Bertero V V. Local Bond Stress-Slip Relationship of a Deformed Bar Under Generalized Excitations [R]. Berkeley: University of California-Berkeley, 1983: Report No. UCB/EERC 83/23.

[54]Coronelli D, Gambarova P. Structural assessment of corroded reinforced concrete beams: modeling guidelines [J]. ASCE Journal of Structural Engineering, 2004, 130 (8): 1214-1224.

[55]欧晓英, 林迟, 张沛洲, 等. 基于 OpenSees 的锈蚀 RC 结构底部节点性能研究[J]. 计算力学学报, 2013,(3):114-121.

[56]Lin H, Zhao Y, Ožbolt J, et al. The bond behavior between concrete and corroded steel bar under repeated loading [J]. Engineering Structures, 2017, 140: 390-405.

[57]CEB-FIP (1990). Design of concrete structures: CEB-FIP Model Code 1990, London,1990.

[58]CEB-FIP (2010). Design of concrete structures: CEB-FIP Model Code 2010, London,2010.

[59]Wu Y F, Zhao X M. Unified bond stress-slip model for reinforced concrete [J]. Journal of Structural Engineering, 2013, 139(11): 1951-1962.

[60]Shima H, Chou L L, Okamura H. Bond characteristics in post-yield range of deformed bars [J]. Doboku Gakkai Ronbunshu, 1987, 1987(378): 213-220.

[61]Fagerlund G, Somerville G, Jeppson J. Manual for assessing concrete structures affected by frost [R]. Division of Building Materials,Lund: Lund Institute of Technology, 2001.

[62]孟祥鑫. 冻融循环后钢筋与再生混凝土粘结性能试验研究[D]. 哈尔滨: 哈尔滨工业大学, 2015.

[63]Berry M P, Eberhard M O. Performance modeling strategies for modern reinforced concrete bridge columns [R]. Pacific Earthquake Engineering Research Center,Berkeley: University of California, 2007.

[64]Sezen H. , Elwood K J, Whittaker A S, et al. Structural engineering reconnaissance of the August 17, 1999, Kocaeli (Izmit), Turkey, Earthquake [R]. PEER Report 2000/09.

[65]过镇海, 时旭东. 钢筋混凝土原理和分析 [M]. 北京: 清华大学出版社, 2012.

[66]Mostafaei H, Kabeyasawa T. Axial-shear-flexure interaction approach for reinforced con-

cretecolumns[J]. ACI Structural Journal,2007, 104(2):218 – 226.

[67]Lodhi M S, Sezen H. Estimation of monotonic behavior of reinforced concrete columns considering shear- flexure- axial load interaction[J]. Earthquake Engineering & Structural Dynamics, 2012, 41(15):2159 – 2175.

[68]李忠献，高营，李宁．基于结构精细化模拟分析平台的弯剪纤维单元模型[J]. 建筑结构学报，2016，37(9):69-77.

[69]Elwood K J. Modelling failures in existing reinforced concrete columns [J]. Can J Civil Eng 2004, 31: 846-859.

[70]Setzler E J, Sezen H. Model for the lateral behavior of reinforced concrete columns including shear deformations [J]. Earthquake Spectra, 2008, 24(2): 493-511.

[71]Sezen H, Chowdhury T. Hysteretic model for reinforced concrete columns including the effect of shear and axial load failure [J]. Journal of Structural Engineering, 2009, 135(2): 139-146.

[72]LeBorgne M R, Ghannoum W M. Calibrated analytical element for lateral- strength degradation of reinforced concrete columns [J]. Engineering Structures, 2014; 81: 35 – 48

[73]Ghannoum W M, Moehle J P. Rotation- based shear failure model for lightly confined RC columns[J]. Journal of Structural Engineering, 2012, 138(10): 1267-1278.

[74]蔡茂，顾祥林，华晶晶，等.考虑剪切作用的钢筋混凝土柱地震反应分析[J]. 建筑结构学报，2011，32(11): 97-108.

[75]中华人民共和国住房和城乡建设部．混凝土结构设计规范(2016 年版)(GB 50010－2010) [S]. 北京：中国建筑工业出版社，2016.

[76]ASCE- ACI Joint Task Committee 426. Shear strength of reinforced concretemembers[J]. Journal of Structural Engineering,1973, 99(6): 1091-1187.

[77] Park R, Paulay T. Reinforced concrete structures [R]. New York: John Wiley & Sons, 1975.

[78] Majid B S. Collapse assessment of concrete buildings: an application to non- ductile reinforced concrete moment frames [D]. Vancouver: University of British Columbia, 2013.

[79]Elwood K J, Moehle J P. Drift capacity of reinforced concrete columns with light transversereinforcement [J]. Earthquake Spectra,2005, 21(1): 71-89.

[80]Zhang Y, DesRoches R, Tien I. Impact of corrosion on risk assessment of shear-critical and short lap- spliced bridges [J]. Engineering Structures, 2019, 189: 260-271.

[81]关永莹．一般大气环境作用下多龄期 RC 框架-剪力墙结构地震易损性研究[D]. 西安：西安建筑科技大学．

[82]Ang B G. Seismic shear strength of circular bridge piers [D]. Christchurch, New Zealand: Department of Civil Engineering, University of Canterbury, 1985.

[83]ASCE 41-17. American Society of Civil Engineers. Seismic rehabilitation of buildings[S]. Applied Technology Council, Redwood City, 2017.

[84]梁兴文，赵花静，邓明科．考虑边缘约束构件影响的高强混凝土剪力墙弯矩-曲率骨架曲

线参数研究[J]. 建筑结构学报，2009，30(s2)：62-67.

[85]周基岳，刘南科. 钢筋混凝土框架非线性分析中的截面弯矩-曲率关系[J]. 土木建筑与环境工程，1984，6(2)：23-38.

[86]董立国，郑山锁，左河山，等. 基于集中塑性铰模型的弯曲破坏锈蚀 RC 框架柱数值模拟方法[J]. 建筑结构学报，2020，41(4)：99-109.

[87]张勤，王娜，贡金鑫. 钢筋混凝土柱地震破坏模式及考虑剪切变形的抗震性能研究进展[J]. 建筑结构学报，2017，38(8)：1-13.

[88]蒋欢军，王斌，吕西林. 钢筋混凝土梁和柱性能界限状态及其变形限值[J]. 建筑结构，2010(01)：15-19.

[89]中华人民共和国住房和城乡建设部. 建筑抗震设计规范(2016 年版)(GB 50011－2010)[S]. 北京：中国建筑工业出版社，2016.

[90]李金玉，曹建国，徐文雨，等. 混凝土冻融破坏机理的研究[J]. 水利学报，1999，1(1)：41-49.

[91] Eurocode 8- Design of structures for earthquake resistance：Part 3—Assessment and retrofitting of buildings [S]. Brussels，Comite Europeen de Normalisation，2005.

[92]FEMA. Seismic Performance Assessment of Buildings (Volume 1-Methodology)，prepared by the Applied Technology Council for the Federal Emergency Management Agency [R]. Report No. FEMA P - 58 - 1，Washington D C，2012.

[93]Gulec C K，Whittaker A S，Hooper J D. Fragility functions for low aspect ratio reinforced concrete walls [J]. Engineering Structures，2010，32(9)：2894-2901.

[94]Lu Y，Gu X，Guan J. Probabilistic drift limits and performance wvaluation of reinforced concrete columns [J]. Journal of Structural Engineering，2005，131(6)：966-978.

[95]RaoA S，Lepech M D，Kiremidjian A. Development of time-dependent fragility functions for deteriorating reinforced concrete bridge piers [J]. Structure and Infrastructure Engineering，2017，13(1)：67-83.

[96]纪晓东，徐梦超，庄赟城，等. 钢筋混凝土剪力墙和连梁易损性曲线研究[J]. 工程力学，2020，37(4)：205-216.

[97]秦卿. 近海大气环境下多龄期 RC 剪力墙结构抗震性能及地震易损性研究[D]. 西安：西安建筑科技大学，2017.

[98]于晓辉. 钢筋混凝土框架结构的概率地震易损性与风险分析[D]. 哈尔滨：哈尔滨工业大学，2012.

[99]Jorge A. Vásquez，Juan C. de la Llera，Matías A. Hube. A regularized fiber element model for reinforced concrete shearwalls[J]. Earthquake Engineering & Structural Dynamics，2016，45(13)：2063-2083.

[100]杨红，张睿，臧登科，等. 纤维模型中非线性剪切效应的模拟方法及校核[J]. 工程科学与技术，2011，43(1)：8-16.

[101]臧登科. 纤维模型中考虑剪切效应的 RC 结构非线性特征研究[D]. 重庆：重庆大学，2008.

[102]Hirosawa M. Past experimental results on reinforced concrete shear walls and analysis on them [R]. No 6 Building Research Institute, Ministry of Construction, Tokyo, 1975.

[103]Silvia Mazzoni. Effects of Hysteretic- Material Parameters [EB/OL]. http:// OpenSees. berkeley. edu/OpenSees/manuals/usermanual/4052. htm, 2016-9-16.

[104] Vecchio F J, Collins P M. The Modified Compression- Field Theory for Reinforced Concrete Element Subjected to shear [J]. ACI Structural Journal, 1986, 83(2): 219-231.

[105]刘西拉，唐光普. 现场环境下混凝土冻融耐久性预测方法研究[J]. 岩石力学与工程学报 (12): 2412-2419.

[106]武海荣，金伟良，延永东，等. 混凝土冻融环境区划与抗冻性寿命预测[J]. 浙江大学学报（工学版），2012，4: 650-657.

[107] Qin Q, Zheng S S, Dong L G, et al. Considering shear behavior of beam- column connections to assess the seismic performance of RC frames subjected to freeze-thaw cycles [J]. Journal of Earthquake Engineering, 2019: 1-26.

[108]中国气象局气象信息中心,中国气象科学信息共享服务 [EB/OL] [2008-07-15] . http// cdc. cma. gov. cn/index. jcp.

[109] FEMA P695. Quantification of building seismic performance factors [S]. Applied Technology Council, Federal Emergency Management Agency, Washington D. C. , 2009.

[110]杨威. RC框架结构地震易损性研究[D]. 西安: 西安建筑科技大学, 2016.

[111]中华人民共和国住房和城乡建设部. 高层建筑混凝土结构技术规程（JGJ 3—2010)[S]. 北京: 中国建筑工业出版社, 2010.

[112]中华人民共和国住房和城乡建设部. 建筑结构荷载规范（GB 50009—2012)[S]. 北京: 中国建筑工业出版社, 2012.

[113]Altoontash A. Simulaiton and damage models for performance assessement of reinforced concrete beam-column joints [D]. Stanford: Stanford University, 2004.

附　　录

附表 1　不同温度下试块电阻 R_t 及单位体积水泥浆体内结冰的孔溶液体积 ω_f

水灰比 w/c		0℃		-5℃		-10℃		-15℃	
		R_t /Ω	ω_f /(m³/m³)	R_t /Ω	ω_f /(m³/m³)	R_t /Ω	ω_f /(m³/m³)	R_t /Ω	ω_f /(m³/m³)
0.35	A1	849.4671	0	1066.593	0.042016	1268.975	0.068483	1356.444	0.07743
	A2	734.7136	0	906.8507	0.039322	1159.256	0.075864	1312.58	0.0912
	A3	856.0189	0	1056.026	0.039234	1383.596	0.07899	1487.71	0.08795
	A4	817.9844	0	1037.346	0.043806	1296.961	0.076403	1623.325	0.10277
	A5	1083.803	0	1353.204	0.041241	1448.301	0.052135	1524.256	0.05986
0.4	B1	1026.47	0	1296.961	0.043856	1399.267	0.056189	1759.192	0.08784
	B2	710.1471	0	929.0302	0.049689	1148.125	0.080453	1341.527	0.09925
	B3	897.2676	0	1170.584	0.049243	1324.016	0.067976	1688.711	0.09884
	B4	800.0573	0	1019.25	0.045355	1282.338	0.079319	1436.839	0.09338
	B5	883.1361	0	1137.186	0.047116	1206.804	0.056436	1419.284	0.07967
0.45	C1	760.778	0	968.203	0.048845	1296.961	0.094154	1436.839	0.10719
	C2	1206.308	0	1518.822	0.047063	1934.501	0.085941	2007.949	0.09113
	C3	1324.604	0	1703.28	0.050689	2271.436	0.095039	2374.888	0.10083
	C4	788.4818	0	1037.346	0.054698	1416.267	0.100974	1759.192	0.12580
	C5	724.7146	0	944.3562	0.053028	1116.864	0.079921	1232.232	0.09390
0.48	D1	862.6599	0	1076.318	0.04658	1556.515	0.104995	1562.501	0.10549
	D2	710.1471	0	886.589	0.046661	1230.37	0.099588	1326.909	0.10947
	D3	729.6847	0	929.0302	0.050539	1256.864	0.098684	1371.668	0.11023
	D4	788.4818	0	1001.711	0.050137	1448.301	0.107305	1809.312	0.13289
	D5	883.1361	0	1116.864	0.049124	1518.822	0.09858	1889.713	0.12546
0.52	E1	1503.175	0	1963.863	0.05649	2232.852	0.078696	2418.663	0.09115
	E2	719.8023	0	944.3562	0.057262	1338.464	0.111308	1562.501	0.12987
	E3	739.8024	0	960.1363	0.055262	1296.961	0.103344	1666.378	0.13390
	E4	1384.804	0	1703.28	0.045027	2439.312	0.104103	2833.188	0.12310
	E5	1324.604	0	1703.28	0.053538	1994.075	0.080848	2072.441	0.08689

续表

水灰比 w/c		0℃		-5℃		-10℃		-15℃	
		R_t /Ω	ω_f /(m³/m³)	R_t /Ω	ω_f /(m³/m³)	R_t /Ω	ω_f /(m³/m³)	R_t /Ω	ω_f /(m³/m³)
0.58	F1	1416.826	0	1878.192	0.061225	2740.502	0.120386	2894.719	0.12725
	F2	1256.804	0	1680.76	0.063018	2026.176	0.094689	2140.964	0.10304
	F3	1708.666	0	2271.436	0.061753	2797.728	0.097022	2717.365	0.09252
	F4	1521.623	0	2057.206	0.064889	2271.436	0.082277	2662.794	0.10681
	F5	1663.509	0	2232.852	0.063553	2581.541	0.088635	2958.868	0.10911
0.6	G1	1559.805	0	2124.222	0.068038	2352.529	0.086286	2833.188	0.11508
	G2	1282.522	0	1726.37	0.065834	2090.206	0.098947	2291.715	0.11276
	G3	1858.984	0	2532.407	0.068094	2797.728	0.08592	3168.811	0.10584
	G4	1310.299	0	1774.348	0.066969	2090.206	0.095544	2374.888	0.11478
	G5	1540.494	0	2057.206	0.064317	2311.307	0.085397	2510.989	0.09896
0.65	H1	439.8016	0	594.5255	0.067513	906.8507	0.133607	1106.148	0.15627
	H2	474.3695	0	643.2126	0.068097	886.589	0.12046	1196.345	0.15646
	H3	577.7729	0	814.6256	0.075426	1096.253	0.122569	1160.416	0.13025
	H4	551.8019	0	768.9951	0.07327	914.139	0.102826	1019.235	0.11897
	H5	862.6599	0	1182.114	0.070105	1309.851	0.088567	1623.325	0.12156
0.7	I1	1732.113	0	2532.407	0.083123	2581.541	0.086547	2774.118	0.09879
	I2	1503.175	0	2196.492	0.082943	2740.502	0.118758	3246.302	0.14119
	I3	2658.269	0	3823.157	0.080144	4301.212	0.10047	4548.116	0.10929
	I4	2328.62	0	3438.38	0.084895	4743.413	0.133905	4870.076	0.13726
	I5	1806.205	0	2632.528	0.082563	3438.38	0.124859	3791.076	0.13771

附表 2 单位体积混凝土内冰的孔溶液结冰速率 （单位:m³/(m³·℃)）

水灰比 w/c	0～-5℃	-5～-10℃	U_{max}
0.35	0.008403	0.005293	0.008403
	0.007864	0.007308	0.007864
	0.007847	0.007951	0.007951
	0.008761	0.006519	0.008761
	0.008248	0.002179	0.008248

水灰比 w/c	0～−5℃	−5～−10℃	U_{max}
	0.008771	0.002467	0.008771
	0.009938	0.006153	0.009938
0.4	0.009849	0.003747	0.009849
	0.009071	0.006793	0.009071
	0.009423	0.001864	0.009423
	0.009769	0.009062	0.009769
	0.009413	0.007776	0.009413
0.45	0.010138	0.00887	0.010138
	0.010939	0.009255	0.010939
	0.010606	0.005379	0.010606
	0.009316	0.011683	0.011683
	0.009332	0.010585	0.010585
0.48	0.010108	0.009629	0.010108
	0.010027	0.011434	0.011434
	0.009825	0.009891	0.009891
	0.011298	0.004441	0.011298
	0.011452	0.010809	0.011452
0.52	0.011052	0.009616	0.011052
	0.009005	0.011815	0.011815
	0.010708	0.005462	0.010708
	0.012245	0.011832	0.012245
	0.012604	0.006334	0.012604
0.58	0.012351	0.007054	0.012351
	0.012978	0.003477	0.012978
	0.012711	0.005016	0.012711
	0.013608	0.00365	0.013608
	0.013167	0.006623	0.013167
0.6	0.013619	0.003565	0.013619
	0.013394	0.005715	0.013394
	0.012863	0.004216	0.012863

续表

水灰比 w/c	$0\sim-5℃$	$-5\sim-10℃$	U_{max}
	0.013503	0.013219	0.013503
	0.013619	0.010473	0.013619
0.65	0.015085	0.009429	0.015085
	0.014654	0.005911	0.014654
	0.014021	0.003692	0.014021
	0.016625	0.000685	0.016625
	0.016589	0.007163	0.016589
0.7	0.016029	0.004065	0.016029
	0.016979	0.009802	0.016979
	0.016513	0.008459	0.016513